U0331043

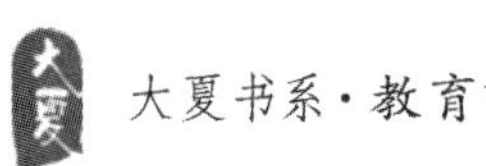

华东师范大学出版社
ECNUP
全国百佳图书出版单位

CONTENTS目录

序　言

我从事青少年心理辅导研究已有二十多年。1989年我从上海师范大学教育管理系进修完毕，调至上海市教育科学研究所工作，开始了自己的学术研究生涯。当时参与的第一个课题是老所长钱在森老师主持的“初中学习困难学生教育的研究工作”，我们在上海市虹口区的一所普通中学（当时叫飞虹中学）进行了为期四年的实验研究，我承担了学习困难学生心理辅导的研究，对两个实验班12名学生进行心理辅导与跟踪。这使我对青少年心理辅导的研究产生了浓厚的兴趣，同时也为我的心理学研究奠定了基础。

2002年我写了《当代青少年心理辅导——向成熟发展的科学》，这本书虽荣获第三届全国教育科学优秀成果奖，但我总觉得理论讲得多，联系青少年成长实际的讨论不够，辅导建议不多。同年，我们举办了全市第一期个别辅导研修班，并将学员的案例汇编成书，即《野百合也有春天——学生心理辅导案例精选》(2003年由上海教育出版社出版)。在对心理辅导老师所做个案的督导和编审中，我积累了对青少年的成长历程的鲜活的感性认识和理性审视。这十年来，社会变化日新月异，人们的思维方式与生活方式也随之发生许多变化，青少年也是如此，而许多教师与家长却对当下青少年的内心世界的日益丰富与变化知之甚少。

这本《青少年心理辅导——助人成长的艺术》，是我近十年来对青少年心智成长与辅导的一些新的思考和感悟，想与大家分享。

其一，心理辅导旨在培养学生健康的心理品质，促进其人格和谐发展。健康的本质是人的身心和谐的状态，人是一个完整的生命体，完整是指身体、心理与精神整体和谐。教育是为了帮助孩子从自然人成为心智健康的社会人，这也是心理辅导的终极追求与原点。因此，在辅导过程中，教师和家长要努力帮助学生建立三种和谐关系：自我内心的和谐、与他人和社会的和谐以及与自然的和谐。而时下有不少人认为心理辅导仅仅是解决人的情绪与行为层面的问题，这种看法是一种机械的、割裂的观点，与以人为本的精神格格不入，忽视了生命的整体性。其实这种整体论的思想，在东西方传统文化里都

有精辟的论述。例如，柏拉图说过“教育非它，乃是心灵的转向”，意即教育的目的是使学生的心灵走向真善美。泰戈尔认为：“教育的目的是应当向人类传送生命的气息。”即便是现代医学也已经从单纯的生物模式转向生物——心理——社会模式，强调身心整体论。

当然，心理辅导也要关注少数有心理障碍的青少年，辅导工作者应该学会对青少年的异常心理进行识别和转介。对这部分人群的心理服务主要应该由临床心理医生进行专业评估、诊断与治疗。

其二，青少年期是人的一生之中的重要时期，这是儿童逐步摆脱对家庭的依赖，心理上迈向独立，走向成人的第一步。青少年期（Adolescence）这个术语源自拉丁文“Adolescere”，意思是“向成熟发展”。美国心理学家霍林沃思把青少年期称为“心理断乳期”，这是一个与婴幼儿的“生理性断乳期”相对应的概念。我更倾向于用“两个觉醒”来表述青少年期的心理特点，即自我的觉醒和性意识的觉醒。值得注意的是，一方面青少年的身体、心理、思想都在发生急剧的变化；另一方面相对于成年人，这些变化又具有可塑性。有学者认为，青少年期比生命中其他任何阶段（除了婴儿阶段），所发生的生理、心理乃至社会角色方面的改变都要巨大。因此，在青少年人格尚未定型时，教育与辅导的意义和作用就显得非常重要。

其三，心理辅导关注学生成长的生活世界与经验，帮助学生学会自我探索。一个比较完善的学校教育体系应该教给学生三方面的知识：关于自然的知识、关于社会的知识和关于自己的知识。前两项在现行的学校课程里都得到了落实，唯独第三项知识很少体现。心理辅导就是让学生进行自我探索，认识自我、调节自我、完善自我，并解决自己成长中的各种问题，诸如学习、交往、情绪调适、理想抱负等。第三种知识的获得，主要不是靠教育者的灌输和说教，而是帮助学生发现自己的问题，找到解决问题的办法。学生只有经过自我探索，才会获得经验，才会得到真正意义上的成长。

其四，心理辅导是一门助人自助的艺术，是学生与老师共同成长的学问。青少年有许多成长中的需求希望得到满足，有许多成长中的烦恼希望得到帮助，有许多内在的禀赋希望得到开发和实现。然而，现实世界复杂多变，学生的视野在网络社会中大大拓展，远远越过了学校这一方小小天地。走进青少年的内心世界，学会与青少年进行心灵对话，是教育工作者的责任和使命。心理辅导作为一种助人的专业，需要更多的教师接受心理辅导的专业训练，落实心理辅导的发展性和预防性目标。而作为一种助人的艺术，心理辅导也使我们在帮助

青少年成长的同时，自身的心灵得到洗礼和修炼，自己得以成长。

本书共有十章，各章主要内容如下。

第一章是“社会变迁中的青少年”，主要探讨青少年心理健康的意义、变化的社会环境（主要是社会文化）对青少年的影响、心理辅导的目标与任务，以及一种积极取向的综合辅导技术——焦点解决短程咨询（Solution-foused brief therapy，SFBT），以便读者对青少年心理辅导背景、任务与方法有大致了解。

第二章是“探索内心的和谐”，重点分析了青少年时期重要的心理发展任务：自我认同感的建立，以及自我效能感的培养。在探索“我是谁”的过程中，他们能寻找到自我成长的内在正能量。青少年只有拥有和谐的内心世界，才会拥有和谐的人格。当然，这是个人成长一生的课题，而青少年时期恰恰是培养积极的态度、认识自我、完善自我、规划自我的最佳时期，应为今后的幸福生活打下牢固的心理基础。

第三章是“走过青春期”，讨论青少年的性意识发展、青春期亲密关系（过去，教育者喜欢用“早恋”这个不太确切的概念），以及性生理变化带来的性心理问题。青少年遇到这些青春期的烦恼非常需要得到教师与家长的指导。青少年正是经历了这样的变化和内心的冲突体验而走向成熟的。

第四章是“敬畏生命”，讨论生命教育、丧失与悲伤辅导和青少年自杀预防与干预。生命教育是青少年心理辅导的重要主题，需要我们予以高度的关注。试问，如果一个人对生命意识模糊，甚至轻视生命，那么还谈何心理健康？

第五章是“激发学习潜能”，从脑科学与学习潜力、学习动机、学习策略三个方面讨论学习心理辅导。事实上，现今的课堂不太重视学生在课堂里的学习过程，所谓创造能力、实践能力的培养往往停留在口头上。该章的内容可以帮助教师运用学习心理学的理论与方法，激发学生的学习动机，改进学生的学习方法，提高学生的学习效率，培养其好学多问等积极的心理品质。

第六章是“应对挫折与困难”，主要讨论青少年的压力应对、抗挫力培养和负性生活事件应对。生活中充满着许多不确定的境遇，这对于涉世不深的青少年来说，正面意义大于负面意义。人的品性需要风雨的历练，对于受到百般呵护的独生子女一代来讲，更加需要意志品质的锻炼和培养。

第七章是“与人和谐相处”，讨论青少年人际交往的特点，建立和谐的同伴关系、师生关系和亲子关系。良好的人际关系是一个人的“安身立命”之本，也是一个人拥有良好的社会支持系统、心理健康的重要标志。在社会化的过程

中，学会与人相处是一个核心发展任务，青少年只有通过人际交往，才能体验到归属感、自尊感、自我效能感与存在感，才能学会爱、关心、宽容和理解。

第八章是“生涯规划与辅导”，讨论生涯辅导的目标与任务、生涯规划与态势、升学就业指导。生涯辅导是为学生未来的生活作准备的，旨在帮助学生充分了解自己的兴趣、能力、个性特点，了解大学、专业、职业、家庭期望、社会需要，分析评估自己的学习位置、学习优势与问题、发展能力。家长和教师要引导学生进行生涯发展的自主规划，发展学生的生涯抉择能力，让其做自己生活的设计师。

第九章是“休闲生活辅导”，讨论青少年流行与消费、偶像崇拜、阅读兴趣和上网等问题。虽然这些不是学校课程规定的内容，但是却与青少年的精神生活息息相关，并潜移默化地影响着青少年的精神世界与生活格调。

第十章是“健康情绪辅导”，讨论身心合一的健康观、情绪调适和放松身体。在本章节，我们从身心和谐的视角讨论了青少年健康情绪的辅导。帮助青少年学会放松身体与情绪调适对其健康成长至关重要，它不仅是一种技能与方法，更是一种理念与生活态度；它既可以帮助青少年进行心理调节与压力管理，也可以让他们保持充沛的精力、增进身体健康。

本书以青少年心智成长的主要议题展开讨论，不可能面面俱到，也没有包治百病的辅导方法。本书只盼望能够向读者提供了解青少年心路历程的途径、理解青少年内心世界的视角，以及帮助青少年健康成长的辅导建议，力图体现科学性、实践性与通俗性于一体，但是由于能力有限，做得不尽如人意。

本书能够付梓，有赖于同事沈之菲、冯永熙、蒋薇美、马珍珍、王洪明、张建国等的长期合作与帮助。

本书内容只是一家之言，希望大家不吝批评与指正，以便今后有可能再版时，不断修改与完善。

吴增强

2013 年 2 月于上海市教育科学研究院

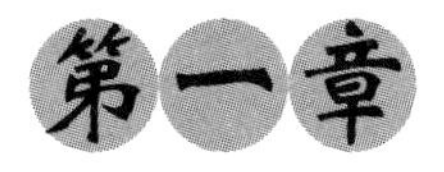

第一章

社会变迁中的青少年

青少年时期，是人的一生中最具有活力和变化的阶段，真可谓“恰同学少年，风华正茂”。心理学家埃里克森（Erikson）曾经说过：“在任何时期，青少年首先意味着各民族喧闹的和更为引人注目的部分。”青少年之所以值得关注，是因为他们将经历从青涩走向成熟的关键时期，也就是从未成年人到成年人的关键时期。他们是明天的父母，肩负着推动社会进步、人类生命和文明传承的使命。

全球化背景下中国社会的变迁，使得青少年面对的世界变得日益丰富与复杂。其一，社会文化环境的影响，往往是积极因素与消极因素并存。一方面，人类核心价值观的趋同化，例如，关于自由、平等、民主、公正的观念，以人为本、不同文明对话、和谐共处的理念等，对于学生现代性人格的形成起到积极的影响。另一方面，面对文化多元化，社会主流价值体系正处于艰难的重建阶段，享乐主义、拜金主义、极端个人主义等不良思想在社会上占有一定位置，导致部分学生道德观念模糊、道德选择能力较弱，产生道德价值危机。其二，社会阶层分化、流动人口、家庭结构变化等，使得青少年成长的环境因素变得复杂多变，极具不确定性。因此，如何理解处于社会变迁中的青少年，如何走进青少年的内心世界，如何帮助青少年健康成长，是当下教育工作者亟须探讨的课题。

第一节　心智健康成长：学生一生幸福的基石

教育的目的是什么？柏拉图说过“教育非它，乃是心灵的转向”，意即教育的目的是使学生的心灵走向真善美。泰戈尔认为，“教育的目的是应当向人类传送生命的气息”。人是一个完整的生命体，完整的生命应该是身体、心理、精神的整体和谐，是在社会、自然、自我之中获得养料和力量，继而成长和发展。生命的向内探索构成了生命与自我的关系，而向外探索则构成了生命与社会的关系和生命与自然的关系。因此，心智健康成长主要体现在个体与环境的三种和谐关系。

自我内心的和谐

自我是个体生命不断发展的重要组成部分，它是生命历程的生理和心理基础。人因为有了自我，才会觉得自己是独特的、与众不同的生命体。而正因为每个人都是一个独特的自我，才构成这个丰富多彩的生活世界。

个体的自我意识是随着年龄的增长而不断趋于成熟的，所以在不同的阶段，个体对于生命的认识和体验是不同的。1 岁左右的婴儿就能够把自己和他人分开，产生了初级的自我。婴幼儿在 1～2 岁时，开始学会说话，由称自己为“宝宝”，逐渐学会以“我”代替。这个自我命名的过程，也标志着婴幼儿的自我意识已经形成。这种初级的自我使得婴幼儿能够感知自然生命的存在。

随着年龄的增长，儿童的自我意识不断发展，其自我评价逐渐趋于独立，自尊心日益增强。尤其是到了青少年时期，进入心理上的“第二次断乳期”，按照埃里克森的心理社会发展理论，这个阶段的青少年会遭遇自我认同与角色混乱的危机冲突。如果顺利地渡过危机，青少年会变得更加成熟和社会化。大量研究和事实表明，自我认同感较好的学生，在学习和生活中能够体验到较强的自尊与自信，他们热爱生活、充满生命活力；而自我认同感较差的学生，却常常体验到自卑和沮丧，常常觉得自己一无是处，被人排斥，对自己的社会角色认识模糊，感到生活没有意义、生命没有价值。可见，在青少年时期，个体对于生命意义的认识和体验开始丰富、深化。他们不仅感受到自然的生命，而且感受着社会的生命

和精神的生命。他们会不断地在内心追问自己：人为什么而活着？人的生命的意义和价值何在？他们不断地根据自己的生活经验和思维方式对生命作出自己的价值判断和理解。

实践表明，人对生命的态度往往取决于内心的自我信念，热爱生命、热爱生活的个体，往往拥有健康的身体，健全的、积极的自我意识与信念。而健康的身体与健康的生活方式密切相关，积极的自我意识和信念与健康的思维方式密切相关。因此，学校教育要着力帮助学生形成健康的生活方式和思维方式，培养学生生命安全的意识和技能，生命成长的自我反思能力，生命意义和价值的积极探索精神等，使之心智不断成熟，建立个体生命与自我的和谐关系。

与他人和社会的和谐

个体的发展离不开社会环境，自然人要通过社会化的过程，才能成为社会人。个体生命融于社会之中，生命才会有意义，生活才会更精彩。按照马克思的观点，人的发展不是抽象的，而是具体的、历史的。马克思说："只有在共同体中个人才能获得全面发展其才能的手段，也就是说，只有在共同体中，才可能有个人自由。""在真正的共同体的条件下，各个人在自己的联合中并通过这种联合获得自己的自由。"生命与社会的和谐关系，是指个性化与社会化的协调，个人自由和社会责任的协调，个人与他人关系的协调。

人的发展是个性化与社会化的统一。个性发展不是以自我为中心、无政府的。个性发展是与社会性发展联系在一起的。社会由每个个人组成，每个人的社会责任感是社会进步、安定、有序的基础。只有在安定、有序、公正的社会里，才有个性的自由和发展。在一个混乱的、无序的和充满恐怖的社会里还有什么个性发展？因此，一个真正自由的人，是一个富有社会责任感、使命感和正义感的人。人在履行对社会的责任和义务的同时，其生命的价值和意义也得到了升华。

因此，要帮助青少年建立个体生命与社会的和谐关系。首先，要让他们懂得个人是社会中的一份子，个人生命质量与社会发展水平密切相关，和谐社会、美好生活需要每个人用其生命的力量与智慧去创造。其次，在建立社会责任感的同时，还要积极地适应环境。当今世界瞬息万变，教师既要让学生用与时俱进的眼光看到周围社会环境的变迁，鼓励他们不断学习、不断充实、不断更新，让他们的生命不断顺应变革的社会，又要增强他们抵制不良社会风气的道德判断力和承受挫折的意志力。

个人与他人的和谐是个人与社会的和谐的一个重要部分。社会和谐的基础是人与人之间关系的和谐。心理学把人际关系紧张看作社会适应不良的一个重要指标，多元智能理论把人际关系作为第六种智能。在现代社会里，一个人的成功，需要良好的人际关系来支持。从更加深入的意义上看，与人和谐相处是一种生命智慧和伦理规范。我们要帮助青少年与他人和谐相处，包括与同伴、父母、教师，以及其他周边的人群和谐相处，培养青少年的合群性和合作性。

与自然的和谐

自然界养育着人类的生命，人的生命与自然息息共生。生命与自然的和谐关系，是指理解和尊重生命的多样性，热爱自然，保护自然环境，进而理解个体与人类的和谐关系，懂得关心人类的危机、创造人类的美好未来。

现代科学技术是一把双刃剑，它一方面为我们创造了丰富的物质生活世界，另一方面也造成了地球的生态危机和环境恶化。法国哲学家阿尔贝特·施韦泽（Albert Schweitzer）批评道："与人文精神背离的单向度的科学知识增长，不过是表明人类的'天真'从'幼稚'走向'深刻'，使得人与自然的关系异常紧张。"科学知识极大地提高了人类征服自然、改造自然的能力。借助于科学知识，人"不仅支配着他身体内的物质力量，而且还支配着自然中的物质力量，并能利用这种力量"。当人过度地利用自然的物质力量，就会破坏自然，自然就不再是人类的"母亲"，而成了人类的奴隶，人不再是自然的伙伴，而是自然的主人。"生存只有通过斗争并扑灭其他生命才能持续下去。世界是美妙中的可怕，充满意义中的无意义，欢乐中的痛苦。"（孙道进语）如果我们赖以生存的地球环境不断恶化，最终也将导致人类的毁灭。因此，人与自然和谐共处，"天人合一"，为的是让人的生命活得更加健康与美丽。

第二节　社会文化对青少年的影响

以上论述给青少年的健康成长描述了一个理想蓝图。然而，理想不是现实，在现实生活中的青少年必然要受到社会环境的影响。其中社会文化是至关重要的社会环境，它是一个无形的巨掌，能潜移默化地影响青少年，影响他们的思想。

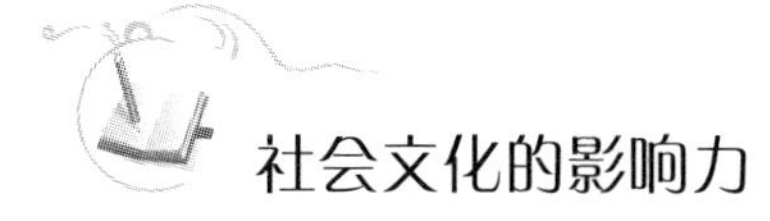

社会文化的影响力

探讨青少年的心理和行为发展，我们务必要认识到社会、文化环境对人的影响。人的思想和行为从何而来？不同的理论有不同的观点。行为主义强调环境决定论，他们认为人的行为不是由内部心理活动决定的，而是由环境中的各种刺激因素引起的；而精神分析理论和认知理论认为，人的行为是由个人内在的因素所决定和控制的。两者相互对立，各执一端，但他们都坚持一元单向决定论。班杜拉（Albert Bandura）突破了传统的一元单向决定论，提出了三元交互作用理论。他认为，从社会认知的观点看，个体的行为既不是单由内部因素决定，也不是单由外部刺激控制，而是由行为、个人的认知和其他内部因素、环境三者之间交互作用所决定的。班杜拉的折中主义理论大体可以解释社会、文化环境对青少年心理和行为发展的影响。现在的青少年与20年以前的青少年在价值取向、思维方式和生活方式上表现出来的种种差异，无一不与社会的变迁密切相关。任何时代的青少年都会追求时尚，而时尚随着社会的变迁会有不同的内容。

生活在现实社会里，每个人都会感到有一种无形的力量在影响自己的思想、情感和行为，那就是文化。

《萨摩亚人的成年》解读

关于文化对青少年心智成长的影响，在文化人类学里有一个经典研究，探讨青春期危机的普遍性与特殊性。这个问题的争论起始于20世纪初。斯坦利·霍尔（Stanley Hall）从“个体发生概括了种系发生”的重演论的角度出发，提出了“青春期危机”理论。霍尔认为，现代人心理紧张的青春期象征着人类在历史上曾经历的一个动荡的过渡时期。青春期的困惑是由遗传决定的生理因素引起的特定心理反应，因此它是“每个人都必须经历的、无法回避的调适阶段”，具有生物学的普遍性。

针对这个结论，文化人类学家玛格丽特·米德（Margaret Mead）于1925～1926年来到南太平洋波利尼西亚群岛，对萨摩亚人的青春期问题进行现场研究。在萨摩亚生活的9个月中，米德详细研究了三个相邻小村中的50名姑娘。她发现，与生物学因素相比，文化因素对青少年发育有着更为重要的意义。例如，那

些身穿草裙的萨摩亚姑娘在青春期并不存在紧张、抗争和过失，她们在生理发育的同时，心理上并没有出现危机和突变。究其原因在于：（1）萨摩亚文化具有一种宁静淡泊的本质，他们对周围的事物缺乏深刻的感受，也不会将整个情感全部投入进去，而“在一个缺乏强烈的感情撞击的地方，青春期的姑娘们是不会受到任何过于强烈的心理折磨的”。（2）萨摩亚人只有一种简单的生活模式，因此他们不会为前途的选择所困扰；生活的意义是既定的，因此他们也不会对人生发出痛苦的质疑；在性的方面，他们也有较大的自由，因此同样不会有所谓“文明”社会的年轻人普遍具有的那种骚动和压力。

米德的研究不仅成功地向人们证实，诸如青春期危机等我们“归之于人类本性的东西，绝大多数不过是我们对于生活于其中的文明施加给我们的种种限制的某种反应”。而且通过这一研究，她还试图找到有关青春期危机的社会心理问题的解决途径。在米德看来，如果大量的青春期行为是习得的而非生物因素诱发的，那么，我们就可以通过改变儿童抚养与教育方式等文化因素，把与青春期相关的紧张、焦虑以及反社会行为降到最低限度。

米德关于萨摩亚人青春期的研究对人类学和社会心理学所作的贡献是不言而喻的，以至西方人类学界有人称赞《萨摩亚人的成年》是“标志文化与人格研究领域之开端的里程碑”。但米德的研究还是受到不少质疑。由于她将青春期危机的原因全部归咎于文化因素，所以她实际上否认了这种心理现象所赖以产生的生理前提。这个结论值得商榷：其一，从《萨摩亚人的成年》一书的索引中可以估计出当地年轻人患精神病的比例为千分之一，这虽低于当时美国城市人口精神病发病率的比例，但却和美国农村地区的数据十分接近。其二，英国人类学家珍妮·古多尔（Jane Goodall）在《黑猩猩在召唤》（1971）一书中曾经对黑猩猩的青春期生活作了详细的描述。她指出，青春期对黑猩猩也像人类一样，是一段困难而受折磨的时期。前一个事实似乎说明青春期危机不但具有文化上的差异性，而且具有心理上的普遍性；而后一个事实则进一步说明，这种心理上的连续性可能还具有生物进化上的连续性。

1983 年，人类学界出现了一本真正向米德全面挑战的著作——《玛格丽特·米德与萨摩亚：一个人类学神话的形成和破灭》。该书作者德里克·弗里曼（Derek Freeman）在 1940~1981 年间曾 6 度去萨摩亚，得出了和米德完全不同的结论。他认为，米德关于萨摩亚人未经历青春期危机的说法是一个人类学的神话。虽然弗里曼的研究后于米德 10 余年，其间的萨摩亚发生了极其迅猛的文化变迁，这种变迁极有可能造成当地人心理和行为上的变化，使得弗里曼的反驳力度有所降低，但他的观点是不容忽视的。他说，尽管“文化是由非遗传过程形成的，但如果不把文化同比

它古老得多的系统发育引起的与文化有关的结构联系起来考虑，就无法充分理解文化本身”。

人类学家们的争论可能还要继续下去，以上研究表明的共同观点是，人的心理发展与文化密切相关，不同的文化会造就不同的人格形态，文化的变迁会促进人格的嬗变。

因此，要从文化差异的视角，思考青少年社会化过程中文化的作用。我们已经从米德的《萨摩亚人的成年》中，看到了文化差异对青少年社会化的影响。另外，在青少年价值观跨文化的研究资料中，我们也能体会到文化的穿透力。

社会文化变迁与多元价值观

1988 年，董小平等同日本、美国学者对中、日、美三国 3575 名高中生进行价值观的比较研究，结果表明：崇尚知识、尊崇正直、有事业心是三国青少年共同的、重要的价值取向。由于社会制度、文化背景的不同，三国学生的价值观又存在明显的差异。例如，在“你最抱好感的人”一项中，美、日学生选择“主张自我的人”的，分别占本国学生的 58.1%和 52.1%，而中国学生只有 18.5%如此选择；而选择“关心整个人类的人”的，中、日、美三国学生的占比分别为 70.3%、47.5%、36.8%。这反映出中国学生的价值观具有明显的集体主义色彩，而日、美学生的价值观则具有浓厚的个人主义色彩。

当然，随着文化的变迁，青少年的价值观也会随之变化。中国社会科学院社会学所的研究人员完成的“当代中国青年价值观演变”的课题表明，中国当代青年价值观的演变有三个重要的基本倾向：群体本位向个体本位的偏移，单一取向向多元取向的发展，世俗性的价值目标正在取代理想主义的价值目标。青少年价值观的这种变化趋势必将影响他们的生活态度和行为方式。

文学作为一种文字形态的社会文化，对青少年有密切影响。高尔基有句名言：“书是人类进步的阶梯。”有影响的文学作品会鼓舞一代青少年的成长。苏联作家奥斯特洛夫斯基的《钢铁是怎样炼成的》，深深影响了与笔者同辈的一代人；巴金的“激流三部曲”——《家》、《春》、《秋》曾打动了多少青年人的心；而 20 世纪 90 年代不少青少年喜欢看的则是金庸的武侠小说或安妮宝贝的言情小说。

令人担忧的是，文学作品多元化的背景下，如何引导青少年阅读？这是学校和家庭比较忽视的问题。有些人可能会认为，这是杞人忧天。2002 年 2 月《文汇

报》刊登的一篇题为"'隐私小说'引起争议"的文章，引起我的关注。现辑录如下。

一本名为"爱情伊妹儿"的纪实小说被炒得很热，作者英儿在书中详尽披露了自己与某著名诗人的情爱关系，将原本应该非常私密的50多封E-mail情书公之于众，并刻意渲染。该书在广受关注和畅销的同时，也引起了读者的颇多争议，不少人尖锐地批评作者是在炒卖隐私。

近年来，这类"隐私小说"在文坛频频出现，不久前，某出版社推出一位从新加坡回国的女作家九丹写的长篇小说《乌鸦》也在书界和读者中引起轩然大波，这部描写中国女性在新加坡的"另类留学生活"的小说，以第一人称描述了一群大陆女子为了获得"绿卡"，不择手段，相互倾轧，甚至不惜出卖肉体的经历。

时下不少作者都深谙"书被骂得越凶，作者就越火"这一市场法则，于是，文学与商业联手催生了"隐私小说"。一些急功近利的作者试图通过这种方式迅速摄取名利，正像英儿所说，"这本书肯定会招来出卖隐私的指责"，但她意识到"人们对诗人的爱情生活会比对诗更感兴趣"。因《乌鸦》而名声大噪的九丹说得更直白："如果有人把我当作'妓女作家'，我也并不反感"，"我就是想震一震文坛"。据悉，《爱情伊妹儿》的出版社是在与多家出版社的竞争中，不惜开出高版税，才得到了出版权。果然，英儿公开露面做宣传，使该书首版5万册很快被订购一空。

对于"隐私小说"的出现，有人表示推崇，他们认为，文学本应是创作者个体生命的体验，写隐私、写性爱是个人自由，无须横加指责，中国文学历来缺少像卢梭的《忏悔录》那样一种宗教的忏悔精神。然而，更多的人对此提出了批评，一些读者说，英儿自称《爱情伊妹儿》"因真实而具有社会性"，但阅读全书后发现，书中情和爱的确描写了不少，可除了两人间的这点事外，看不出有什么社会意义。

评论家毛时安认为，判断一个作品的思想倾向和审美价值，主要不是看他写什么，而是看他怎么写，是揭露、忏悔？还是宣扬、辩护？《爱情伊妹儿》中既没有谴责，也没有忏悔，有的只是作者对一个女人与三个男人之间扭曲情感的卖弄炫耀和自怜自恋，正应了鲁迅先生说的"拿着肉麻当有趣"，充其量不过是以出卖隐私招徕读者、赚取名利。作家赵长天说，作家写书赚钱，这没错，但如果打着"隐私"旗号，满足读者的窥私欲，这将对读者，尤其是青少年读者的心灵和文坛风气造成不良影响。

时下，商业化的倾向渗透于社会的各个角落，文学作品商业化炒作现象颇为盛行，上文所说的《爱情伊妹儿》就是一个缩影。事实上，这类作品，已经在青少年中产生了不少负面影响。文学作品应该给青少年更多的精神养料，我们一方面希望文学家多写些对青少年有益的好作品，另一方面也要加强青少年对文学作品的选择、判断能力和批判精神的培养。

第三节　心理辅导：助人自助的艺术

关注青少年心智的健康成长，不仅要认识到日益变化的社会环境对青少年的影响，而且还要理解青少年的内心世界，帮助其解决成长的烦恼。心理辅导是理解青少年内心世界的一把钥匙。

拒绝长大的高中生①

一位高中女生向心理辅导老师这样诉说她的烦恼：

我是一个外表性格开朗的女孩，其实内心却不然，我很孤独，朋友可以说有几个还算得上知心。我不知道自己为什么会变成这样。自上高中以来我的烦恼越来越多。我们学校是县里最好的中学。曾经我以为如果不到这里读书，是一种遗憾，可是来了以后我发现自己彻彻底底地错了。这个学校好像与我格格不入，我也说不上这种想法是如何产生的。我以为第一次考试成绩不理想是因为我不够努力，可第二次我的名次依旧如此。我已经开始讨厌学习了。

现在的我改变了许多，我的性格变了，不爱说话，开始变得沉默。坐在最后一排发呆，心情郁闷。

我现在只想回到小时候，回到那个年年拿两个奖状的时候，那时的我不会让爸爸妈妈的脸上出现失望，那时我是一个很快乐的人。我该怎么办？

① 杨敏毅：《是谁送来了红玫瑰——听心理老师讲故事》，202—204 页，上海社会科学院出版社，2009。

心理辅导老师分析：这位同学的烦恼其实来自成长的烦恼，面对学习压力、环境适应压力和人际关系压力，她用回避的方式拒绝长大。心理辅导老师给这位同学提了三条建议。

（1）告诉自己“我要长大”。给自己画两张自画像，一张是童年的，一张是现在的。画完后分别在两张画下写上“我快乐的5个理由”和“我不快乐的3个理由”。然后，手拿第一张童年的自画像，闭着眼睛对自己说：

“我想回到童年，玩那时的玩具，读那时的书，玩那时的游戏……”

“我要变小，我要回到童年，你同意吗?”

记住此时的感觉。

再拿现在的自画像，闭着眼睛对自己说：

“现在我是高中生了，我面对学习、生活感到……”

“我一天天在长大，许多事需要面对、需要承受、需要改变……”

“感受自己的身体在渐渐长高，阅历在逐步丰富，情感在慢慢成熟，有欣喜、有烦恼、有痛苦、有快乐……”

比较两次的感觉，告诉自己：“我要长大。”

（2）告诉父母“我要长大”。找一个合适的环境，找一个自己和父母心情都不错的时候，认真地告诉父母：“我长大了。”长大需要力量，希望父母给以支持；长大需要时间，需要父母给以耐心；长大需要代价，希望父母给以理解。

（3）告诉老师、朋友“我要长大”。告诉老师自己正在长大，在成长过程中总有这样那样的不足，希望得到他们的指导与帮助。主动找到朋友和同学，大家一起谈论学习与生活，此时你会发现，烦恼人人都有，并非只有你一人郁闷、痛苦。

心理辅导老师的三条建议旨在唤起这位学生用积极的态度接纳自己的变化，调动内心积极的力量，以解决自己面临的问题。这就是我们通常讲的，心理辅导是一门助人自助的艺术，通过辅导最终提高学生心理自助的能力。

心理辅导目标与任务

心理辅导是指辅导者与来访者建立开放、协调的辅导关系，运用心理辅导的原理和技术，帮助来访者解决其心理困惑，以促进其心智健康成长。

具体地说：（1）建立良好的辅导关系（咨访关系）是基础，辅导者能否与来访学生建立信任、安全的关系，是咨询能否取得成效的关键。只有建立了良好的关系，来访者才会倾诉心里的烦恼。（2）主要技术是指临床心理鉴别、诊断和干

预。心理辅导需要专业技术，辅导者需要经过规范的训练，并在实践中积累经验。（3）学生心理问题具有高度差异性，辅导者不能照搬照套别人的个案经验，而要取其精华，结合自己的能力和来访者的特点进行辅导。（4）辅导效果具有两面性，方法得当可以解决来访者的心理困惑，方法不当也可能加重来访者的心理问题，因此，加强个案督导是非常重要的。

青少年心理辅导目标着眼于以下两个方面。

（1）帮助学生更有效地处理自己面临的问题，使之能更好地适应。每个学生都会遇到生活、学习、人际交往、社会适应和应激事件的困扰，心理辅导就是帮助学生解决成长中的烦恼，提高其心理自助能力。

（2）帮助学生开发自身潜能，使生活更有意义。每个人的内心都有积极的力量，关键在于心理辅导教师引导其发现自己的潜能，并在生活实践中积累经验。这些经验包括积极的信念、积极情感和行为方式。

本书界定的青少年心理辅导是在学校范畴内进行的，因此，主要辅导者是教师（从今后的发展趋势看，社会工作者、临床心理医生都应该介入青少年心理辅导工作）。按照学校心理健康三级预防的概念，心理辅导的服务范围主要分三个层次：第一，帮助每个学生解决成长中的困惑；第二，对高危学生的重点预防性辅导（高危学生包括：学习困难的、人际关系紧张的、性格缺失的、有行为问题的、家庭环境不利的、面临突发危机事件的等）；第三，对少数心理障碍学生的转介和后续辅导。一般教师（包括班主任）可以承担一级预防的辅导工作，心理辅导教师可以承担二级和三级预防的辅导工作。

高危学生是心理辅导的重点，是故对上述不同类型的学生稍作补充说明。

学习困难的学生。这些学生经常学业失败，自尊心受到打击，有时会一蹶不振，甚至可能向不健康的方面发展，成为问题学生。

行为问题学生。行为问题指品行不良，有攻击性行为、退避行为、多动行为和强迫行为等。

身体有缺陷的学生。身体缺陷不仅影响学生的学习效能，同时也影响其人格发展。生理有缺陷的学生，在适应社会的过程中会遇到更多困难。他们往往会受到别人的歧视和嘲笑，以致加剧自卑、懦弱、孤独等人格特征。

受情绪困扰的学生。情绪困扰是影响学生学习的重要因素。儿童若早期遇到过多的困难或挫折而无法克服，很容易产生焦虑和不安全感，影响学习的动机、热情和效率。有的学生由于情绪困扰，容易冲动、过度紧张、孤僻冷漠、喜怒无常，会严重影响自身人格的发展。

家庭环境不好的学生。急剧的社会变迁导致离异家庭、寄养家庭、贫困家庭

逐渐增多，处于这些不利家庭环境的孩子一方面缺乏情感上的关爱，另一方面面临经济上的压力。双重压力都会引起学生情绪和行为上的问题。

另外，对于人际关系适应不良的学生，以及有着各种成长烦恼的学生都应该是心理辅导的对象。

第四节　SFBT：一种积极取向的综合辅导技术

心理辅导的理论、技术林林总总，在《班主任心理辅导实务》一书中笔者介绍了几种基本技术。这里向大家推荐一种积极取向的综合辅导技术：焦点解决短程咨询（SFBT）。

焦点解决短程咨询（SFBT）是近20年来逐步发展起来的心理咨询模式，是在20世纪80年代，由美国密尔瓦基的短期家庭治疗中心的创办者史提夫·笛·夏泽（Steve de Shazer）及其夫人茵素·金·柏格（Insoo Kim Berg）所带领的团队发展起来的。它把重点放在问题的解决而不纠缠于问题本身。咨询的中心任务在于帮助来访者考虑此时此地应该做些什么可以使当前情况不再继续恶化，而不是追究问题的原因。它的"正向为焦点的思考"、"例外带来解决之道"、"改变永远在发生"等基本咨询信念体现了对人性的尊重，凸显了人文关怀精神。SFBT的操作特点使整个咨询历程大大缩短，具体技术的操作也简便易行。因此，SFBT备受咨询者和来访者的欢迎。

SFBT概述

1. 基本理念：关注正向积极的改变

SFBT在理念上深受策略学派、结构学派系统观的影响。有所不同的是，策略学派、结构学派的传统做法是注重问题的内涵及结构，而SFBT把焦点放在探讨问题不发生时的状况，注重引导来访者看到自身先前未发生问题时的状态，并从此入手，强调其正向积极的改变。伯格为韩裔，她把东方"阴阳"中"变"的思想植入心理咨询中。倘若把"阴阳太极鱼形图"这一系统中黑的部分命名为"问题发生时的互动"，把白的部分命名为"问题不发生时的互动"，那么，策略学派、结构学派的传统做法是从黑的部分去修改问题的结构，而SFBT的做法却是

从白的部分入手进行扩展，因为整个系统是固定的，一旦白的部分扩大一些，黑的部分自然就减少一些，整个系统的改变也就发生了。奥斯伯恩（Osborn）认为SFBT不从问题成因入手，而特别强调问题以外的例外经验及对来访者已经拥有的力量、资源、希望的开发。概括地说，SFBT的基本理念是，用正向的、朝向未来的、朝向目标解决问题的积极观点，来促成改变的发生，而不是局限于探求原因或是问题取向的讨论。

2. 基本假设

沃尔特（Walter）和佩勒（Peller）提出了SFBT的12项基本假设。

（1）越把焦点放在正向的、已有的解决方法上，并迁移运用到未来类似的情境中，则越能使改变朝所预期的方向发生。

（2）任何人都不可能每时每刻处在问题的情境中，总有问题不发生的时候，这就是所谓的“例外”。这些存在于来访者身上原有的例外情形，常常可以被作为问题解决的指引。

（3）改变随时都在发生，没有一件事是一成不变的。

（4）小的改变会带来大的改变，最后可以导致整个系统的改变。

（5）合作是必然的，没有来访者会抗拒，不同的来访者会以不同的方式与咨询员合作，若咨询员仔细了解他们的思考及行为的意义，便会发现来访者努力地向自己表明了他们改变所需的独特方式。

（6）人们拥有解决自己的问题所需的能力与资源，咨询员的责任就是协助来访者发现自己所拥有的资源。

（7）意义并非由外在世界引起，而在于与经验的交互建构，取决于个体透过本身的经验对外在世界的解释，因此，SFBT并不重视探究事件本身，而更重视来访者对事件的解释，以及在事件中采取的反应与行动。

（8）每个人对某一问题或目标的描述与其行动是互为结果的，因此，可以藉由改变个体看问题的观点，达到改变行为的目的；也可以藉由改变行为，达到改变看问题的观点的目的。

（9）沟通的意义可从收到的反应中来判断，对咨询员而言，咨询过程中沟通的意义要视自己所收到的反应而定。

（10）来访者是他们自己问题的专家，设定什么样的改变目标，应由来访者自己决定。

（11）来访者的任何改变，都会影响其与所在系统中每个人的互动，即会带来其他成员的改变。

（12）凡是有共同目标的人，都是咨询团体的成员，咨询员主要是协助团体

成员协商出问题的解决目标，并找出个人可以做到的行动。

综观这12项假设可知，SFBT促成改变的着重点在于来访者已有的成功例外，不去看问题所在的黑暗面，而去看问题不发生时的光明面，可使来访者相信解决的策略就在光明面当中。多用这些已有效的策略，会导致小的改变，进而引发更大的改变，甚至是系统中与他人互动的改变。

3. 基本流程

SFBT的会谈时间，大约为60分钟。咨询分为三个阶段：建构解决的对话阶段（40分钟），包括对话阶段、目标架构（正向开场与设定目标）、例外架构和假设目标架构四个环节；休息阶段（10分钟）；正向回馈阶段（10分钟），包括赞美、讯息提供和家庭作业三个环节。在三个阶段中，第一个阶段是整个咨询过程的重点，它又大致可分为三个区块：设定目标会谈区块、寻找例外会谈区块、发展未来想象区块。其中第一个区块的任务是引导来访者设定积极可行的具体目标；第二个区块的任务是引导来访者看到过去问题不发生（或不严重）时的成功经验；第三个区块的任务是引导来访者想象未来问题已经解决的远景，鼓舞来访者拥有希望并从中找到现在就可以开始的部分。

SFBT的基本技术

SFBT发展了20多年，其间开发了许多咨询技术，以下列举几种常用技术，供参考。

1. 正常化技术

正常化技术是指让来访者觉得自己的遭遇具有普遍性，是一种发展阶段常见的暂时性困境，不是病态的和无法控制的灾难。这会降低来访者对目前糟糕状态的恐惧感，使其接受自己的问题。在使用这个技术的过程中要以来访者的参照框架为主，而不是直接去驳斥来访者的观点。如：

来访者：我儿子不敢去学校上学，一定有学校恐惧症了，我该怎么办？

咨询师：你的孩子近来很害怕去上学，这种状态让你最近心情不太好。孩子们感到上学有困难时，绝大多数人的父母都会有你这样的担心。

2. 把抱怨转化成目标

当来访者带着问题或困难进行心理咨询，并且一再叙述他的困难时，似乎情

况真是糟糕透了。但如果咨询师能引导他去思考“希望情况有何改变”时，来访者就不再陷于抱怨，而能比较明确地去讲述自己的期待，思考改变的可能性和寻找自己的着力点，开始为解决问题作准备。这时，来访者会把焦点集中在问题的解决上，而不是局限于问题情境中。在心理咨询中，咨询师的责任就是将咨询者对问题的抱怨，变为正向解决问题及未来导向的谈话。

例如，有对父母带着他们的儿子来到咨询室，刚开始他们向咨询师抱怨儿子的种种不是，愈说愈气愤，似乎孩子简直无可救药，而那个孩子则静静地坐在一角，低着头，一言不发，显得非常无奈。当父母的抱怨告一段落时，咨询师问这对父母“你们希望儿子能有些什么改变呢”，父母开始思考并试着叙述他们的期望，此时问题似乎有了转机，孩子也慢慢地抬起头，仔细听父母的叙述。离开咨询室时，这一家人已找到了解决问题的办法，并愿意为之努力。

3. 例外询问

SFBT 相信任何问题都有例外，来访者有能力解决自己的问题，咨询师要协助来访者找出例外，让来访者看到以自己的能力和资源，获得问题解决的可能。当来访者叙述其整日沉溺于忧郁的情绪无法自拔时，咨询师经由来访者的叙述发现其目的是找到例外的可能，也就是“何时忧郁不会发生”或者“何时忧郁会少一点”。通过研究来访者做了什么而使例外情境发生，并加强例外情境的发生，使这些小小的例外情境成为改变的开始，逐步发展成更多的改变。

例如，小李进入咨询室时，她可能完全被笼罩在自己的问题当中，她说自己状况一直很差，心情也不好。咨询师了解了小李的低落情绪后，试着问小李“你曾经做过些什么使你的心情好一点”，小李想了半天说：“插花。”于是，咨询师针对小李的情况，找到一个例外情境，深入探讨例外情境何以发生。例如插花的乐趣是什么？什么时候愿意去插花？怎么能够在心情不好时，还可以去插花？向这个方向探索，可能就会发现改变的途径，并发展出更多使心情改变的途径。

4. 奇迹询问

SFBT 经常会使用一些奇迹式问句（又称为假设性架构），鼓励来访者发现问题解决的方向。比如，咨询师会使用假设问句如：“如果有一天，你醒来后奇迹发生了，问题解决了或是你看到问题正在解决中，你如何得知事情变得不一样了？”“如果在你面前有一个水晶球，可以看到你的未来，你猜你会看到什么？”这些面谈的言语技巧，可以帮助来访者找寻适合自己的解决方法。

奇迹问句是专注未来导向的，引导来访者去想象当他的问题不再是问题时他的生活景象，将来访者的焦点从现在和过去的问题移动到一个比较满意的生活情景中，这样使心理咨询和治疗更富于正向引导性和激励性，鼓舞来访者深入认识

自己的价值，建构生活的意义。

5. **振奋性鼓舞**

这是指咨询师为来访者所做的努力和改变而喝彩、加油，给予支持和肯定。在咨询过程中咨询师一有机会就给来访者鼓励，但要符合实情，不要过度的或者虚假的鼓励，还要注意言语和非言语的一致性，要真心诚意。例如，咨询师可以说：“这个想法很有创意，能说说你是怎么产生这个想法的吗?”

6. **赞许**

这是指来访者表现出正向的力量时，咨询师给予的鼓励和赞赏。一般来说在咨询暂停后，咨询师应对来访者做得好的部分给予正向的反馈和赞许。赞许能平衡来访者只重视问题缺点的习惯，帮助来访者远离被评价和面对改变时的恐惧，促进来访者新近的改变，提升来访者对咨询师的信任感。赞许要以来访者接受的方式表达出来，每个赞许都是对来访者明确行为的反馈，而不是泛泛的陈述。咨询师赞许来访者时要注意来访者的反应，以了解赞许对来访者的意义，如点头、微笑表示同意或接受。如果没有获得同意，咨询师应找机会修正，必要时下次咨询时再给出赞许。例如，咨询师说：“你这些年来为孩子和整个家庭的辛苦付出，给我留下深刻的印象，毕竟这不是一件容易做到的事情。”

7. **关系询问**

关系询问是指探寻重要他人对来访者、对问题、对发生改变的可能性的看法。SFBT 重视来访者的生活体系，及其生活体系中重要他人的看法。因此，来访者的重要他人（家人、老师、邻居、朋友）的观点可以扩展并改变来访者的觉知范围，引导来访者去想象改变的好处，修正来访者的目标或者解决办法。这个技巧一般在咨询构建、澄清目标以及目标不清时使用。如咨询师说：“你说希望自己心情好一点，那么你的好朋友觉得你怎么表达心情才会好一点呢?”

8. **刻度询问**

刻度询问是指利用数值（一般用 0～10）的评估协助来访者将抽象的概念具体化的技术。刻度询问需要限定来访者作评估的时间范围，如今天、下周的某天、现在等。一般来说，来访者打的分数在 7 或 8 分时，往往暗示来访者已经在一个“够好”的状态了。

刻度询问可以引导来访者想象理想远景，并将理想远景转化为具体可操作的步骤。在肯定、了解来访者目前的状况与努力的同时，还可以促进来访者对继续改变有更加明确的认识，促进来访者思考下一步的具体行动。另外，这种数字的量化能将来访者抽象的状态变成具体的数据，提升来访者对自己的理性观察，帮助来访者表达出难以说明的内在状况或目标，同时也能够协助咨询师理解来访

者，更清晰地看到来访者所处的状态。如：

咨询师：在一个0~10分的量表上，如果0分表示非常不好，而10分表示你要达成的境界，你目前是几分？

来访者：5分吧。

咨询师：这跟你上月的评分有什么不同？你是怎么让自己做到这些变化的？

9. “滚雪球”效应

SFBT认为改变不会在一朝一夕之间发生。来访者的改变是从小的改变开始的。因此，咨询员应着眼于协助来访者从他已经在做的有效行为入手，或从他所容易做到的行为开始，并及时给予适当强化，来访者则会因成功的第一步而体验到改变给自己带来的成就感，继而小改变带动大改变，即所谓“滚雪球”效应。

10. 家庭作业与追踪

咨询是否有效，要靠实践生活来检验。咨询员可以与来访者一同商量如何将咨询结果落实于生活当中，这就是家庭作业的布置。咨询员告知来访者希望有机会于若干时日后（通常以2~3周为宜），协助来访者检视其在家庭作业的实践中可能遇到的任何问题。这样一来，使得来访者明确，不仅要为自己的改变负责，也要为咨询员的要求负责，更重要的是，来访者会有机会与咨询员一同再次检视他可能需要注意的问题，包括他可能遇到的难题。借助咨询师对家庭作业追踪策略的合理运用，来访者对自身改变的信心会逐渐增强。

SFBT实例分析

下面介绍钟志农老师运用SFBT技术处理的一个案例，供读者学习参考。

小马是初中一年级的一名男生，父母管教严格，但因学业不良而丧失自信。主要表现在：一是上课听不懂，发呆；二是作业不会做，拖拉；三是有问题不敢问老师，怕被骂。小马回到家就被父母管得死死的，父母一个抓文科，一个抓理科。孩子感觉回家后比在学校里还要紧张，因此学习很被动，总是磨磨蹭蹭拖时间，成绩在班里属于下游。小马是被妈妈连拖带拽地拉到咨询室的（是个参观者，连抱怨者都说不上）。以下摘录几段对话。

“我的确不算笨”

我请小马谈谈自己上小学以来的状况，当问到他在班里的排名时，他说了一句“不太好”。我问：“具体说呢？”他迟疑了一下说：“40名开外吧。”我笑了，知道他是在掩盖真相，但这不正说明他有羞耻感吗？于是我点点头说：“那还不错嘛！我想知道你的强项学科是什么。”（为了消除他的抵触情绪，辅导教师先运用了例外询问，使开场谈话尽快朝正向转变，以建立合作的辅导关系。）

他犹豫了一会儿说：“可能数学比较好一点吧。”

我说：“具体说说看，最近一次数学考试你考了多少分？”

小马：“86分，不过是一次单元测验。”

我马上流露出内心的惊喜，说：“哦，你知道这个86分意味着什么吗？”（暗示这是一个不同寻常的信息，引导来访者往积极、正向的方向去思考问题，而不是陷于以往的失败中不能自拔。）

小马：“不知道。”

我说：“我的理解是，按照学校的惯例，100分的卷子，60分及格，61到70分是中下，71到84分是中等，85到100分就叫优良，你真的很不简单啊！”（振奋性鼓舞和积极暗示）

小马立刻露出了笑容，可瞬即又低下头，说只有这一次考了86分。

我说：“只有这一次考到86分？那你是怎么做到的？”（例外询问）

小马一脸茫然说：“我也不知道。”

我说：“这至少说明你的智力是很正常的。你爸爸妈妈能成为国家的公务员，你姐姐能在重点高中读书，你肯定不会比他们差。”

小马高兴地说：“我的确不算笨。”（引导来访者发现和开发自己的资源）

……

想让自己有些改变

我说：“此时此地，你在这里一定想让自己有一些改变吧？”（关系架构已经形成，可以提出目标架构。）

小马：“我也希望自己能学得好一点。”

我拿了一根刻度尺，上面有11颗小五星将尺子均分成10格。我指着尺子对他说：“左面这颗星是你们班的第一名，右面的这颗星是你们班的最后一名，你在什么位置？”（刻度询问）

小马显得不好意思了，结结巴巴地说：“……其实我……是49名。”

我问：“那么全班总共多少人呢？”

小马："56人。"

我指着刻度尺的倒数第二格末尾说："哦，我明白了，你大概在这个位置，对吧？"

小马认可了。

我说："那么，你心里想过没有，如果自己跟自己比的话，最好能够有多大的改变呢？"

他想了想，指着尺子的正数第六格点了两下。

我说："你的意思是要达到全班的中游水平，大概30名左右是吗？"

小马："是的。"（建立良好的正向目标）

我说："好！现在我们来想象一下，假如经过你的努力，有一天，奇迹真的出现了——我们生活中随时都可能发生某些奇迹，你也一样——你真的考到了全班第30名，你想想看，同学们会怎么议论你？"（以奇迹询问开始建构假设性架构）

小马："他们会说，小马进步了。"

我问："那么老师会怎么说你呢？"

小马："老师也会表扬我，说我进步了。"

我问："你再想象一下，父母会怎么说你呢？"

小马："爸爸妈妈会说，其实我们的儿子也是可以学好的。"（连续用了三个关系询问）

……

会谈临近结束时，我问小马准备什么时候向我报告好消息，他回答说"期中考试以后"。我举起那根刻度尺问他："期中考试后你就要进入第六格？那要求太高了吧？"（探寻改变最先出现的迹象可能是什么，在何时出现。）说着，我把手指往刻度尺的右边第二格指了指，说："还有半个多月时间，我看期中考试以后，你只要在第二格原来的位置上往前移动一点点，就可以来向我报告好消息了，行吗？"（确定改变的起点，聚焦于半个月后的小改变。）

小马充满自信地点了点头。

一个月后，我又见到了小马，很阳光的样子。他告诉我说，期中考试他的总成绩前进了3名，学习的劲头大了，人也变得更自信了，再也不用父母管了。

本章结语

每个人都经历过青少年时代，这是孩子逐步摆脱对家庭的依赖，心理上迈向独立的第一步。他们有许多成长中的需求希望得到满足，有许多成长中的烦恼希望得到帮助，有许多内在的禀赋希望得到开发和实现。柏拉图告诉我们，教育的目的是让学生的心灵走向真善美；泰戈尔提示我们，教育应“传递生命的气息”。然而，现实世界复杂多变、丰富多彩，学生的视野在网络社会中大大拓展，远远越过了学校的围墙。走进青少年的内心世界，学会与青少年进行心灵对话，是教育工作者的责任，也是一种使命。心理辅导作为一种助人的艺术，使我们在帮助青少年成长的同时，自身的心灵得到洗礼和修炼，自己得以成长。

本章参考文献

1. 赵霞，孙云晓．男孩危机现状分析及对策［J］．少年儿童研究，2010（2）．
2. 徐安琪．男孩危机：一个危言耸听的伪命题［J］．青年研究，2010（1）．
3. 经济合作与发展组织编．理解脑——新的学习科学的诞生［M］．周加仙等，译．北京：教育科学出版社，2010.
4. 聂琴．单一性别教育的再度兴起——以英、美、澳为例［J］．上海教育科研，2008（2）．
5. 吴增强，张声远．生命教育解读［J］．思想理论教育，2005（5）．
6. 张文新．儿童社会性发展［M］．北京：北京师范大学出版社，1999.
7. 孙道进．论科学知识的生命伦理向度［J］．重庆社会科学，2004（2）．
8. 玛格丽特·米德．萨摩亚人的成年［M］．周晓虹，等译．杭州：浙江人民出版社，1988.
9. 周晓虹．现代社会心理学：多维视野中的社会行为研究［M］．上海：上海人民出版社，1997.
10. 董小苹．当代青年学生的崇尚意识——中、日、美三国高中生价值观比较研究［J］．当代青年研究，1988（9）．
11. 刘宣文，何伟强．焦点解决短期心理咨询原理与技术述评［J］．心理与行为研究，2004（2）．
12. 钟志农．焦点解决短期咨询：小改变引发“滚雪球”效应［J］．思想理论教育，2008（8）．

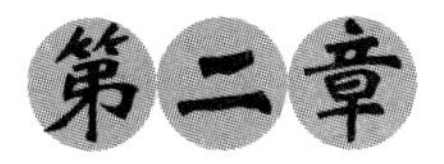

第二章

探索内心的和谐

“我是谁?”“我从哪里来?”“到哪里去?”青少年时期的学生常常会问自己这样的问题，这也是古往今来许多哲学家思考的问题。这个问题看似简单，其实非常深奥。在古希腊的庙宇门廊上就刻着“认识你自己”的字样。精神分析创始人弗洛伊德用冰山模型表述了人所认识的自我只是冰山一角，隐藏在水面之下的巨大的“我”的世界，可能是需要我们终其一生，不断修炼、不断探究，趋向人性完美的境界。然而，如前所说，青少年时期是探索自我的最为重要的时期。按照埃里克森的理论，青少年时期主要的心理冲突是自我认同与角色迷离。帮助青少年建立积极的自我信念是一项重要的辅导任务。

第一节　青少年自我意识发展

青少年期心理发展的重要特征是自我意识的觉醒，它是其个性健康发展的核心。了解青少年自我意识发展的轨迹，是理解青少年内心世界的一把钥匙。

什么是自我意识

心理学描述自我的术语有自我意识（Self-consciousness）和自我概念（Self-concept）等。这是两个意思相近的概念。西方学者一般用自我概念的多，我国学者采用自我意识的多。故在本书中采用国内的提法，把自我意识作为一个总概念来处理。

所谓自我意识，是指对自己存在的觉察，即自己对自己的认识，包括认识自己的生理状况（如身高、体重、体形等）、心理特征（如兴趣爱好、能力、性格和气质等）以及自己与他人的关系（如自己与周围的人们的关系、自己在集体中的位置与作用等）。总之，自我意识就是自己对自己所有的身心状况的认识和觉察。例如，当我们在与别人谈话时，自我能够意识到自己正在和人交谈，感觉到自己当时的心情愉快与否，判断自己的观点正确与否，评价自己的态度真诚与否。自我意识由自我评价、自我体验和自我控制三部分构成。这三种成分相互联系、相互制约，统一于自我意识之中。

自我评价

自我评价是指个体对自己的思想、愿望、行动、个性特点及状态的判断和评价。自我评价直接影响个体自尊、自信的确立。库利（Cooley）指出："在人们的心理生活中，自尊或自卑的自我评价意识有很大作用。人们经常把自己看成有价值的、令人喜欢的、优越的、能干的人。如果一个人看不到自己的价值，只看到自己的不足，觉得什么都不如别人，处处低人一等，就会丧失信心，产生厌恶自己并否定自己的自卑感，这样的人就会缺乏朝气，没有积极性。如果一个人只看

到自己比别人好，别人比不上自己，就会产生盲目的乐观情绪，自我欣赏，自以为是，因此就不能处理好人际关系，不能调动主客观双方的积极性，而且还会遇到社会挫折，产生苦闷。”

早在20世纪20~30年代，美国心理学家霍林沃斯（Holingworth）便对自我评价进行了研究。他选择了25个被试，他们相互之间比较熟悉。霍林沃斯提出了9种品质（文雅、幽默、聪明、交际、清洁、美丽、自大、势利、粗鲁），要求每个被试根据这些品质把25个被试（包括自己）依次排列，程度最高者排第1位，程度次高者排第2位……程度最低者排第25位。一种品质评定之后，再评价其他品质，共评价9种品质。然后研究者加以统计，把各人在每种品质排列中给自己排定的位次与其余24人给他排定的位次的平均数进行比较，发现差异很大。例如，有一位被试自以为他的“文雅”程度应该排在前几名，但在把其他人的意见综合起来之后发现，他的位次排在20名以后。另一位被试对“清洁”品质的评价，自己排的位置要比别人评价的平均数高5名，“聪明”、“美丽”提前6名，“势利”、“自大”、“粗鲁”等退后5名到6名。这个实验结果表明，优良品质的自我评价常常比别人的评价高，不良品质的自我评价却比别人的评价低。换句话说，就是将良好品质自动夸大，而将不良品质自动忽略。

日常生活中，自我评价的偏差是经常会发生的。在美国的一项研究中，家庭里的丈夫评价自己所做的家务要比妻子多，而妻子却认为她们付出了多于丈夫两倍的努力。科学家们也似乎很少会低估自己的贡献。班廷（Banting）和麦克劳德（Macleod）因发现胰岛素而获得诺贝尔奖后，班廷声称麦克劳德与其说是一个帮手，不如说是一种阻碍，而麦克劳德在关于胰岛素发现的讲话中，则略去了班廷的名字。在澳大利亚，86%的人将他们的工作成绩看得高于一般人，而只有1%的人看法相反。如果个人的自我评价经常发生偏差，与他人的客观评价相差甚远，就会影响其人际关系，进而形成消极的自我意识。

那么，自我评价是如何形成的呢？个人的自我评价主要是在社会交往中形成的。大致有两条途径：其一，根据社会上其他人对自己的态度。个人进行自我评价，往往是以别人对自己的评价为参照的。例如，某学生学习成绩优秀，经常受到老师和同学的赞扬，这会不断增强他的自信心。其二，通过社会比较过程（Social Comparison Processes）进行自我评价，即通过与自己地位、条件相类似的人的比较来评价自己。社会心理学家费斯廷格（Festinger）曾指出，一个人的价值，“是通过与他人的能力和条件的比较而实现的”。费斯廷格把这称之为社会比较过程。

费斯廷格指出，个体为了适应生活，就必须十分清楚地了解自己及周围环境

的情况。如果对自己周围的环境不了解，就会产生不安和焦虑，甚至会因紧张而不知道应该怎样表现自己。尤其是当个体处于新的环境，很想了解自己的能力在群体中有何影响时，社会比较就显得更为迫切。社会比较理论认为，当个体发现自己对自己的评价，和类似于自己条件（如性别、年龄、职业）的他人对自己的评价一致时，就加强了自我评价的信心，大大提高了安全感。相反，如果发现和他人对自己的评价的差距很大，就会非常不安。为了增强安全感，个体在进行社会比较时，有时也会选择能力和水平比自己低的人。

青少年的自我评价具有以下特点。

一是自我评价的独立性逐渐增强。程乐华等人曾对初中一年级至高中二年级的学生的自我意识进行研究，他们发现青少年学生的独立意识随着年级的升高而增强，尤其是初三到高一的变化最大（见图2-1）。最初儿童的自我评价主要是模仿成人，依从成人，以成人的评价为依据；到了青少年期，随着自我意识的发展，他们逐步摆脱成人评价的影响，而产生独立评价的倾向。独立的自我评价是青少年有主见的表现，这对人的成长有着非常重要的意义。

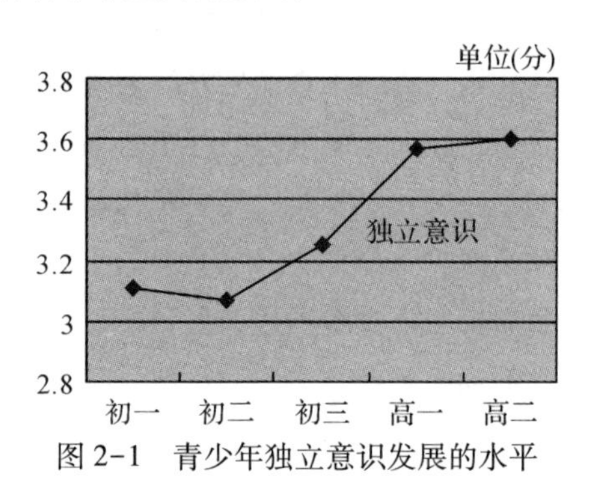

图2-1 青少年独立意识发展的水平

二是自我评价的范围扩大，内涵逐渐丰富。儿童时期比较关心自己的外显行为（如行为举止、学习成绩等）；青少年期，开始从外部扩大到个人内部，并且有一定的深度。在外显方面，青少年更加注重自己的形象和衣着，在内部则关心自己的性格、气质、道德修养、动机、意志品质、自尊、自信，等等。莫沙（Musa）等人曾要求一组中学生根据一个尺度对自己的外表进行自我评价（见图2-2）。对外表的满意与否取决于对下面这个问题的反应："假如你能对你的外表作出你想要作的任何改变，那么你会改变什么？"学生可以写上他们所希望的改变，也可选择"什么也不愿改变"的回答。结果显示出明显的性别差异。首先，男孩比女孩更多地把自己的外表评价为比其同龄人更具吸引力（男孩为35%，女孩为28%）。其次，48%的男孩对自己的外表非常满意，他们不愿有任何改变，而

女孩仅有12%不愿改变她们的外表。可见，中学生比之小学生更加在意自己的外表，并对这个问题有自己的主见。

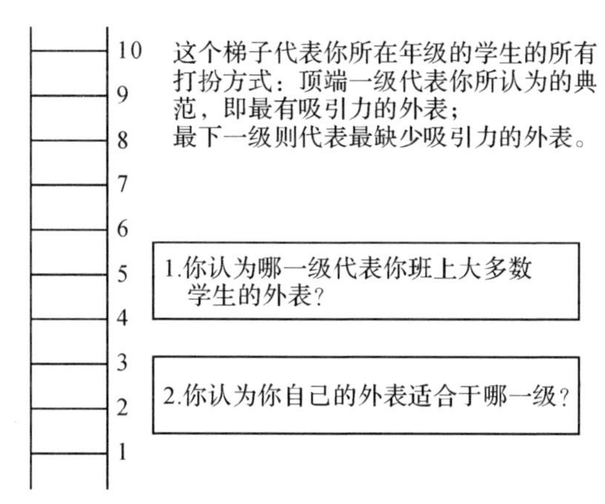

图 2-2　外表自我评价表

三是自我评价的稳定性逐渐增强。自我评价的稳定性，可以反映出学生在评价中的态度和他所采用的标准是否一致。如果认识水平低，标准不明确，或者态度随便，就会使自我评价不稳定。有关研究表明，随着学生年级的升高，自我评价的稳定性也越来越好。

自我体验

自我体验是个人对自己情绪、情感的体验。例如，自信、自卑、自满、自我欣赏等都是不同的自我体验。自我体验反映了主体我的需要与客体我的现实之间的关系。客体我满足了主体我的要求，就会产生积极肯定的自我体验，否则就会产生消极否定的自我体验。如一个学生参加校运动会获得了奖牌，为班级赢得了荣誉，得到了同学、老师的好评，就会有自尊、自豪的感受。而另一个学生因上学经常迟到，影响班级评比先进，受到众人的指责，就会产生羞愧、内疚的感受。以下列举几种自我体验进行讨论。

1. 青少年的自尊

自尊是自我意识的核心，是十分关键的自我体验。一个人有没有积极的生活态度和价值信念，往往取决于他有没有积极的自尊。对于教师和家长来说，往往最难教的学生，不是不聪明的学生、顽皮的学生，而是丧失了自尊的学生。

最早给自尊下定义的是心理学家詹姆斯（James）。詹姆斯认为，个体的自尊

感取决于其成就与抱负的比率。公式为：

自我价值感=成就/抱负

若个体的抱负水平很低，对自己的要求与期望很低，那么即使其成就水平不高，其自尊水平也不会太低。为什么同样的事情，几乎彻底摧毁了一些人的自尊心，而对另一些人来说，却无关紧要，就是因为他们的抱负与期望差异悬殊。例如，月薪1200元的报酬，对一个下岗工人来说已经很满足了，而名牌大学的毕业生可能会不屑一顾。其区别在于下岗工人和大学生的期望值不同。

库伯史密斯（Cooper Smith）认为，自尊是个体对自己所持有的一种肯定或否定的态度，这种态度表明个体是否相信自己是有能力的、重要的、成功的和有价值的。简言之，自尊是个体在关于自己价值的判断、评价的基础上，形成对自己的态度与情感的自我体验。

在个体身上，自尊往往以“积极的或消极的”、“赞成或不赞成”二选一的形式出现。对自己基本持积极态度或肯定态度的，称之为具有高水平的自尊；对自己基本持消极态度或否定态度的，称之为低水平的自尊。

罗森堡（Rosenberg）指出，高水平的自尊具有三个特征：（1）自我接受。即能够认识自己的缺点，但并不因此就挑剔自己，对自己所处的状态基本是满意的，具有自我宽容的特点。他不仅能认识自己的缺点，而且能努力克服这些缺点。（2）喜欢自己。自我感觉良好，能够怡然自得。高自我价值感不是优越感，不一定把自己看得比别人好，只是能够喜欢自己而已。（3）对自己的价值有适当的尊重，但未必反映为高效能感。也就是说，他不一定就认为自己比他人更能干或更有用，他只是尊重自己。

自尊的高低与人的心理健康密切相关。自卑就是一种低水平的自尊，这是人格的一种不平衡状态。人们不会长久忍受自卑，而必定会寻求建立新的平衡的出路。生活中解决自卑的方法有两种：积极的方法和消极的方法。

积极的方法是指个体努力消除引起自卑的根源，从而提高自己的自我价值感。阿德勒（Adler）认为：“人格的发展，大多基于基本自卑和补偿的动机力量。对自卑的基本补偿是力求获得承认和优越感。”许多有成就的人，例如，大音乐家贝多芬、大哲学家尼采等，都能克服自身的缺陷，自强不息、奋发图强，最终取得辉煌的成就。

相反，消极的方法不是靠增强自身价值，而是以别人的态度和评价为自我评价的主要标准，以此来修正自己的行为，从而达到提高自我价值感的目的。有一种人极度依赖别人的赞扬和肯定，一旦没有得到，就会感到无助、自卑；而另一种人恰恰相反，常常拒绝或否定别人对自己的评价，尤其是批评，以此来维持自

己的“自尊”。这些消极的办法往往于事无补，反而导致行为的偏差，甚至出现人格障碍。

2. 成功体验与失败体验

成功体验与失败体验与工作是否取得成功和自己的期望水平有关。也就是说，客观我所取得的成绩虽然已在社会的水准之上，但能否产生成功体验，还要看主观我对客观我的要求，即期望水平。例如，社会上认为能够考上大学就是学习成功的标志，而有的人虽然已经在录取分数线以上，但仍因未能进入名牌大学而闷闷不乐。这就是因为没有达到自己的期望值，所以也就没有成功感。

由此可见，成功与失败的情绪体验完全是主观的，决定成功与失败的，乃是个体的内部标准，而非外部标准。然而，个体的内部标准是通过社会因素的影响而形成的。这是因为个体与他人会经常处于竞争状态下，社会的共同标准成为个体行为的巨大压力，而且个体在社会生活中也体验到他人的标准，而逐步调整其内部标准，使内部标准在一定程度上与他人的标准相适应。

3. 高峰体验

高峰体验是人本主义心理学创始人马斯洛（Maslow）提出的重要概念，它是人达到自我实现境界时产生的积极体验。自我实现是马斯洛动机理论的中心思想，“自我实现”一词，最先由精神医学家戈尔茨坦（Goldstein）在《机体论》中提出，其原义指任何有机体与生俱来就有一种特殊潜力，这种潜力是一种内在需求，时时促使有机体去满足该需求，从而使其潜力得以展现。戈尔茨坦称这一内在历程为自我实现，并用以解释人类的生活适应，认为一般人在其生活中，都是基于自己的潜力，尽力追求满足，从而使其得以实现。

马斯洛的自我实现概念，是指完满的人性的充分体现，具体是指人的友爱、合作、求知、审美、创造等特性或潜能。马斯洛对不少历史和当代杰出人物进行个案研究后发现，达到自我实现境界的人，有15条共同特征，诸如善于独立与独处的性格，能接受、悦纳自然、他人和自己，有献身精神，富有幽默感和创造力，能认清现实并保持与现实的良好关系等。

马斯洛晚年又提出通向自我实现的八条途径，以下列举数条。

（1）自我实现意味着充分地、活跃地、无我地体验生活，全身心地献身于某一件事而忘怀一切。代表这种体验的关键词是“无我”，而青年人的毛病正出在太少无我而太多自我。

（2）自我实现是一个连续进行的过程。在生活中，可能有趋向防御、趋向安全、趋向畏缩的运动，但另一方面，也有趋向成长的选择。作出成长的选择而不是畏缩的选择，就是趋向自我实现的运动。

（3）要诚实，不要隐瞒。遇到问题要有反躬自问的责任心。每次承担责任就是一次自我实现。

（4）自我实现不只是一种局部状态，而是在任何时刻、在任何程度上实现一个人的潜能的过程。要实现一个人的可能性需要经历勤奋的、付出精力的准备阶段。

人在自我实现的精神境界就会有高峰体验。高峰体验本身是一种同一性的感受，在这样的时刻，人有一种返归自然，或与自然合一的欢乐情绪。因此，自我实现者能更多地体验到高峰时刻的出现。这可以是音乐家的一次成功的演出，也可以是工匠的精湛手艺的完成；可以是科学家的一个重要发现，也可以是家庭生活的和谐感受；可以是一次陶醉的文艺欣赏，也可以是对自然景色的迷恋。高峰体验是极度的欢乐，也是宁静而和平的喜悦。

青少年在自我体验方面的基本特点是，成人感日趋增强，自尊感不稳定，闭锁性与开放性共存。

成人感是指青少年感到自己已经成熟，渴望扮演成人角色，要求独立，得到他人尊重的体验。成人感的产生是青少年自我意识迅速发展的一个新的重要特征。成人感的表现之一是，独立性增强，对各项事务有自己独立的见解，希望别人尊重自己的意见，并处处表现得与众不同。表现之二是，个人私密性意识逐渐增强。刚刚跨入青少年的孩子，开始发现一个内心的自我，这个内心世界只属于他自己，里面藏着自己的欢乐、喜悦、烦恼和痛苦等。孩子写日记，就是从这个时候开始的。他们把日记和自己的秘密，珍藏在属于自己的一个角落，不希望别人（尤其是父母）知道。

一位老师曾告诉笔者这样一个事例，他们学校一位同学家里乔迁新居，第一天一家三口高高兴兴地搬进了两室一厅的房子，父母住一室，儿子住一室。第二天儿子上学去了，父母发现儿子的房门上贴了一张纸，走近一看，居然是一张“安民告示”。大意是，以后进他的房间，要先敲门，不要随意闯入，更不能翻他的书桌和抽屉，要尊重他的隐私权等。父母气得到学校向班主任告儿子的状。

这件事初一看，似乎儿子有些不近情理，但仔细想想，儿子的“安民告示”也是有道理的，那就是提醒做父母的应该尊重孩子，尊重他们的隐私。

青少年的闭锁性与其成人感发展是相辅相成的。青少年内心的小秘密多了，闭锁性自然也就增加了。其实，这也是青少年情感深化的反映。与童年期相比，青少年往往变得老成一些，在重要场合不肯轻易说话。他们知道什么事情该公开，什么事情该保密。心理学教授杨心德等人的调查指出，当初中生受委屈时，

46%的学生表示习惯于闷在心里，38%的学生爱告诉好朋友，只有6%～13%的学生愿意告诉父母和老师。可见，青少年的闭锁性主要是针对成年人的。青少年在同龄人和知心朋友面前，则表现出强烈的开放性，他们常常通过聚会、电话、网络等方式，进行交流与沟通。有的父母抱怨，孩子随着年龄的增长，与同学“煲电话粥”的时间也越来越长。这些都说明了青少年的闭锁性与开放性是并存的。

自尊发展的不稳定是青少年自我意识的一个明显特点。张文新的研究表明，整个初中阶段学生的自尊发展是不稳定的，存在显著的年龄差异。初一学生的得分明显高于初二、初三学生。从初二开始，自尊又出现了下降趋势。哈特（Harter）的研究也有类似的发现，儿童进入青少年期以后，自尊水平会明显下降。这种现象的产生可能同青少年迅速发展的自我意识与环境的相互作用有关。由于青少年的自我有更多主观、独立的成分，他们常常不能客观认识周围环境、社会对自己的要求，这使得青少年在对外部环境的认识和适应上出现了困难，进而影响青少年对自己的态度和判断。另外，青少年的自尊体验往往容易走向极端，当社会评价与个人的自尊需要一致，自尊需要得到肯定和满足时，他们会感到自豪，甚至沾沾自喜、忘乎所以；当社会评价不能满足个人的自尊需要，或者发生冲突时，他们又会妄自菲薄、情绪一落千丈，甚至自暴自弃。

程乐华等人的研究在张文新的研究的基础上，又有了新的结果：除了初一至初三学生的自尊情感呈下降趋势之外，初三至高一、高二呈明显上升趋势（见图2-3）。

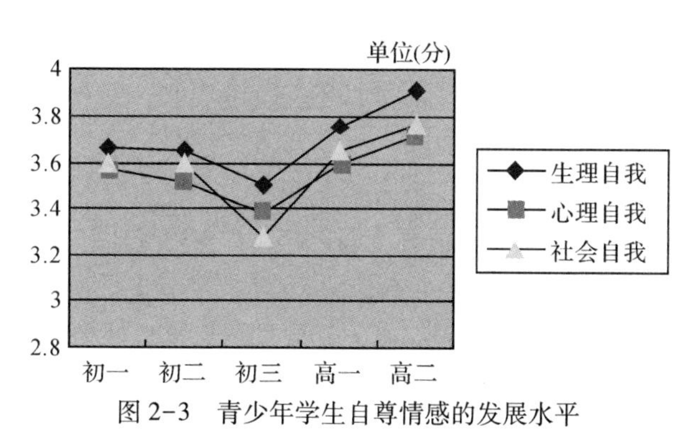

图2-3　青少年学生自尊情感的发展水平

这一方面表明初二至初三的学生更容易产生自我困惑，应引起教师的关注；另一方面，大多数学生随着年龄增长、社会经历增加和生活经验积累，会变得逐渐成熟，教育者要充分认识到青少年的这种主体成长的潜力。

自我控制

自我控制又称为自持，指个体能抑制自己的冲动或克制暂时获得欲望的满足，从而寻求更远大目标的心理历程。自我控制是人的理性力量的体现，是个体调节主观我与客观我、调节个体与外界环境的极为重要的心理品质和行为特征。可以想象，一个缺乏自制力的人，是很难与人和睦相处的，也很难适应各种变化的环境。一个人自我控制能力的高低反映了自我意识的成熟程度。

与成年人相比，青少年更容易冲动、缺乏自制。但随着年龄的增长，社会交往的增多和生活经验的积累，理智的增强，自我控制能力会逐步提高。根据哈特（Harter）的观点，个体的自我控制能力形成必须具备两个条件：价值内化和技能获得。所谓价值内化，是指个体赞同和认可合乎社会规范和道德准则的价值观，并认为根据这种价值观来控制自己的行为是有积极意义的。例如，一个青少年为自己奋力救起落水的小孩而自豪，这就是助人为乐的价值内化。当然，榜样的示范对青少年的价值内化起着重要作用。

技能获得是指个体按照已经内化的行为准则，掌握控制自己行为的技能的过程。个体完成价值的内化，并不等于掌握了相应的自我控制技能。如抽烟的青少年大多数能够意识到“吸烟有害于健康”，但是他们仍然吸烟。可见仅仅有价值内化是不够的，还必须让他们获得戒烟的技能，才能成功地戒烟。

一项有关幼儿自我控制的纵向研究，使我们认识到儿童早期的自我控制能力对其今后成长的影响。沃尔特·米切尔（Walter Mischel）于20世纪60年代进行了这项“控制冲动的糖果”实验，对象是斯坦福大学附属幼儿园的孩子，这些孩子大都是该校教师、研究生和其他雇员的子女。实验情境中，心理学家告诉这些4岁的孩子，他有事需要外出一下，需要20分钟，希望他们能够耐心地等待他回来。如果谁能坚持到他办完事回来，谁就能得到两块果汁软糖吃；如果谁等不了那么久，谁就只能吃一块，而且马上就可以得到。

这对一个4岁的小孩来讲，确实是一个考验。在实验中，有一部分孩子能够熬过那似乎非常漫长的20分钟时间，一直等到研究人员回来。为了抵制诱惑，他们或是闭上双眼，或是把头埋在胳臂里休息，或是咿咿呀呀地唱歌，或是动手做游戏，有的干脆睡觉。最后，这些有毅力的小家伙得到了两块糖的回报。但大约1/3的孩子没有坚持到20分钟，有的几乎是在研究人员走出去“办事”的那一瞬间，就立刻去抓取并享用那一块糖。

12至14年以后，当这些孩子进入了青少年时期，他们之间不仅在能力方面显现出差异，而且在情感和社会交往方面也有明显的差异。那些自制力强的孩子长大后，有较强的社会竞争力、自信心，能较好地应付生活中的挫折。他们独立自主，充满自信，积极参加各种活动。并且，他们仍能够抵制住即刻满足的诱惑。而那些自制力弱的孩子，则缺乏上面这些品质。他们进入青少年期后，在社交上羞怯退缩、固执而且优柔寡断；一遇到挫折，就心烦意乱、不知所措。此外，这些孩子疑心重、好妒忌、脾气暴躁，动辄与人争吵、斗殴。他们仍像过去一样，经不起诱惑，不愿抵制眼前的诱惑以获得更多的收获。

高中毕业时，研究人员再一次对他们的学业成就进行了评估，惊奇地发现，这两类孩子的学业成就也有悬殊。在SAT学业能力倾向测验中，1/3自制力强的孩子语文和数学平均得分分别为610分和652分；而1/3自制力弱的孩子语文和数学平均得分分别为524分和528分（如图2-4所示）。

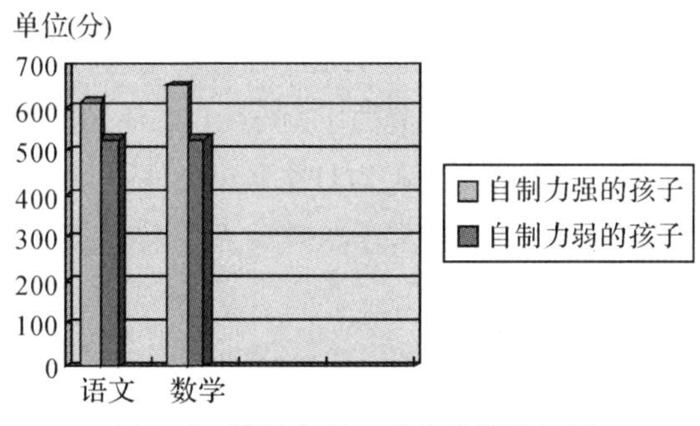

图2-4　糖果实验：学业成就的差异

这项实验的结果为幼儿早期教育提供了启示。对于常态儿童来说，良好个性的培养比智力开发更为重要。目前幼儿家庭教育的一大误区就是，重知识、重智力培养，而忽视孩子个性和品格的培养。这种倾向既不符合儿童身心发展规律，也不符合科学的幼儿教育规律，最终将耽误孩子一生的发展。

第二节　自我认同：追问我是谁

同一性问题（即自我认同感）是青少年时期主要的发展危机。埃里克森指出，同一性的形成是青少年人格成熟的重要标志，如果个体在这一时期的同一性危机得不到解决，就会在成长的道路上自我迷离、停滞不前。

自我同一性的理论背景

埃里克森的心理社会发展理论源于弗洛伊德的精神分析学说，但它在弗氏理论的基础上有重大突破。弗洛伊德强调个体的本能和生物遗传在自我成长中的作用，而埃里克森则兼顾了遗传和社会环境的共同作用。埃里克森认为，任何东西的成长必须按照一个预先设置的遗传学程序，人类有机体发展的大部分是由遗传决定的。然而，社会文化也有不可忽视的影响。对于青少年来说，危机的焦点是身份认同的混乱，即“我是谁”的问题。

埃里克森指出，青少年期是自我认同的边缘期，青少年的社会角色很难确定，不是成人也不是孩子，因此常常会产生角色混乱。著名心理学家张春兴列举了青少年在以下几方面的具体表现。

（1）由于身体上性生理的成熟，他们感到性冲动的压力。由于对性知识的缺乏和社会的禁忌，他们对因性冲动而起的压力与困惑，不知如何处理。

（2）由于学校和社会的要求，他们对日益繁重的课业与考试成败的压力感到苦恼。在求学时，他们只模糊地知道求学成败关系着未来，然而对未来的方向却茫然无知。

（3）儿童时期的生活多由父母安排，很多事情的决定都是被动的。可是到了青少年期，很多事情要靠自己做主，而且父母也期望他们有能力去选择。而青少年们自己则往往因缺乏价值判断的标准，在选择判断时，感到彷徨无措。

由于以上种种困扰不易获得解决，故一般青少年对所有需要价值判断的问题，总难免感到困惑，甚至对自己也常常怀有疑问：我到底是什么样的人？我过去是怎样走过来的？我将来要走向何方？人为什么要有信仰？我信仰什么？在工作上我应该选择什么职业？……青少年在回答这些疑问时，一般离不开这样六个方面：自己的身体外貌；父母（或老师、亲友）对自己的建议和期望；自己以往的成败经验；自己目前的情况（如学业成就、人际关系）；现实环境的条件和限制（如家庭经济状况）；自己对未来的展望。如果个体在这六个方面达到比较满意、前后一致的程度，我们可以说他的自我同一性已经形成。但是，实际上随着社会文化的变迁，每个青少年都会面临不同程度的冲突，都会面临不同程度的自我认同上的困惑。当然，大多数青少年通过解决困惑度过危机。而一小部分缺乏自我认同的青少年，总是处在自我怀疑、角色混乱、自我形象不良的困惑中，最终导致情绪失调、行为越轨甚至犯罪等。

自我同一性发展的四种状态

20世纪60年代以后，美国心理学家马西亚（Marcia）在埃里克森心理社会发展理论的基础上，进一步总结、提炼了青少年同一性发展的理论。马西亚认为，同一性是一个人关于自己的态度、价值、信仰和兴趣的连续一贯的组织系统。同一性形成应该包括性别角色适应、职业选择、价值与信仰四个方面。并且，马西亚提出了同一性发展的四种状态。

同一性成就（Identity Achievement），是指一个人比较成功地解决了危机问题，在理想、职业和人际关系等方面有了确定的、积极的想法，表明个体具有良好的自我调节和社会适应能力。

同一性混乱（Identity Confusion），是指个人在寻找自我的历程中，对职业选择、理想和信仰等各方面的问题，尚未认真思考过，对未来的一切还没有找到自己的目标和方向。他们既不考虑将来，也不关心现在。同一性混乱的青少年可能从来没有形成一种强烈的、清晰的同一感，也无法发现自己。这类青少年中的大多数显得心智不够成熟，也有少数是自我追寻失败的人。

同一性排斥（Identity Foreclosure），是指个人在自我探索中缺乏主体意识，对个人的现实和理想问题，往往依赖他人，而不是自主选择。例如，父母总想把孩子推向他们自己向往的职业（而非孩子喜欢的），这将会导致他们的子女处于同一性排斥危险的状态中，其结果将会使孩子变得刻板、教条和顺从。

同一性延缓（Identity Moratorium），是指青少年正在理想和职业选择的道路上探索。他们尚未建立稳固的看法，并会因此逐渐陷入个人危机之中。换言之，同一性延缓本身就是危机，就是一个在同一性尚未实际地建立之前，在试验不同角色的过程中奋斗、再塑、目标再选择的时期。

为了了解当代青少年的同一性状态，张春兴曾对台湾大学和辅仁大学的学生进行调查，结果发现25.8%的学生处于同一性成就状态，12.8%的学生处于同一性混乱状态，16.4%的学生处于同一性排斥状态，而45.0%的学生处于同一性延缓状态。可见，同一性问题是青少年自我意识辅导的一个核心课题。

建立自我同一性的辅导策略

关于培养青少年积极的自我认同，有以下辅导建议供参考。

1. 处理好理想与现实的关系

青少年喜欢沉溺于幻想的世界，常常会把虚幻的东西当作现实，把现实生活理想化，只要现实生活不如理想中的情况，就会有挫折感和自卑感，就感到个人的生活没有意义。要帮助学生认识到理想与现实是有差距的，也正因为有差距才需要我们去努力。在这个过程中，个人会得到成长。

2. 悦纳自己

健康的自我意识要求个体对自己保持一种接纳的态度，而且是一种愉快而满意地接纳自己的态度，这就是悦纳。悦纳要求学生不要把自我深藏，总压抑自己。每个人都是有缺点和弱点的，老是把自己的缺点、弱点放在心上，看不到自己的优点和长处，就会被自身的缺点压垮，自己的聪明才智、潜在能力就无从发挥。因此，没有必要对自己稍不满意就自卑自叹。

3. 体验自尊

积极的自尊感是自我认同的核心，而学生的自尊体验是与安全感、归属感和胜任感等紧密相连的。安全感是指身体安全和心理安全，是自尊的基础，一个经常受到批评、责备和攻击的学生是难以建立自尊心的。归属感是指对家庭和学校、班级的情感依恋，是自尊的情感资源，一个有归属感的学生，一方面感受到他人对自己的认同，另一方面也会对父母、教师和同学产生积极的认同，进而体验到自尊。胜任感是指学生在学习、人际交往和生活实践中获得的对自己能力的信念，它同样能够使学生体验到自尊；反之，经常遭受挫折的学生，很少会有胜任感，容易产生自卑心理。胜任感是自尊的动力之一。因此，教师要为学生创设一个良好的环境，让他们多感受安全感和归属感，同时帮助他们在学业、人际交往和生活实践中获得成功体验，确立自我认同感。

4. 培养学生积极的人生态度

任何事物都具有两面性——积极的一面和消极的一面，我们要更多地看到积极的一面，追求美好的生活目标。当然，这并不等于可以无视生活中的消极因素，遇到问题时，我们要努力把事物中的消极因素转化为积极因素。一个乐观豁达的人会有更多的朋友，能够获得更多的社会支持，可以进一步增强其同一性。

5. **规划美好人生**

根据马斯洛对需要层次的研究，当人的基本生活需求得到满足以后，就会更加关注心理需求和精神需求。这些需求包括归属感和爱的需求、自尊的需求、求知的需求、审美的需求，以及自我实现的需求。确立人生目标和理想，并在人生道路上努力实践，可以满足人的精神需求，同时也能实现自己的生命价值。教师要帮助学生树立积极的人生观，进行生涯辅导，使其对自己的未来生活有积极的态度和追求。

第三节　自我效能：一种积极心态

近年来，人们越来越重视信念在自我意识中的作用。美国心理学家班杜拉把它称之为自我效能（Self-efficacy），这是班杜拉社会学习理论中的一个核心概念。它是指个体对自己能否在一定水平上完成某一活动所具有的判断能力、信念或主体自我把握与感受。也有人把它界定为个体在面临某一活动任务时的胜任感，及其自信、自珍、自尊等方面的感受。而许多有关的文献又用自我效能感（Perceived Self-efficacy）、自我信念（Self-efficacy Beliefs）以及自我效能期待（Self-efficacy Expectancy）来表述这个概念。

传统的行为主义理论一直忽视人的主体意识对人的行为的作用，认为人是没有自我的。虽然班杜拉的社会学习理论从学术传统上讲是来自行为主义的，但它与传统行为主义的根本区别在于，重视人的主体因素的作用。1977 年，班杜拉发表了《自我效能——改变行为的统一理论倾向》一文，提出了自我效能是过去一直被忽视的一个重要因素。1986 年，他又发表了《思想和行动的社会基础》一文，在文中他强调："人们只有怎样思考、怎样信仰、怎样感受，才会怎样行动。"1997 年，班杜拉整合多年来的研究成果出版了《自我效能：控制的运用》一书，系统地总结了自我效能的理论与应用，进一步阐述了自我效能在个体和团体潜能开发中的地位与作用，尤其是在调节人们心理健康和成就行为等方面发挥的重要作用。

自我效能的功能

班杜拉认为，人的行为是由环境、个人的认知和其他内部因素、行为三者交

互作用决定的。其中人的思想和信念对行为起着关键性的作用。而在这些信念中，他又强调自我效能的影响。班杜拉认为，自我效能是个体对自己达成目标的能力的判断和信念。自我效能是个体自身潜能的最有影响力的主宰，它在人们作出选择时，发挥了核心作用，使个体为达目标持久地努力，勇于面对各种挑战，不怕困难和失败，力图实现成就目标。为什么具有同样智力和技能的人在同一任务环境中，会有不同的行为表现？其原因就在于他们具有不同的自我效能。科林斯（Collins）曾对儿童的自我效能与成就行为进行了研究，他按数学能力的高低将儿童分为三个水平，再将同一水平的孩子分为高自我效能和低自我效能两组，然后让他们求解数学难题。结果发现，在数学能力相近的儿童中，高自我效能者比低自我效能者能够解决更多的难题。这表明学习表现优劣与自我效能高低密切相关。

近20年来，自我效能理论广泛地应用于人类行为的研究，包括人的心理健康和临床，如用于解决恐惧、压力过大、情绪低落、社会技能障碍、吸烟、毒瘾，甚至疾病控制等。一项关于儿童的自我效能和沮丧的研究发现，儿童的情绪困扰与自我效能感密切相关。研究者对意大利282名六年级的小学生进行了两年的纵向研究，得到的结论为：高学业成功者的沮丧水平较低，问题行为越多的孩子其沮丧水平越高，学业和社会的自我效能感低的孩子，表现出的沮丧水平较高。

现代社会中，人们的许多心理困扰往往与所承受的压力有关。班杜拉在《自我效能——控制的运用》中专章论述了自我效能的健康功能，其中谈到自我效能对人应付压力的作用。他指出，压力是由个人对自己生活的控制能力来调节的。如果个体不能控制面临的压力、自我效能感低，将影响个体的神经生理系统的功能，如内分泌失调、儿茶酚胺分泌增多、免疫功能降低等。班杜拉进行了广泛的生化实验，发现自我效能不仅影响自主神经系统的唤醒水平，而且还影响儿茶酚胺的分泌水平和内源性鸦片类物质的释放水平。这些生化物质作为神经递质，均参与免疫系统的功能调节活动。自我效能不足，则会引起这些物质生化水平的明显提高，而降低免疫功能。可见，保持较高的自我效能可以促进身心健康。

自我效能的作用机制

自我效能是如何激发人的潜力的？班杜拉认为自我效能是通过四种方式作用于主体的。

1. **选择过程**

根据三元交互作用理论，人一方面是环境的产物，另一方面又是环境的营造者。人作为环境的营造者，除了通过自己的活动改变环境的性质外，当个体面临不同的环境条件时，选择什么环境，则主要取决于他的自我效能感。一般来说，个体往往会选择自己觉得能够有效应付的环境，而避免那些无法控制的环境。一旦个体选定了环境，这些环境反过来会影响其行为和人格的发展。

选择方式的另一方面是个体对行为活动的选择。当个体可以采用不同的活动方式来解决所面临的任务时，由于不同的活动包含着不同的技能和知识要求，所以个体选择哪种活动，就取决于他对可供选择的各种活动的自我效能感。在不同的活动中，个体与之发生互动的对象及其对个体知识和技能的要求不同，他在其中获得的体验也会不同。各种不同的活动方式作为人类普遍经验的种种形式，都具有转化为个体直接经验的潜在可能性。因此，个体对不同活动方式的选择，就决定了他的人性潜能在哪些方面得到了开发，又在哪些方面被忽视。

2. **认知过程**

班杜拉指出，个体的行动受思维的支配，而思维的一个主要功能是使人能够预测未来的行为结果。人类的目的性行为大多受到预期目标的调节，而预期目标如何设定，则要受到自我效能感的影响。自我效能感越强，个体设定的目标就越具有挑战性，其成就水准也就越高。目标的挑战性程度构成了个体内在动力的一个因素，它不仅能够激发个体的动机水平，而且还决定了个体对活动的投入程度，从而决定了个体活动的实际成就。

自我效能感还通过归因和对行为控制点的知觉，来影响活动过程中的思维，并进而影响活动的效率。一般来说，自我效能感强的人往往把行为的成功归因为自己的能力和努力，把行为的失败归因为自己的努力程度不足。这种思维方式能促使个体提高动机水平，发展技能。同样，在控制点知觉方面，自我效能高，个体会觉得能够通过努力改变或控制行为结果；而自我效能低，个体就会认为行为结果完全是由环境控制的，自己无能为力。

3. **动机过程**

自我效能通过动机过程对个体发生作用，除了影响人的归因方式、控制点知觉之外，还会影响个体在活动过程中的努力程度以及个体在面临困难、障碍、挫折、失败时对活动的持久力和耐力。尤其是那些富有挑战性的任务，持久力和耐力是保证行动成果的必备条件之一。高自我效能促使人在活动中作出更多的努力并持之以恒，直到达成活动的目标。而低自我效能的人在活动遇到初步失败和挫折时，便开始怀疑自己能否成功，因而满足于中等的成就，甚至半途而废，放弃自己的努力。

4. **情绪反应**

当面临可能的危险、不幸、灾难情境时，自我效能将决定个体的应激状态、焦虑和抑郁等情绪反应。相信自己能够对环境中的潜在威胁施以有效控制的人，不会在应对环境事件之前忧虑不绝、担惊受怕。而怀疑自己能否处理、控制环境的潜在威胁的人则相反，他们常常担心自己应对能力不足，感到环境中充满了危险，因而体验到强烈的应激反应和焦虑，并会采取消极的退避行为或者防卫行为。这些行为方式大大限制了个体主动性的发挥。在班杜拉看来，威胁性并不是环境事件固有的一种属性，而是建立在个体应对效能感和环境的潜在危险之上的一种关系属性。它既决定于环境自身的性质，也决定于个体应对环境事件的自我效能，以及在此基础上实现的应对过程的性质。

不少研究证实了应对效能感对焦虑状态的影响。例如，在对恐惧症患者治疗中，检测患者在应对过程中的焦虑反应水平。结果发现，应对效能感与焦虑水平之间存在正相关关系。其中应对无能感往往伴有强烈的主观痛苦，而且在自主神经系统的唤醒水平、儿茶酚胺的分泌水平等焦虑反应的微观指标上，均表现出上升趋势。

自我效能的不足不仅引起焦虑反应，而且还可以通过若干途径导致抑郁的发生。途径之一便是自尊受挫。自尊并不抽象，它总是体现于个体生命活动的不同领域。只有当个体在某一领域的活动达到一定的水平和目标时，自尊才能保持。若个体对自己达成目标的能力产生怀疑，那么自尊就会受到损伤，进而导致个体情绪上抑郁寡欢。另外，社交能力的效能感和自我控制的效能感不足，都容易引起抑郁。

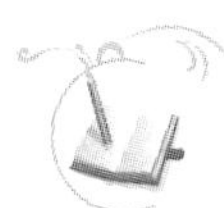

自我效能的培养途径

人的自我效能从何而来？班杜拉认为，个体的自我效能可以从四个方面获得。

1. **成功经验**

成功经验是获得自我效能的最重要、最基本的途径。而反复失败则会削弱自我效能。新的成败经验对自我效能的影响往往取决于先前已经形成的自我效能的性质和强度。如果个体通过多次成功已经建立了高自我效能，那么，偶尔的失败不会对其自我效能产生多大的影响。在这种情况下，个体更倾向于从努力程度、环境条件、应对策略等方面寻找失败的原因。这种思维方式又能激发个体的动机水平，促使其通过加倍的努力克服困难以取得成功。

2. **替代性经验**

这是指通过观察其他人的行为而产生的自我效能。替代性经验的特点有以下几点。

第一，其效果要比成功经验的效果弱，但当人们对自己的能力不确定或者先前的经验不多的时候，替代性经验还是很有效的。

第二，对一个人的生活有显著影响的榜样示范，将会有效地培养他的自我效能感。针对其他人的社会比较，也是个体的一种替代性经验。在社会比较中，同辈的榜样示范能够更加有力地发展个体的自我效能。

第三，观察学习中的交互作用，使得个体对不同榜样的影响力的评价变得复杂。例如，一个榜样的失败，对与其能力相近的观察者的自我效能来说，无疑有很多负面影响。但是，如果观察者认为自己的能力是超过榜样的，那么，榜样的失败对他的影响就不会很大。

但在榜样成功的情况下，相似性的榜样则具有积极意义。若榜样标准比学生的实际高出许多，学生就会觉得“可望而不可即”，这就达不到激励的目的。而当一个人看到与自己水平差不多的示范者取得成功，就会增强自我信念，认为自己也能完成同样的任务。例如，把原来基础较差、进步较快的学生作为学习困难学生的示范者，要求他们观察、讨论这些同学是怎么取得进步的，使他们认识到学习难点并不是不可攻破的。

3. **言语劝导**

有效的言语劝导不是空洞的说教，而应该切合个体实际，培养人对自己能力的信念，同时鼓励他们努力获得成功。这就提示我们，赞扬要与学生实际付出的努力相一致，使他们感到自己无愧于接受这种奖励。如果对他们解决了一些相对容易的任务而大加赞赏，不但不会提高他们的自信，相反还会引起他们的自卑。恰如其分的赞扬，能够转化为学生的自我奖励和自我效能，从而能持久地激励其学习。

当然，负面的语言，诸如不断的批评、指责，甚至讽刺挖苦都会产生消极影响。例如，有些教师在教育过程中遇到一些难教的孩子，常常会说些很有“杀伤力”的话，如：“你真是个黄鱼脑袋，真笨!”“你不是一块读书的料，怎么学也学不好了。”这些语言不会对学生有任何帮助，只会削弱他们的自我效能感，教师应该把它们作为“教育禁语”。

4. **生理状态**

诸如焦虑、压力、疲劳和情绪状态等都能提供自我效能的信息。因为个体有能力改变自己的思想和自我信念，而且他们的生理状态也会有力地影响其自我效能。例如，当人们处于害怕和悲观消沉状态时，这些消极的情感反应会进一步降

低他们的自我效能感。强烈的情绪反应，将会为对结果成败的预期提供暗示。再如，在面临考试、应聘等生活事件时，人们往往根据自己的心跳、血压、呼吸等生理唤醒水平来判断自我效能。平静的反应使人镇定、自信，而焦虑不安的反应则使人对自己的能力产生怀疑。不同的身体反应状态会影响到活动的成就水平，从而又以行为的反应指标确证或实现活动前的自信或怀疑，由此决定个体的自我效能。

综上所述，班杜拉的自我效能理论对于激发学生的动机和情感、开发学生的潜在能力、促进积极的自我意识发展，是富有启示性的。教师可以通过帮助学生获得成功的经验、榜样的学习、积极的鼓励、建立合作取向的课堂结构，以及提高教师的自我效能等方法，提高学生的自我效能。

第四节　解开青少年的自我困惑

自我意识辅导除了从积极的方面培养学生良好的自我意识之外，还必须解决学生自我意识问题。学生的自我意识问题主要表现为自负与自满、自卑、孤僻与离群等。

自负与自满

自负的学生表现为高傲自大、刚愎自用、轻视他人、听不进别人的意见。这样的学生往往难以与别人相处。另外，由于自我感觉过于良好，容易自满，不求上进，影响自己各方面的进步。有位教师记录了这样一个案例。

小伟虽然成绩平平，在学校表现一般，但他自我感觉一直不错。考试、测验成绩不理想，妈妈说他：“你看看，最近学习退步了吧？”小伟辩解说：“我蛮好了，班里比我差的人多了。”班上改选班干部，小伟仅以一票的优势保住了小队长的职务，老师警告他：“今后注意严格要求自己。”他满不在乎地说：“其实我各方面做得都不错，是他们对我要求太苛刻了。”

造成学生自负、自满的原因主要有：(1) 缺乏客观的自我评价，容易过高估计自己的能力，过低估计他人的能力。有时不能正视自己的不足，遇到学习成绩不理想，就以“比上不足比下有余”的想法进行自我安慰。(2) 以自我为中心，缺乏对别人的尊重。(3) 寻找逃避责任的借口。有的学生为了避免因为自己的过失被教师、家长批评和责备，而抢先给自己找一个“我其实没有错”的理由，目的只是为了要表明自己的状况不应该被批评。

对自负学生的辅导有以下建议，供参考。

第一，帮助学生建立客观的自我评价，但不要打击其自信。自负的学生往往是自信过了头，如果矫枉过正，可能会把他们的自信心也打掉，以致走向另一个极端。有的教师和家长可能会对自负、自满的学生说：“你有什么了不起的?”“你不就那么点本事吗?”“你别嘴巴硬，哪天我倒要看看你的真本事。”诸如此类的话，只能起到负面作用。明智的方法是既要充分肯定学生的优点，也不回避他们的缺点和问题，让学生感到有缺点并不可怕，可怕的是看不清自己的缺点。

第二，让学生眼中要有他人，学会欣赏他人的长处和优点，克服以自我为中心的倾向。要让他人尊重自己，首先要尊重他人；要让他人接纳、认同自己，首先要接纳、认同他人。这样个人才能在与他人的社会交往中吸取到有价值的东西，促进自己的成熟与成长。

自卑

与自负相反，自卑的学生往往找不到良好的自我感觉，总觉得低人一等，过低地估计自己的能力。有位初二的女孩曾向心理辅导教师这样述说她的心境：“我已经很努力地学习了，成绩还是很差。学习中遇到问题，我既不敢问同学，也不敢问老师。除了一名留级生外，班上就数我成绩最差了。我真笨。我不想上学，曾经两次出走，但害怕父母担心，又悄悄回来了。我每天担惊受怕，害怕测验，害怕公布成绩，害怕别人因此瞧不起我。现在我更担心的是升不上初三怎么办。如果留级，我宁可去死，这真是太丢人了。大家都不喜欢我，像我这样的人活着还有什么意义呢?”

自卑心理的形成原因是综合性的、多因素的。一般来说，怯弱的性格、抑郁的心境、失败的经历等都会使人产生自卑心理。性格比较内向的学生在学业失败时比较容易产生自卑心理。这些学生往往对自己缺少信心，过分夸大自己的不足和学习困难，常常会因成绩不好而感到内疚和羞辱。

自卑与自尊是密切联系的。一般来说自尊性较强的学生在挫折情境中可能会产生两种反应，一种是自强不息，另一种则是自卑。若能正确面对失败，便会坚持不懈；但若把失败看作自尊的威胁，便会产生自卑情绪。

辅导容易自卑的学生，有以下几点建议供参考。

第一，纠正错误认知。容易自卑的学生都不同程度地存在错误的信念（或者称非理性信念）。如上例中的女孩，“害怕公布成绩，害怕别人因此瞧不起我”，便把事物的负面因素无限扩大化了；又觉得自己“已经很努力地学习了，但是成绩很差”，将对自己能力的看法凝固化。都是思维绝对化和片面化的表现。因此，教师要视学生的具体情况，帮助人找出错误认知，挑战错误信念，建立理性信念。

第二，树立事在人为，努力是获得成功的最佳选择的信念。帮助自卑的学生在学习、人际交往、校园活动等方面获得成功，以增强他们的自信心和自尊心，进而克服其自卑心理。

第三，给予充分的社会支持。教师、同学要多关心、多支持、多鼓励容易自卑的学生。在情感方面，让他们感受到集体的温暖和接纳；在能力方面，让他们能够认识到自己的优势和潜力，逐渐从自卑走向自信。

孤僻与离群

孤僻与离群是自闭倾向的表现。在学校里常常会有这样的学生，平时少言寡语、性情孤僻，游离于集体之外。有一位老师这样描述一个孤僻的学生：“晶晶是个小女孩，在学校里，凡是集体游戏、集体活动，她都没有兴趣，情愿一个人独自玩耍；班级里轮到她值日，她总是借故请假，对集体的工作不热心；在学校各类检查评比中，班级获得了荣誉，同学们兴奋不已，她却显得很冷漠；同学之间相处时，晶晶也总是一个人独来独往，和同学难得讲上一句话。”

学生孤僻的原因也是多种多样的。一是性格过度内向，不喜欢与人打交道。二是生性怯弱、自信心不足，怕与人打交道，怕自己出洋相，更怕被别人看不起，故常常采取退避行为（详见第四章）。三是学业经常失败，没有成就感，没有勇气面对现实。此外还有客观因素，如家庭社会经济地位低、父母下岗或离异、自觉低人一等。

对这类学生，有以下几点辅导建议。

第一，向家长了解学生的情况，确定其孤僻是情境性的还是持久性的。如属于后者，最好请心理医生诊断治疗。

第二，教师在课堂教学活动中，应对他们给予更多关注，请他们回答问题时多给些反应时间，鼓励他们多参与课堂教学活动。

第三，鼓励他们多参与集体活动，多与同学交往，为他们创造在公开场合发言的机会。有些学生只有在小组里才敢发言，就多让他们参加小组活动。请同学们多多鼓励他们在集体活动中从容地表现自己，帮助他们克服孤僻的心态。

第四，了解学生的身体生长状况，看看是否有体态异常、口吃、口臭等。生理毛病矫治之后，孤僻心理也会得到改善。

本章结语

自我是一个复杂的人格系统，是人类生命体不断发展的重要部分，它并不是与生俱来的，而是在社会活动中出现的。自我的确立离不开社会和人际环境，个体往往是在他人对自己的态度和评价中，变得自信、自尊或者自卑的。积极的自我信念使青少年具有良好的适应性和自主性。青少年只有拥有健全的自我，才会拥有健全的人格。

当然，探索自己内心的和谐是个人成长的长期课题，而在青少年时期恰恰是培养积极的态度以认识自我、完善自我、规划自我的最佳时期，是今后幸福生活的心理基础。

本章参考文献

1. 时蓉华．社会心理学［M］．杭州：浙江教育出版社，1998.
2. 程乐华，曾细花．青少年学生自我意识发展的研究［J］．心理发展与教育，2000（1）．
3. 郑和钧，邓京华．高中生心理学［M］．杭州：浙江教育出版社，1993.
4. 黄煜峰，雷雳．初中生心理学［M］．杭州：浙江教育出版社，1993.
5. 张春兴．教育心理学：三化取向的理论与实践［M］．杭州：浙江教育出版社，1998.
6. 张文新．儿童社会性发展［M］．北京：北京师范大学出版社，1999.
7. 高申春．人性辉煌之路：班杜拉的社会学习理论［M］．武汉：湖北教育出版社，2000.

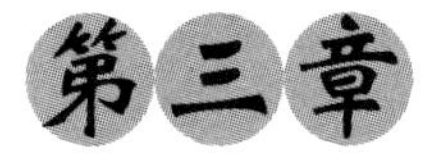

第三章

走过青春期

青春期少男少女的性意识、性心理发展是青少年成长的一个重要议题，也是青少年人生发展的一大课题。成年人对这个问题常常是消极看法多于积极看法，防范多于引导。例如，我们看到男孩女孩“早恋”，总担心会影响他们的学习，却很少思考如何引导他们学会爱。爱是一种情感，也是一种能力。健康的爱的能力是青少年今后在婚恋、家庭生活中获得幸福的心理基础，是青少年成长的重要任务。

随着青春期生理上的性成熟，男女青少年在心理上也产生了微妙的变化，开始对异性产生神秘感和好奇心。有的在心理上还接受不了自己在生理上的突变，因而产生羞怯、紧张、焦虑等情绪。所有这些都是青少年性心理的表现。性心理是指人对自己的生理变化、性别特征及异性交往等方面的认知与内心体验。了解青少年的性心理，是了解青少年内心世界的一个重要部分。

第一节　青少年性意识发展

青少年的性意识是由他们性生理的变化而引起的。这些变化使他们开始关心与性有关的问题，如两性关系、婚姻、恋爱问题等。他们对文学作品、医学书籍以及影视中的有关性和爱情的情节也产生了兴趣。

性好奇、性朦胧

青少年最初的性意识表现为性好奇、性朦胧。所谓性好奇，就是渴望了解异性，并与异性亲密接触。所谓性朦胧，就是这种对异性的好奇还处于混沌的非理智阶段，没有明确的目的，而且往往是清纯可爱的。有位寄宿制中学的班主任对学生的关心可以说是无微不至，她常常去学生宿舍巡视，尤其关心学生床头枕边的读物。令这位班主任十分恼火的是，在男生的枕边发现了《女性的奥秘》，在女生的床头发现了《男性的魅力》。其实，大可不必为之不快，这正表明了少男少女性意识的觉醒。

一位男孩有过这样一段经历。

雨，参加了少年宫绘画艺术班。他的美术成绩本来一般。若不是教美术的夏老师长得很漂亮，他还将继续一般下去。

夏老师身材很好，五官清秀、精致，言谈举止间很有魅力。夏老师走进教室的那一刹那，全班男生被迷住了，全班女生被镇住了。雨是其中最发傻的一个。

雨快长到1.70米了。他问过夏老师，她的身高正是1.70米。雨憋着劲长，想等与夏老师一般高时就——就怎么样，他也不知道。

那天放学，一量身高，正好是1.70米。他激动不已，推上车子就到了夏老师下班的必经之路上。随后，是影视作品里常见的等距离尾随。想干啥？他说不清。直到接近夏老师家门口，门里出来个小男孩儿“妈”的一声才唤醒了他。怎么可能？夏老师已经结婚了？雨接受不了这个事实，掉头就走。一路上，他差点撞了车。

回家后，雨不自觉地把学习时间重新作了“部署”。美术细胞在不公平的分配之下日益发达。他希望用画画的长进，换来夏老师的重视。因为，她教美术。

故事中的少年雨对夏老师的这种朦朦胧胧的异性吸引感，还真有些“牛犊恋”的味道。

性别角色认同

性别角色（Sex Role 或 Gender Role），是指属于一定性别的个体在一定的社会和群体中占有的适当位置，以及被该社会和群体规定了的行为模式。这个概念有以下几个含义。

性别角色是一种社会角色。当个体出生，凭其性器官就能鉴别性别。由于性器官的不同，个体们被明确地划分为男孩或女孩，随着身体的生长。男孩在身高、体重以及形态方面逐渐异于女孩。社会对性别不同的孩子予以不同的角色期望，形成了男性角色和女性角色。

性别角色决定了个体的社会化定向。在传统观念中，男子的社会化定向是在社会上谋取成功和地位，而女子的社会化定向则是在家庭中当贤妻良母。不同的社会化定向必然导致男女有选择地接受不同的社会影响，导致男女形成与其特定的性别角色相适应的不同的社会影响和不同的人格倾向。

社会群体为男女制定了一套行为规范。性别角色使得我们对个体的行为进行性别的标定，如我们在评论某人为“娘娘腔”或“假小子”的时候，就是按照公认的性别角色对此人的行为进行标定的。个体在社会化过程中，一旦将性别角色规范内化，就会自动地按照适合自己性别的行为方式来认识、思考、行动，形成男女性别角色的心理差异。

1. 性别认同

性别认同是青少年自我认同的重要方面。大多数青少年能够认同自己的性别，但也有一部分青少年对自己的性别不太认同。根据调查，男孩的性别认同优于女孩。当问及“如果你可以选择自己的性别，你会选什么性别”时，69.1%的男生仍选择做男性，而女孩选择仍做女性的为 33.1%，百分比相差一倍以上；20.9%的女孩不再选择做女性，而男孩不选择做男性的为 2.3%（见图 3-1）。女孩性别认同比男孩差，更多女孩不认同自己的性别，应引起教师和家长的关注。

性别认同是青少年社会化的一个重要指标。按照埃里克森的同一性理论，如果一个青少年对自己的性别不认同，一方面可能会使其自信心、自尊感降低；另一方面可能会影响其社会角色的承担，形成社会适应不良。因此，加强对性别认同度低的女孩进行自强、自爱教育是教育者的重要职责。

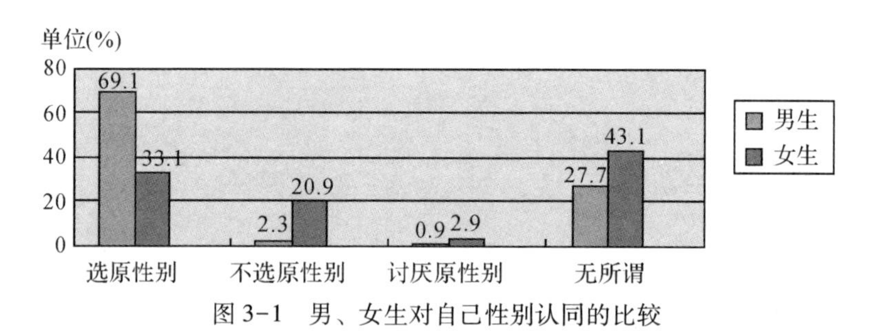

图 3-1　男、女生对自己性别认同的比较

2. 异性眼中的性别角色

社会对成年人的性别期待也同样适合于男孩和女孩。这种期待反映在从内在素质到外在形象、行为举止、打扮等方面。男孩要有男性的阳刚之气，女孩要有女性的阴柔之美。

有人做过调查，在大多数女孩眼里，男孩应该具备的气质依次为：直爽、开朗、心胸宽广，坚强、自尊、好胜、有主见，风趣、幽默、健谈、富有想象力，聪明、知识面广，勇敢、大胆；在大多数男孩眼里，女孩应具备的气质为文雅、爱美，细心、温柔，纯洁、大方。

我们从青少年的作文中能够更深入地体会到少男少女的性别角色。

羡慕你，女孩

身为男孩，便注定了这一生要比女孩子吃亏。你不信吗？那就请听我说：我怀着无比崇敬的心情，拜读了一位被誉为“小荷才露尖尖角”的女孩子的一篇据说写得“非常朦胧”的佳作。天！满纸都是琼瑶式的“迷惘”与“困惑”！十六七岁时特有的浪漫和无谓的“伤感”，被描写得淋漓尽致。若是我也写出了这样的大作，想必会被扣上“无病呻吟”之类的评语，说不定还会被女孩子们赏个“奶油小生”的美号——只因我是个男孩。

女孩子们可以肆无忌惮地在大庭广众之下偎在父母身边撒娇，这不仅不伤风化，还能博得“娇憨可爱”的好口彩。女孩子仅为一件小事甚至几句玩笑话便莫名其妙地当众大哭一场，赢得不少同情心。但若男孩也如这般“纯情”，不但要落个“没有男子汉味道”的笑谈，而且多半要被称为“娘娘腔”了。

女孩子若是有了1.70米的身高，鹤立鸡群地走在大街上，不仅自己骄傲，而且能赢得满街女孩子的羡慕。但男孩子的身高如果只有1.70米，那至少要被苛刻的女孩们归入“二等残废”之列了。女孩子身材瘦削则可以称之为“苗条”，但男孩子如果不幸也“瘦骨嶙峋”，那便要成为“手无缚鸡之力”的典型形象了，还得时时招架崇拜英俊潇洒的高仓健和阿兰·德龙的女孩子们的鄙夷的目光。

如果在学校里调查一下，担任班长和团支部书记的大多是男同志，而文娱、宣传委员，则大多由女同胞包揽。于是外出联系社会调查、组织团活动等“苦差使”便全落在了男孩子身上，还常有“吃力不讨好”之嫌。而女孩子呢，只需抽空排练两首歌曲、一支舞蹈，或在谈笑间随手出一期黑板报，准保能在什么“蒲公英歌舞比赛”、“看看谁的美”黑板报评比中弄个一等奖、二等奖——分工不同，天赋差异嘛！

总之，做女孩要比做男孩自由得多，优越得多。特别是慧黠的女孩子，男孩子吃了她们的亏还得憋在心里，如果一个不小心发了几句牢骚，那便是“心胸狭隘，气量窄浅”了！女孩子有了困难，别人会理所当然地去帮忙，而男孩子有了难处，却只能咬咬牙自己挺过去。

好快活的女孩子！真羡慕你们！

女孩看了《羡慕你，女孩》后，既感到欣慰，又不服气。欣慰的是作者能懂得女孩微妙的心理，不服气的是作者把男孩写得太可怜了。所以女孩不由产生了一种冲动，写写女孩眼中的男孩。于是又诞生了一篇《也羡慕你，男孩》。

也羡慕你，男孩

男孩永远不会把烦恼挂在脸上，纵然心里不痛快，用不了多久所有的郁闷都会飘逝成云烟。男孩子不会像女孩那样多愁善感、触景伤情，就连读琼瑶的小说，明知是假也会掬一把伤心的泪……男孩大都潇洒得很，因为他们没有女孩敏感的心事和太多的秘密。我羡慕，羡慕男孩的洒脱。

男孩与男孩之间的友情坦荡无芥，别看他们吵架时面红耳赤，互不相让，可风波过后，“哥儿们”仍旧亲亲热热。女孩子之间倘有摩擦，小小的争执也会发展成不理不睬。女孩子心细如发，对鸡毛蒜皮的小事也会念念不忘。男孩子则大大咧咧，毫不计较个人得失。我羡慕，羡慕男孩的坦率。

男孩子无拘无束，想说就痛痛快快地说，既不怕说错话，也不在乎得罪人；

男孩子想干就痛痛快快地干，脸上是自信的微笑，心里是坚定的意念。与他们相比，女孩往往少一点勇气，多一点优柔寡断。

作为一个男生有多自在！轻松的时候，你可以吹着口哨表示你的快意；生气的时候，你可以骂上几句，发泄一下内心的愤慨；开心的时候，吼几句“九月九，酿新酒……”，也没有人会讥笑你；甚至学校搞大扫除时，你携着扫把来一段时兴的“霹雳舞”，也会引来阵阵掌声。这一切只就男孩而言，若换作女孩，又会怎么样呢？如果我边走边旁若无人地吹口哨，别人心里肯定在想“好不文雅”；如果我生气地骂上几句，别人肯定会摇着头说“好野的小姑娘”；如果我……哎！有很多事男孩可以明目张胆地做，而女孩只能眼巴巴地看。原因很简单：女孩是女孩，男孩是男孩！

男孩，我羡慕你的潇洒，羡慕你的自在，羡慕你的直率！但我并不因自己是个女孩而懊恼。要知道光靠男孩并不能打天下，未来的世界还需要男孩和女孩共同去开创！

这两篇文章把男孩女孩对各自的性别角色描写得淋漓尽致、惟妙惟肖，表露了他们内心真实的想法，这恐怕比任何问卷调查所得到的信息都更深入。

3. 性别互补和两性化

随着社会的进步与发展，在要求青少年对自己的性别角色认同的同时，性别角色互补和优化的呼声日趋高涨。传统的性别刻板印象把男性人格特征与女性人格特征相对立。例如，男性刚强，女性柔弱；男性的气质更适合在社会上拼搏，而女性的气质更适合营造温馨的家庭。如今，这种性别刻板印象正在受到挑战。在现实生活中，女性已经从家庭走入社会，她们要在社会上立足并发展，必须具备传统意义上属于男性的品质，例如，坚强、果断和有领导气质等。相当一部分社会学家认为，传统的两性对立的性别角色，正在朝着两性人格特征更加接近的方向发展，即两性化人格特征。

那么，如何认识校园里出现的“假小子”和“娘娘腔”呢？我认为，“假小子”和“娘娘腔”不等于两性化人格。两性化人格是指男性和女性性格的优化重组，应该兼备男性和女性各自的优点。“假小子”往往是指直爽、果断的女孩，她们具备男性的优点，但未必不具备女孩的优点。至于“娘娘腔”往往是指腼腆、羞怯、迟疑不决，有些脂粉气的男孩，他们既不具备男性的优点，也不具备女性的优点，不值得效仿和提倡。因此，处于人格形成中的青少年，首先要认同自己的性别，培养自己的性别优势，然后再学习异性所长。

性观念

性观念是从道德伦理的角度来认识性，反映了人的价值观念和生活方式。我们曾对北京、上海、广州的3000名高中生的性观念进行调查，发现当代青少年的性观念特点，一是比较开放，二是比较独立，尤其是女孩的自主意识开始突显。

有30.2%的学生认为"只要相爱，即可发生性关系"，10.7%的学生认为"性关系是为了满足生理需要"，23.6%的学生认为"性关系可以在婚前，但要结婚"，而认为"性关系只能发生在夫妻之间"的占35.5%（见表3-1）。

表3-1　青少年对性关系的看法　　单位（%）

观　点	总体	男生	女生
性关系只能发生在夫妻之间	35.5	24.9	44.9
性关系可以在婚前，但要结婚	23.6	23.1	24.7
只要相爱，即可发生性关系	30.2	37.8	24.0
性是为了满足生理需要	10.7	14.2	6.4

城市青少年的性爱观比较开放，反映了大众传媒中不良信息对青少年的负面影响。电影电视、小说、各种刊物中，以及近年来的互联网上，充斥着大量的婚外情、多角恋爱，乃至色情描写。这些不良信息对青少年性意识、性观念的形成起到了潜移默化的影响。同时，提示广大教育工作者和家长，在无法控制社会不良信息源的条件下，应该注重青少年自身道德判断能力和选择能力的培养。

表3-1中的四种看法反映了不同的性伦理观：第一种是传统的性观念，性关系与婚姻关系必须一致，符合社会的道德规范；第二种是有婚姻承诺的性关系，虽不值得提倡，但可以理解；第三种是浪漫主义的性观念，不符合中国社会的道德规范，但大多数的西方国家认可这种观点；第四种是动物性本能的性观念，这在西方社会也是受批判的，它违背了人类共同的道德准则。因此，在对青少年进行青春期辅导时，必须纠正一部分男女生不健康的性爱观。

在"你认为保护女孩的处女膜，对谁更重要"的问题上，有70%的女孩认为"对自己更重要"，只有16.5%的女孩认为"对婚姻更重要"（见图3-2），表现出强烈的自主意识和平等的婚姻观。在婚姻关系上，把自己视为独立的主体，而不

是男人的附庸，体现了时代的进步精神。

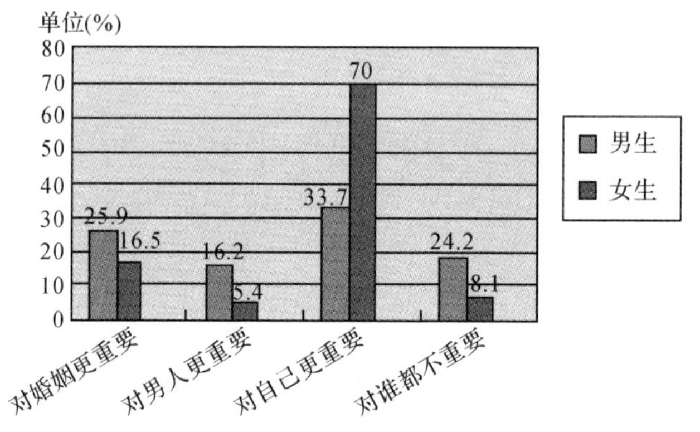

图 3-2　男女青少年对贞操的看法

相比之下，男孩的看法与女孩有明显差异。有 25.9%的男孩认为贞操“对婚姻更重要”，比例显著高于女孩。33.7%的男孩认为“对自己更重要”，比例明显低于女孩。16.2%的男孩认为“对男人更重要”，比例明显高于女孩。

上述数据，使我们认识到青少年的恋爱观与性爱观有一条界线，他们的恋情更多的是以情感为基础，与性爱、婚姻还有一段距离，这符合他们的年龄特征。而成年人的恋爱观与性爱观是合一的。恋爱往往和性爱交织在一起。我们不能用成人的恋爱模式来看待青少年的恋爱，否则会起误导作用。

第二节　青春期亲密关系

青少年时期的亲密关系与童年期的最大的不同，是在两性的意义上。在童年期，男女同伴的交往没有明显的两性意识。而到了青少年时期，男女学生开始对异性同伴产生朦胧的神秘感和渴望。我曾经收到一位高中生的来信，在信里他诉说了自己的烦恼。

吴老师：

您好！

有个问题困扰我好久了，想请求您的帮助。我喜欢上了我们班的一个女孩，虽然我很清楚高中阶段的主要任务是学习，但是我无法克制自己的想法，我时刻

都希望看到她。在走廊上，操场上，当我一个人凭栏发呆的时候，满脑子都是她的影子。我曾尝试克制自己不去想她，但是发现根本不可能，也许是自己根本就不愿意放弃思念她。更可怕的是，我的想法被我的班主任知道了，班主任找我谈了话还告诉了我的家人。面对老师的“谆谆教诲”，面对家人的“耳提面命”，我不知道该怎么办。我不愿放弃想她，但是一想到周围人的态度，我退缩了，我不知道该怎么办。

我想这位男孩的确陷入了青春期情感的烦恼，他非常迫切希望得到老师的帮助。

青春期亲密关系的特点

我们曾对青少年的初恋情况做过调查，发现有两个特点。

一是初恋的低龄化。24.4%的高中生报告“曾经恋爱”或“正在恋爱”，没有恋爱的为64.4%。在有恋爱经历的学生中，发现初恋的年龄分布峰值在初中，但小学阶段也有相当比例，初恋呈现低龄化趋势（见图3-3）。青少年初恋的低龄化提醒我们，对于小学高年级的学生来说，如何进行健康的异性交往应该成为学校心理辅导的一项内容。

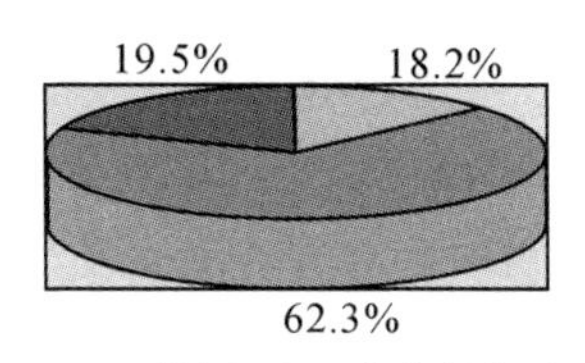

图3-3 青少年初恋的年龄阶段分布

二是初恋行为基本呈“青梅竹马”式。问及青少年与初恋对象最经常的活动内容，70.5%的学生是“聊天、玩耍”，7.2%的学生是“互写情书”，17.5%的学生有“拥抱、接吻”行为，3.1%的学生“许诺结婚”，1.7%学生承认“有性关系”（见图3-4）。可见，青少年的初恋基本是以纯洁的亲密异性交往活动为主，他们更多的是思想情感的交流，学习、生活乐趣的分享。当然，我们也要注意到极少数学生初恋有性行为，这种偷食禁果的行为会严重伤害双方的身心与成长。

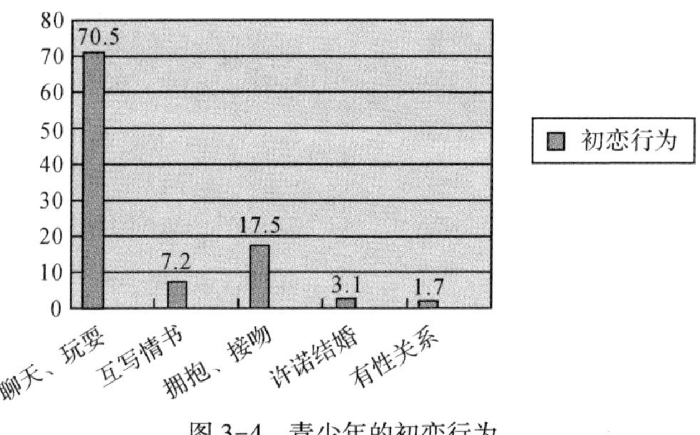

图 3-4　青少年的初恋行为

异性交往引起的亲子冲突

真正意义上的两性吸引，是从青少年时期开始的。经历和探讨两性的感情与交往，是他们的生活和人生经验的一部分。在这方面青少年缺少经历、不够成熟，常常处于迷茫与痛苦之中，因此，他们需要关心和指导。但是成年人很少能够站在孩子的立场了解他们。因此，父母与子女的冲突往往是由孩子的异性交往而起。我们也许可以从下面一位少女的倾诉中，能更深地体会到少男少女的心思。

进入高中时，我还处于所谓“少男少女”的青春发育期。生理的成熟，使自己的心理也发生了微妙的变化。一个情感丰富的内心世界开始形成了，我失去了孩童期那种单纯的内心平衡。经过一番内在的混乱，我发现了自己内在的世界。然而，这个内在世界，是一个充满了谜而又无法解答的世界。这里所无法解答的谜之一就是：性意识的明确和对异性兴趣的增长。我开始对小说中坚贞的爱情故事着谜，如《神雕侠侣》中的杨过与小龙女，《简·爱》中的男女主人公。但对于这些变化，我都小心隐藏，因为我有一对传统、敏感和因爱我而时刻为我担心的父母。

我的父母都是大学教师。父亲是一位既慈爱、严格，又有些固执的好爸爸。平时和气时，我可以骑在他腿上随意拍他的脸，而他也配合我，故作痛苦万分之状。父亲还严格督促我学习了七年的小提琴，风雨无阻地用自行车载我一个多小时去音乐学院。父亲希望我优秀。他对我的爱，在很大程度上是感性的。但也许是在传统的时代走过青春的缘故吧，父亲在性方面特别保守，视早恋为一种耻辱。

母亲比较开放明智，理性充溢在她的母爱中。她更注重对我人格的培养，不断锻炼我的意志力，树立我的人生价值观，塑造我的性格。其实，有这样好的一对父母是我的幸福。从小到大，他们为我的世界营造了一种宽松、自由的氛围，直到……

随着我与同桌男孩交往的加深，我们开始相互倾慕，产生了真挚的恋情。他是一个思想早熟、深刻，热爱音乐与哲学，擅长计算机与逻辑思维的人。很多矛盾——理智与敏感、冷静与热情、沉默与善辩，在他身上奇异地结合在一起。这是在高一的下学期，那一年我十六岁，他十七岁，花季与雨季的年龄。

不错，我们的爱是符合一本1988年出版的《青年伦理学》上所描写的少男少女爱恋的某些特征：更多的是情感的依托，很少有情欲的成分；时而心神荡漾，时而伤心沮丧。对于这份感觉，彼此的态度都是严肃的，绝没有现在流行的那种“不在乎天长地久，只在乎一时拥有”的“自由派”思想。

从那时起，我内心的安宁开始被打破了，尤其是在父母面前。我开始撒谎，开始小心地毁灭一些“证据”，藏一些信件，或者偷偷溜出门。心里很烦躁，很不明朗。不能在每个人面前光明正大地做人是最大的痛苦。我在早恋之中内心常常是矛盾的，有时欢悦，有时难忍。我开始笑自己胆怯，反问自己：“做错了事吗？害了人吗？犯了法吗？”都没有啊！那我为什么不能理直气壮地对父母说“我喜欢上了一个人，他很优秀”呢？

后来我明白了，我害怕父母的爱和期待。这份沉重的爱和期待压迫着我，让我不敢对不起它。我隐约感到，我的男友不会符合父母的要求——他学习成绩平平。我虽然成绩优秀，却对扭曲人性的教育制度深恶痛绝。于是，我将叛逆的“火力”从家这个出口发泄出来。家变成了一个笼子，到处是危机，到处是“眼线”在监视我，我感到非常压抑和不自由。我恨父母为什么这么在乎我，为什么硬要让我背负他们这么多期望。如果那是他们未完成的梦，就让他们自己去完成好了。用母亲的话来说，那时的我像一只浑身带刺的刺猬，说话刺人，对他们说的一切都要反驳，常令他们伤心不已。其实，那时的一切危机、“眼线”，都是当时神经过敏的我假想出来的。

高一末，我的理科成绩猛垮，原因是多方面的，主要是我长久抑制的对理科的厌恶。班主任为了制止我成绩下滑，决定把我的早恋情况告之我父母。我不知道老师说了些什么，只记得自己一边哭，一边懒懒地骑着自行车回家，心想路上被车撞死就好了。父亲火冒三丈，对于一个优秀教师来说，女儿的行为一定让他蒙羞了。当时，我跪在地上，以沉默对抗着，忍耐着一句句难听的，污辱我人格

的话："算了，你还读什么书，去工作算了！""看你写的东西，简直肉麻！"记得那时的我，发誓一辈子再不与父亲说一句话。后来，母亲赶回来，缓和了一下气氛。在下保证、写检讨之后，这场风波总算过去了。但它带来的后遗症，使我直至今日，都不愿意就这个问题与父母沟通。

母亲几次想与我交流，而我极力回避。我常暗自奇怪，为什么我可以把我的故事告诉自己的朋友，甚至不熟识的人，并诚心听取他们的意见，却唯独不肯对最亲近、最关心我的父母诉说呢?

考上了大学，我毫不留恋、义无反顾地离开了家。仍然与在另一所大学念书的男友书信交往，感情依然如初。此时已十八岁的我，似乎度过了"心理反抗期"，对家恢复了长久以前就失去了的温情和眷恋。但与父母之间的心理距离依然存在。每对父母都为了儿女的幸福，对他们今后的人生伴侣作了设想。殊不知最能让儿女幸福的伴侣，应该是他们自己选择的、相适的人，而不是一个光辉四射的模型。而青春期的少男少女如果能在春心第一次萌发时，就向父母交流和透露，给父母一些心理准备的时间，而不是等到事情不可收拾的地步才相告，那么许多冲突和伤害也许就能避免。

青少年需要异性之间的感情与友谊，这是合乎情理的。人本身就是充满感情的生命体，从小到大，我们就不断地渴望被爱和爱人。这就是为什么我们在听到委婉动人的爱情故事、缠绵悱恻的流行情歌时，会有美的感觉。两性之爱原本就应该是美丽、纯洁和高尚的。作为成年人应该理解和承认青少年的情感需求，况且，现代社会中男女生同校制度已经为他们的交往提供了舞台，我们既然无法禁止，就应坦然面对。我想，在上例中，如果父亲能给孩子一份理解，父女之间的鸿沟就不会变得如此深。

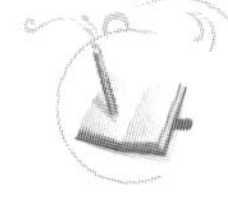

对青春期亲密关系的偏见

为了更好地理解青少年的亲密关系，必须破除以下几种偏见。

其一，"中学生的主要任务是读书，与异性交往是长大以后的事"。这种说法听起来颇有道理，事实上并非如此。青少年的主要任务是成长，而不仅仅是读书。成长包括很多方面，如身体的发育、个性的形成、智慧的增长、人际交往和道德品质的培养。学习知识只是成长的一个方面，学会交往也是一项重要内容，

学会同异性交往更是青少年发展的一个不可缺少的任务。如果真的等到成年以后再开始与异性交往，很可能就会因为缺乏经历，而成为这方面的“困难户”。

其二，“中学生还不成熟，不懂事，不具备与异性交往的条件”。这个看法实际上是将异性交往神秘化，把异性交往划为禁区。它可能成功阻止了一些青少年的异性交往尝试行为，但它也为青少年在异性交往方面设置了障碍。一个人的成熟不是无缘无故的，只有亲身经历、积累经验才会逐步成熟。

其三，“与异性交往会分散精力，影响学习”。这种说法是不少家长和教师反对青少年异性交往的主要理由之一。他们往往可以举出不少事例来加以证明，诸如，某某人因为“早恋”而没有考上大学等。其实，有些学生的考试成绩不理想，真正的原因是精神压力过重，这种压力往往来自教师或家长对于异性交往的过敏反应。精力与情绪状态密切相关。有关资料表明，一个与异性交往很成功的人，往往情绪饱满、精力充沛，学习与工作效率都能得到提高。当然，也不否认，若在异性交往中遇到挫折，的确会影响学生的情绪和学习。但不能因此就反对少男少女的交往。

其四，“与异性交往很容易发展为‘早恋’，使中学生犯错误”。“早恋”一词最容易让家长和老师神经过敏。有些家长和老师一看到男生女生单独在一起，就怀疑他们“早恋”了，就如临大敌。他们把这样的学生当作“问题学生”，千方百计控制其负面影响，害怕他们起了坏的带头作用，使“早恋”蔓延。在这种心态下，家长和老师不知制造了多少冤假错案，妨碍了多少青少年的身心健康发展。有关研究表明，异性交往的动机多种多样，在很多时候并不是为了谈恋爱。即使是一对一的男女约会，也不能简单地与恋爱画等号，因为男生女生单独在一起，可能是在讨论学习问题，也可能是在交流对某些事情的看法，甚至有可能在讨论怎么样才能避免“早恋”。虽然青少年还不成熟，容易冲动，但是，他们都有一定的自我保护意识和自制能力，在恋爱问题上一般会慎重决定。“早恋”是成人世界制造的一个标签，一些人拿着这个标签到处乱贴。例如，如果男生女生关系很密切，经常在一起，我们可以给他们一个“异性友谊”的标签。然而，不少教师和家长从来就不相信有“异性友谊”存在，于是他们不由分说就给孩子贴上“早恋”的标签。一旦被贴上这个标签，这两个学生就会遭受外界的压力，而这种压力可能会迫使他们真的恋爱起来。

其五，“如何处理异性关系不需要别人指导，到时自然就会”。对涉世不深的青少年来说，与异性交往是一个全新的领地，有很多疑问和困惑。资料表明，在社会风气十分开放的美国都有相当一部分大中学生把与异性交往当作一个难题。

在观念相对保守，对青少年异性交往充满偏见的中国，不难想象青少年在这个方面的问题和困难会更多。据一些心理咨询专家反映，我国青少年来电来信寻求帮助的问题中，与异性交往有关的占了相当大的比例。

正是由于上述种种偏见，很多家长和教师不能正视青少年的异性交往，往往采取压制、堵塞的办法来被动应付，而不是积极引导。一些在异性交往上遇到问题的青少年，不仅得不到及时、正面的指导，反而会遭受来自各个方面的误解和责备。在巨大的精神压力下，他们可能做出不计后果的行为，青少年的异性交往也因此成为一个危险问题。如果要化解危险、解决问题，改变家长和教师的偏见至关重要。

第三节　性心理问题

青春期面临性成熟，青少年常常会有性心理困惑。这些困惑如不能及时解决，也会影响他们的学习与生活。常见的性心理问题如下。

自慰

自慰是指在没有与异性交往的情况下所进行的满足性欲的方式。它常见于青春期的少男少女，但成年男女也会有自慰行为。确切地说，自慰是人的一种性本能需求。但自慰会对青少年男女的心理产生很大的影响，它常常又是大多数教师和家长极力回避的问题。自慰一般有三种形式，即性幻想、性梦和手淫。

1. 性幻想

性幻想是指以与性有关的遐想来满足自己对性的心理需求。当一个人对异性的欲望很强烈，但又不可能或不愿意与异性接触时，就有可能想入非非。有的人把小说或影视中青年男女的浪漫情节加以想象、回味和组合，虚构出自己与爱慕的异性交往的种种亲热情景。性幻想的对象很广泛，可以是古代的美女，也可以是当代的国内外影星、歌星或体育明星。这种幻想可以随心所欲地在头脑里编造。当自己真正进入角色后，也会产生激动、喜悦、悲伤、失落等情绪反应。著名作家巴金曾对《家》中鸣凤的性幻想有过一段精彩的描写。

照理，她（鸣凤）辛苦了一个整天，等太太小姐都睡好了，暂时地恢复了自己身体的自由，应该早点休息才是。然而在这些日子里，鸣凤似乎特别重视这些自由的时间。她要享受它们，不肯轻易地把它们放过，所以她不愿意早睡。她在思索，她在回想，她在享受这种难得的“清闲”，没有人来打扰她，那些终日在耳边响着的命令和责骂的声音都消失了。

……

忽然一个年轻的男人的面颜在她眼前出现了。他似乎在望着她笑，她明白他是谁。她的心灵马上展开了。一线希望温暖了她的心。她盼望着他向她伸出手。她想也许他会把她从这种生活里拯救出来。……

青少年的性幻想是形形色色的。有的青少年会常常幻想收到自己钟情的异性的来信和贺卡，相约于风景秀丽的郊外、海边，相拥窃语，缠绵不断；有的青少年对某一异性产生了爱慕之情，从没有机会或者羞于向对方表白，于是就想象和他（她）约会，看电影、拥抱、抚摸、接吻；有的青少年还把想象的内容记入日记。

这种性幻想往往发生在入睡前或者睡醒后的一段时间里，有时也会发生在闲暇时光。幻想时身心十分投入。这些梦幻充满情爱色彩，著名的《性心理学》作者霭理士（Ellis）称它是性爱的“白日梦”。有的人通过性幻想能够达到性兴奋：女孩性器官充血，男孩射精，有时还伴有手淫行为。

由于性幻想常常涉及性行为，如拥抱、接吻和性交等，作为当事人会有一种自责感和罪恶感，会由此而产生种种烦恼。我们应该让青少年明白，性幻想是少男少女性成熟过程中的正常现象，它为性冲动提供了一种宣泄的渠道，不必为此感到羞耻。但是，青少年若过分沉溺于性幻想，整天神思恍惚，无心学习，甚至去寻求不正当性行为，就需要辅导与咨询了。

2. 性梦

性梦是指在睡梦中与异性亲热和发生性关系。在性梦中，绝大多数人可达到性高潮：男性常伴有射精，有时在性梦中没有射精，而是等到醒后才射精；女性通过阴道内壁肌肉的节律性收缩产生快感。性梦以男性居多，发生在15~30岁。首次性梦的时间大约在13岁。

性梦是一种性本能活动，是自发的，不由人的意志控制，它可以起到缓解性冲动的作用，故也是一种自慰方式，对他人无任何妨害，但对青少年心理的影响较大，尤其是乱伦的性梦。这在男孩中发生居多，当事者醒来之后会感到恐惧、

内疚和悔恨。如某高一男生，聪明好学，成绩优秀，一次午睡时，做梦说梦话，把自己的母亲介绍给同班的某男同学，被没睡觉的同学听到了，受到班上同学的嘲讽。他很气愤，想杀了讥笑自己的同学，更感到对不起父母。再如，某初二男生梦到与自己的堂姐发生性关系，深感内疚，结果自伤了自己的性器官。因此，我们要让男女青少年明白，性梦是性成熟的正常反应，要顺其自然，不要抑制，也不要刻意追求，更不能将性梦的内容随便告诉别人，它属于个人隐私，以免伤害自己，甚至伤害他人。

3. 手淫

手淫是指通过自我抚摸或刺激性器官而产生性兴奋和性高潮的一种行为。这是一种使性欲得到满足的自慰行为，在青少年中较常见。男女均可有手淫行为。手淫使男性获得射精的快感，女性也能产生性快感。手淫既非病态，也不涉及道德问题。据调查，男孩手淫行为多于女孩。16.6%的男生经常有手淫行为，而女生仅为5.9%；24.9%的男生偶尔有手淫行为，而女生仅为9.3%；81.4%的女生没有手淫行为，男生则为53%（见图3-5）。男生手淫行为明显高于女生，表明男孩的性冲动较女孩强烈。由于种种背景因素，这个数据要比国外的数据低得多，一份报告显示：美国95%的男大学生手淫频率较高，85%的男中学生有手淫行为。

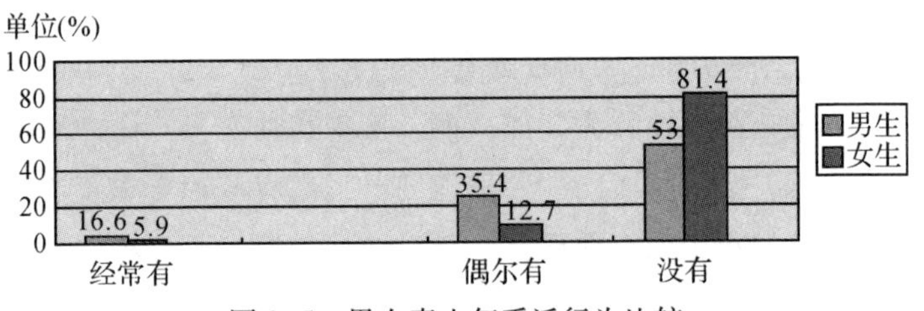

图3-5　男女青少年手淫行为比较

为什么男孩的手淫频率显著高于女孩？罗杰斯（Rogers）认为，其原因在于两性不同的手淫经历对双方的性调整的重要影响。首先，女孩的性行为可能发生在她们了解自己的性生理反应，或者获得生殖器快感之前。相反，男孩通过早期的手淫，即可取得一种生殖器快感，他们在性方面以不同于女孩的方式了解人体。男性婚前通过手淫达到性高潮超过1500多次，而女性婚前手淫的平均次数为220次。

手淫还可以使男性产生性独立感，而不常手淫的女性缺乏与男性相同程度的自主性。

教师和家长要引导青少年正确对待手淫。著名医学专家吴阶平说："不因好奇去开始，不因发生而烦恼，已成为习惯要有克服的决心，克服之后不再担心。"青少年要以平常心去对待手淫，既不要上瘾成癖，也不要自责内疚。

遗精恐怖与初潮焦虑

首次遗精与初潮对于男女青少年，不仅是重要的生理变化，而且是心理冲击。牛鹏程等人对新疆某市1400名中学生进行调查，发现36.8%的男生对遗精感到恐慌，68.8%的女生对月经初潮感到恐慌。我们对北京、上海、广州的3000名高中生的调查结果显示：33.7%的男女高中生对第一次遗精或月经感到害羞、紧张，6.7%的男女高中生感到厌恶，5.5%的男女高中生感到欣喜，54.1%的男女高中生感到无所谓（见图3-6）。

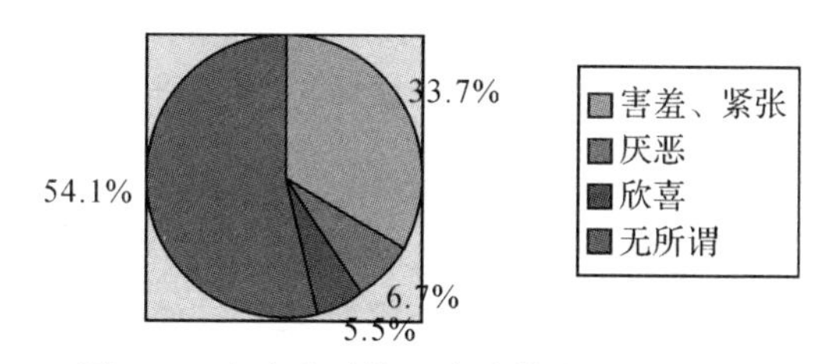

图3-6　高中生对第一次遗精或月经的体验

遗精分为两种：在睡梦中发生的遗精称为梦遗，在清醒状态下发生的遗精称为滑精。这是正常的生理现象。不少男孩对此缺乏认知，又无心理准备，所以他们感到非常恐慌、焦虑，常常担心：这会不会大伤元气呢？我的身体会不会因此而垮掉呢？于是，整天忧心忡忡，闷闷不乐。而且，一般遗精往往是在性梦中发生的，他们因此又会感到自己非常"下流"。由于认为遗精之事难以启口，故又将自己的烦恼积在心头，导致心理压力越积越重，长此以往就会形成遗精恐怖。

遗精恐怖与手淫焦虑不同。遗精是男性在非性交状态下出现的射精，手淫是用手抚摸生殖器，引起快感的性冲动行为。前者是无意的，后者是有意的。遗精恐怖会随着遗精次数的增多而逐渐消除，手淫焦虑会随着手淫次数的增多而加重。

初潮焦虑是女性在月经初潮时的恐慌、焦虑、害羞等消极的心理体验。对月经越是一无所知，初潮焦虑程度越明显。月经初潮的来临是突然的，这种突如其

来的变化，对于丝毫没有准备的少女来说是极大的心理冲击。不少女孩认为这是一件羞耻的事情，认为经血是肮脏的，她们厌恶自己，认为自己“不干净”，并羞于让他人知道。月经期间本来就有腰酸、下腹发胀等躯体不适感，又加上各种消极情绪体验，使得女孩对月经初潮愈加厌恶、无所适从。一般来说，随着初潮的结束，这种焦虑状况会逐渐消除。

性失误与性罪错

1. 性失误

性失误是指男女青少年的一般性越轨行为，如未婚青少年的两性行为、少女怀孕等。少女怀孕是一个值得重视的青少年问题。在现代社会里，青少年怀孕比例的增长速度十分惊人。美国每年有100多万例，约占全美各种婚外生育的一半；到18岁，25%的少女至少怀孕过一次。蒋蕴芬等人对上海1202例未婚人流女青年进行调查，发现20岁以下的比例为22.37%。

怀孕少女会面临很多问题。首先，在精神上受到打击，常被人看作作风不正，受到别人的蔑视，自尊心严重受挫，甚至会产生自暴自弃的想法。其次，要受到学校的纪律处分，影响学业，甚至被学校开除，而中止学业，流入社会，很容易结识不良团伙，堕落犯罪。

有人对上海某中专学校25名性失误女生进行调查分析，发现这些女孩性失误有以下几个特点。

（1）持“及时行乐”的性态度，虚荣、纵欲。绝大多数性失误女生都爱吃、爱穿、虚荣。她们迷恋与男朋友喝咖啡、跳舞、赌博，对学习不感兴趣，并且常用骗病假条的手法来逃学。有的对开除也不存在顾忌，因为退学之后可以找工作。

（2）性对象并非专一的恋人，大都没有感情基础。25名女生的性对象，大多是马路上认识的，有的还是有妇之夫。她们与性对象在马路上、舞厅和咖啡馆认识，仅接触几次后就发生性关系。而且大多在同一时期先后与几名对象发生性关系。

（3）性对象年龄跨度较大，有50多岁的，也有30多岁的，但大多是20多岁的。这些人大都无正当职业，个体户占相当的比例。这些人钱多，出手大方，都是玩弄女性的老手，女孩往往被对方玩弄几次后就被抛弃。

（4）发生性关系的地点在男方家里居多。在这些性失误的女生中，有12名是在男方家里发生性关系的，3名发生在女方家里，另有8名发生在公共场所和

“黑窝”。发生性关系的时间多是在白天，因女生逃夜会引起学校和家长的注意。

（5）性失误次数较多。只要有了第一次尝试，就会一发不可收拾。她们涉世不深，一般不考虑后果，错误地认为，一次和多次反正性质一样。

2. 性罪错

性罪错是指卖淫和强奸等青少年犯罪行为。学术上用“性罪错”这个术语，是为了把青少年性犯罪同成年人性犯罪区别开来。近年来，青少年性罪错的比例有上升趋势。据对上海市少教、妇教、工读学校558名18岁以下青少年的调查，在违法犯罪青少年中，性罪错的比例是48%。另据上海市卢湾区工读学校的资料统计，性罪错的比例也以每年5.6%的速度递增。

处于转型期的中国社会，经济高速增长的同时，价值信念和生活方式的多元化日趋明显。现代社会的卖淫现象与过去的逼良为娼已经完全不同。邹素芹在对深圳女青年卖淫现象的考察中指出，卖淫者年龄大多为16至22岁，自愿卖淫的占53.7%，被诱骗卖淫的占21%。这些性罪错女孩大都信奉“金钱至上”，追求“醉生梦死”的腐朽思想。她们坦率承认，卖淫是为了钱。“钱是至高无上的东西”、“有了钱就有了一切”是她们的座右铭。

对于在校学习的十六七岁少女的性罪错现象，可能更多的是从对性的好奇心理开始的。尤其是接触了淫秽光碟、黄色手抄本以后，就产生了强烈的性体验欲望。如有一个少女看了《少女之心》、《海棠花盛开的时候》之类的黄色手抄本，从尝试性行为到主动勾引男性，多次反复，她的性欲需求得到了强化。为了满足性欲，她先后玩弄了几十名男性。

青少年性失误和性罪错的产生是一个复杂的社会问题，限于本书的主题和篇幅，不能作详细论述。尽管总体上，性失误和性罪错的青少年只是极少一部分，但对于一个家庭来说，就是百分之百的痛苦和灾难。教育工作者有责任积极行动，协同政府和家长，把它降低到最低限度。对于性失误和性罪错的青少年，我们要满腔热情地接纳和予以帮助，让他们早日回归社会。

性心理异常

性心理异常一般是指寻求性满足的对象或满足性欲的方法与常人不同，并且违反当时的社会习俗而获得性满足的行为。性变态包括性指向障碍（同性恋、恋物癖）、性偏好障碍（异装癖、露阴癖、窥阴癖、性施虐癖与受虐癖等）、性身份

障碍（易性癖）。本章主要介绍三种与青少年性心理发展关系比较密切的性变态行为。需要说明的是，这些异常性心理虽然在青少年中并不多见，但也要引起重视，这对于做好早期识别和干预是有积极意义的。

1. **恋物癖**

恋物癖的特点是通过与异性穿戴或佩带的物品相接触，引起性兴奋和性满足。恋物癖者多见于男性，通常始于青春发育期。他们选择的物品多是直接接触异性体表的，而且具有特殊气味，或者摸起来能给以特殊感觉的，如女性的内衣、内裤、乳罩、头巾、丝袜等；也有以专门收藏女人的头发为满足的。他们会通过观看、抚摸这些女性贴身用品，甚至将之穿在身上，有的还同时进行手淫，以达到性满足和快感。他们经常费很大的精力去获得女性的物品，如通过偷窃、抢夺女性晾晒物品，甚至通过剪异性的发辫等不法手段，把这些物品占为己有。因此，他们常常被抓获，但会屡罚屡犯。

恋物癖者很少有反社会人格障碍，一般比较容易纠正。具体可采用行为治疗方法，如厌恶疗法、暴露疗法等。这里介绍厌恶疗法，所谓厌恶疗法就是把恋物癖行为与厌恶刺激结合起来，建立一种新的厌恶性条件反射，从而取代以前恋物癖行为和性兴奋之间的联结。如当恋物癖者玩弄、抚摸、亲吻女性物品时，可以在这些物品上涂上苦味或刺激性强的物质，利用这些厌恶性刺激建立条件反射。也可以采用拉弹橡皮圈方法，利用橡皮圈弹击的疼痛建立厌恶刺激，从而达到治疗效果。有一个患恋物癖的男青少年，在街上偷了一条女性三角裤，晚上取出观赏，并进行手淫。如此约半个月，感到这条三角裤不过瘾，于是又偷了一条新的。当他偷第三条时被抓住，他承认偷窃是不对的，但自己性冲动无法控制。后进行心理咨询，心理医生嘱咐家人收藏好患者偷来的三角裤，令其左手套一橡皮圈，如一旦出现偷女性内裤的想法，就用力拉弹橡皮圈以让自己感到疼痛，直到想法消失，并计数，每天作记录。结果一周后仍有想偷女性三角裤的想法，但未付诸行动。三个月后，患者的症状全部消失。

2. **窥阴癖**

窥阴癖是指反复窥视别人的性交行为和异性的裸体，获得性兴奋和快感的性变态行为。窥阴癖者几乎均为男性。在窥视的同时，往往伴有手淫。为了达到窥视目的，他们常常想方设法，如藏匿于人家浴室外、公园暗处，或在夜晚潜于窗外、阳台，甚至借用望远镜来偷窥。对于有些人通过观看淫秽影碟而获得性满足的行为，不属于窥阴癖。

青少年的偷窥行为大多是由于对女性身体和性生活充满好奇心而开始的，一

般随着结婚之后有了性生活体验，会逐渐消退。矫治窥阴癖，采用行为治疗比较有效。有位患窥阴癖的男青年，幼时家庭居住条件较差，与父母共居一室，曾无意地窥视过父母的性生活。中学阶段曾听人说过用镜子在厕所窥视女性外阴部之事，自己也尝试多次，未被发现。在窥视中，偶尔出现性冲动和快感，但无性交企图。大学阶段也经常发生窥阴行为，后在大学毕业留校工作，仅一年时间内因窥阴被抓获三次，声名狼藉。但他没有其他流氓行为，故学校请医院鉴定并治疗。患者告诉医生，对这种行为自己也非常苦恼，明知不对却又无法克制。在交谈中，医生发现患者近年来多次窥阴时有性冲动，有时出现射精，但并无性交欲求，平时也不愿交女朋友。医生对他采取厌恶疗法，即当窥阴欲望出现时就注射盐酸阿扑吗啡催吐，平时则以想象呕吐来抵制欲念。每周进行一次治疗，两个月后，窥阴欲望逐渐消失，并开始与异性交往。以后改为每月咨询一次，五个月后行为恢复正常。

3. **异性装扮癖**

异性装扮癖又称异装癖，是指以穿戴异性服饰获得性兴奋和性满足的性变态行为。但也有些人穿着异性服饰并不是为了给自己以性刺激，而只是觉得这样才适合自己的内在人格。异性装扮癖者大多为男性，他们对正常的性生活不感兴趣，却对异性服装特别喜爱。他们中有的人贴身穿着异性的衣服，如胸罩、丝袜和内裤等；有的人私下里在无人的场合装扮为异性形象。

异性装扮癖与恋物癖的区别在于：恋物癖者对异性的贴身物品有特殊兴趣，但也可能对异性身上非性感部位有特殊兴趣，而异性装扮癖者则只对穿戴异性服饰感兴趣；恋物癖者获得性兴奋的方式是观看、抚摸、穿戴异性贴身衣物，而异性装扮癖者获得满足的方式则是穿戴异性服装。

矫治异性装扮癖的主要方法有厌恶法等，具体操作与矫治恋物癖相似。

第四节　青春期心理辅导

青春期心理辅导对青少年的健康成长至关重要，但在学校和家庭中常常是盲区，不少教师和家长面对学生的青春期心理困惑，往往缺少正确的认知和有效的教育方法。因此，笔者对青少年青春期心理辅导提出以下建议。

性教育要走进课堂

性心理辅导是性教育的一个重要方面，根据我国的实际情况，可以将性心理辅导纳入性教育的体系之中，也可以将性教育整合于心理健康教育之中，也就是说，性心理辅导与性教育要融合，而不应该分离。对广大青少年开展性教育是一种积极的性心理辅导对策。性心理辅导的内容可以以性教育的内容为框架，一方面要关注国外学校的性教育内容（因为人类的性现象有很多共性，需要相互借鉴），另一方面要注意本国的文化特点，两者不可偏废，以提高性教育的适应性和针对性。

1. 美国的青少年性教育

美国学校性教育的目标和任务：从性的生物属性、心理属性及其功能意义上教给青少年有关性的知识；在不同意义上培养青少年健康的性心理；纠正有关性问题的错误观念和对性问题的不正确理解；在青少年成长过程中，尽可能早地发现性病态表现，并在有关组织的协助下加以治疗；通过性教育促进青少年人格的发展等。

性教育内容选择的主要标准：有利于满足青少年积极的兴趣和需要，符合一定的社会准则，由具体到抽象地传授正确的知识。美国性信息与教育理事会提出了性教育六方面的内容，每个方面有几个专题，每个专题按照年龄层次作由浅入深的划分：5~8岁儿童期；9~12岁青春前期；12~15岁青春早期；15~18岁青春期。青少年性教育的具体内容包括以下几方面。

（1）人类发展，主要包括生理学与生殖解剖、生殖、青春期、身体意象、性认同与性取向。

（2）关系，主要包括家庭、友谊、约会、婚姻及终身承诺和教育子女。

（3）个人技巧，主要包括价值、作决定、沟通、决断力、协同和寻求帮助。

（4）性行为，主要包括性自慰、分享性行为、禁欲、人类性反应、性幻想和性失调。

（5）性健康，主要包括避孕、堕胎、性传染疾病及艾滋病病毒感染、性虐待和生殖健康。

（6）性和文化，主要包括性和社会、性别角色、性与法律、性与宗教、性的多样化、性的艺术、性与大众媒体。

2. **日本的青少年性教育**

日本的青少年性教育的主要内容有：性器官的构造、月经初潮、遗精、第二性征、生命的诞生、性别决定与遗传、男女心理和行为差异、男女角色差别及共同性、男女交往方式、青春期心理、友谊与恋爱、结婚的意义与条件、人口问题与计划生育、性病与性罪错、性文化与风格、性道德等。

3. **台湾地区的青少年性教育**

近年来，台湾的性教育一直致力于破除大众对性的误解，让青少年了解性不是羞耻、肮脏和放纵、毫无节制的，而是与爱情、婚姻和价值观整体联系的，把性教育作为人格教育的重要一环。王焕琛认为，性教育应该贯穿人的一生，了解从怀孕、怀胎、新生儿、幼儿、儿童、青少年、成年到老年的性发展过程的特征和养护。性教育的内容应该包括家庭生活、亲子关怀、性反应、性适应、避孕、堕胎、性骚扰、强奸、性虐待、艾滋病与其他性传染等问题。晏涵文等对幼儿园至高三的学生、家长和教师进行了实施性教育内容的需求调查，提出了学校各年级性教育的内容。以下为初中和高中各年级的内容。

初一：介绍人类的怀孕及分娩过程；认识性腺在青春期对身体有促进性成熟的作用；知道青春期是人体快速成长的一个阶段，并且存在个体差异；学习以别人可以接受的方式表达意见和感受；学习如何培养健全的人格；讨论要成为他人的好朋友应该具有哪些特点，了解家庭在个人生命中的重要性。

初二：认识人类的自慰行为；认识男性的梦遗现象；认识什么叫伙伴压力以及伙伴压力对个人行为的影响；学习分辨色情与性的不同；学习如何结交异性朋友；认识男生和女生之间的“喜欢”和“爱情”；了解青少年的改变给家庭的影响。

初三：学习如何培养成熟稳定的情绪；学习消除紧张的方法；学习双性化（刚柔并济）的性别角色；学习防范性病的正确观念、态度和行为；理解约会的重要性；认识个人与群体对约会的看法；了解“爱”与“迷恋”；学习尊重他人的选择以及如何面对失恋。

高一：了解有些人不孕的原因；学习两性生殖器官的构造及功用；了解约会时的社会规范，知道并能列出可以和异性一起从事的活动；学习与性有关的社会问题及情绪问题；认识同性恋；认识亲子间的关系与冲突；认识计划生育。

高二：学习如何保护自己以避免性骚扰、性虐待及性暴力；了解婚前性行为的影响；经历一个作决定的历程，承诺自己在日后与异性交往时，不可有婚前性行为；学习有关性的规范；学习有关性的价值观；认识理想家庭的特质；了解维持一个完整的家是家庭中的每一个人的责任；学习与家人沟通及爱意的表达。

高三：学习如何选择合适的配偶；学习如何为婚姻生活作准备；认识离婚的影响；知道除了“生育下一代”之外，夫妻性生活尚有其他意义及功能；了解爱与沟通是良好婚姻的基础；学习如何照顾小孩；了解家庭中父母亲所扮演的角色及他们所承担的责任；认识避孕的方法；认识人工流产（堕胎）及其对身体的影响。

4. 我国大陆的青少年性教育

姚佩宽等人认为，青少年性教育可以按照青春前期、青春中期和青春后期三个阶段进行。

青春前期（9~12岁），主要侧重于性生理知识的讲解。如了解身体外型和男女区别，了解人体的主要系统、器官和功能，了解身体的发育过程和男女生殖器官的简单构造，了解青春发育期女孩月经初潮和男孩遗精、第二性征等。

青春中期（12~15岁），在性生理教育的基础上增加性心理和性伦理教育的内容。主要有：性朦胧，性好奇，异性交往，自慰，性别角色认同，人类的性和性欲，预防性越轨和性犯罪等。

青春后期（15~18岁），主要学习性社会学方面的内容。具体有：恋爱与爱情、婚姻与家庭、生殖与妊娠、避孕和人工流产、性疾病的危害和防治、正确对待性信息等。

由上可知，国内外的性教育内容是有共同之处的。相比之下，我国台湾地区的分年级的性教育内容，从性心理辅导的角度看，可能更为适切些。

成年人要走出性教育的误区

成年人在青少年性教育方面，我认为有两个误区：一个是过于敏感。有些家长和教师，一旦察觉男孩和女孩互递纸条或约会，就会表现得如临大敌，从而对孩子严加指责和看管。其实，这只能增加子女的反抗情绪，前面的事例已有充分证明。孩子所谓的初恋更多的是单纯的亲密异性交往，是他们正常的心理需求。它与成年人的恋爱不同，一般不具有性爱色彩和婚姻承诺。二是避而不谈。调查表明，高中生的性知识来源，排第一位的是大众媒体（53.7%），而后是教师（22.4%），同学（19.2%），来自父母的仅为4.7%。可见，绝大多数家长对孩子是回避性教育的。

其实，成年人平等、坦诚地同孩子讨论性问题，可能会更加有益于孩子的成长。美国的电视连续剧《成长的烦恼》在上海先后播放两次，收视率甚高，青少

年很喜欢看。剧中杰生夫妇对孩子青春期烦恼的处理方式值得我们学习。

前苏联教育家苏霍姆林斯基在《爱情的教育》中的一段话也许能够给我们更深的启示，他说："我们身为教师，要特别审慎地对待学生心灵深处萌发的爱情问题。男女青年萌发出这种人的最高尚情感，表明他们充满着旺盛的青春活力。此时教师的使命是把它引入进一步发展智力和培养品德的轨道。"他又说道："在培养高尚的爱的情感中所取得的成绩，是衡量一位教师的教育艺术的尺度。理解爱情，就意味着理解一个人的心。相反，对待青年男女的爱情抱轻蔑乃至嘲讽的态度，恰恰说明教师的教育水平低。如果说在情感教育中要求特别细心，善于掌握分寸，那么在爱情教育中就需要加倍如此。"

提高青少年的心理自助能力

性心理辅导的最终目的是让青少年能够处理自己的性心理方面的困惑，也就是通常讲的自助能力，以提高青少年解决自己的性问题的自觉性、自主性。这种心理自助能力可以从道德规范、情感升华和行为自制等方面加以培养。

1. 道德规范

道德规范对于任何一个社会中的人都是必不可少的。不能一讲到个人自由、独立，就将其同社会规范相对立，这就如同我们一讲到学生自我教育，就摒弃教师的教导一样，是很不可取的。在现代社会里，这些非此即彼的思维方式对我们认识事物的本质非常不利。社会规范与个人自由、需求是统一的，社会规范规定了人类社会人与人交往活动的准则，维护了绝大多数人的自由和需求。

青少年首先要有社会认同的性伦理观念，性伦理就是两性关系的行为规范与准则，是对人的性行为的一种无形的控制力量。也就是说，两性关系需要由社会道德规范、伦理观念加以控制。现代的性伦理观，强调两性关系的相互平等、尊重和独立；同时也主张两性保持婚前的贞洁。不论在学校还是在家庭，我们都要把这些道德规范、伦理观念教给孩子。另外，面对西方形形色色的"性解放"、"性回归自然"等错误思潮，要让青少年懂得如何正确判断和选择。

2. 情感升华

升华是弗洛伊德精神分析理论中有关心理防御机制的一个概念，它是指把社会所不能接受的性欲或攻击性冲动，转向更高级的、社会所接受的目标和渠道，进行各种创造性的活动。弗洛伊德认为，许多伟大的艺术家之所以产生伟大的作品，是因为他们的性欲或攻击性得到了升华。例如，歌德创作的《少年维特的烦

恼》，就是文学家的一种升华。青少年的情感升华，就是要把两性的感情引向纯洁的友谊和崇高的爱情。

让青少年真正理解什么叫爱，对于他们的情感升华是十分重要的。爱和友谊是什么关系？爱和性是什么关系？这常常是一些成年人也很难搞清楚的问题，更何况没有多少人生经历的少男少女。以下一段访谈对话，可以使我们了解到当代男女青少年对爱情和婚姻的理解。

（访谈时间：1999年5月。访谈地点：广州市某中学。）

问：（对E男）你在课外是否喜欢与其他同学一起玩？

E男：是的，反正没有影响学习。

问：有没有特别喜欢的女孩？

E男：有一个，有时间我们就在一起玩。

问：你们在一起玩些什么？感觉特别美吗？

E男：也没有玩什么特别的东西，说说对老师、同学的看法，谈谈对未来的理想，有时候介绍一下自己的处世经验。我们一起去看过电影。和她在一起的时候当然很快活，特别是拉着她手的时候。

问：你真的爱她吗？有没有想过将来要和她结婚？

E男：当然真的爱她，不过结婚的事倒是不知道怎么办。

问：你有没有同你的家长或老师谈过你与那位女同学的事？你知道恋爱和结婚是要承担社会责任的吗？

E男：我没有同大人们谈过这件事，不过他们早就知道了。我们两个好，结不结婚我们自己定，还要承担什么责任？我不懂。

问：（对E女）听说年级里好几个男孩对你有情，你喜欢他们吗？

E女；我不知怎样回答这个问题，有时候很喜欢，有时候也很烦。

问：你想过自己与他们是怎样的关系吗？友谊？爱情？还是其他？

E女：我想过，但不知道是怎样的关系。不过有一个男孩对我真好，可能我对他有爱情吧，有时做梦也梦到他。

问：能否描述一下梦中的情形？

E女：梦中我们相拥在一起，非常甜蜜。他说他爱我，他要我做他的新娘，我不由自主地点头答应了，一点头就醒了。醒来后还真想马上见到他，想问他是否真的爱我。

美国心理学家斯滕伯格（Sternberg）认为，爱是由激情、亲密和承诺组成的。

激情是指男女之间本能的性吸引，它是与生俱来的，基本不需要后天的培养；而亲密则是指两人通过相互沟通，能够经常彼此分享各自的内心世界，并得到对方的接纳。正是因为不断深入了解，两个人变得越来越亲密。最终，双方愿意为对方承担责任，愿意与对方保持恒久的关系，这就是承诺。只有激情而没有亲密和承诺的爱是短暂的，像燃烧的稻草，烧得旺，灭得快，当激情消退的时候，可能会留下持久的伤害。亲密和承诺都是一种后天培养的能力，是衡量一个人心理成熟的重要标志。

我给一位求助的高中男孩是这样回信的。

亲爱的同学：

你好！

你来信谈及自己的烦恼，我想处于青春期的学生可能或多或少都会遇到这样的问题。德国大文学家歌德说过，“哪个少女不怀春，哪个少男不钟情”。从人的心理发展历程看，你们这个年龄正处于剧变阶段，其中有两个特点：一是自我的觉醒，二是性意识的觉醒。这时喜欢一个异性同学是很自然的事，这是青少年对异性的朦胧情感，是与生俱来的，是爱情的前奏。问题是我们应该如何处理这样的情感？倘若你一味地陷入苦思冥想之中，不思学习、不思进取，的确会影响你的成长。因此，我的建议是：

第一，把你的感情表达出来。用她能接受的方式表达你的喜欢。但在表达你的感情的同时也要尊重别人的情感，看她对你的喜欢是否有积极的回应，不要搞成一厢情愿。

第二，要落落大方、真诚地表达你对她的喜欢。可以去关心她、帮助她，可以一起参加共同感兴趣的学习或者社会实践活动，也可以在她生日和节日时祝福她等。形式是多种多样的，关键是要有益于你们的健康成长。

第三，少男少女的情感是纯洁的、美好的、充满生气的，同时也是相互吸引、相互欣赏的，喜欢不是占有，喜欢是共同分享。占有式的喜欢和爱，常常是自私的，这种爱的方式是不健康的，往往会埋藏着很多隐患。

喜欢和爱是一门学问，是每个人的人生大课题，我们可以从中得到精神养料，并因此而成长。希望你早日摆脱烦恼。

吴老师

少男少女之间的情感是一颗爱情的种子，需要双方精心培育，任何本能的冲动，都有可能酿成苦果。情感升华可以使他们最终收获爱情，可以使他们的人生

旅途走向光明。

3. **行为自制**

行为自制要求青少年在感情与欲望冲动的时候，用理智和意志自制。自制力是人调节个人需求与社会规范的重要意志品质，缺乏自制的人是无法适应社会的。自制力是青少年在平时的生活和学习中逐渐养成的，并成为其行为方式的一部分。所以，青少年自制力的培养不是一时一事，而要注意长期的积累。

行为自制的第二个方面是帮助青少年如何直面纷杂的性信息，诸如来自影视、报刊、小说、音乐、美术，以及互联网的各类性信息。前面的调查已经指出，青少年性信息的首要来源是大众传媒。因此，我们不可能把所有的性信息都与青少年隔离，就如同我们无法把病菌与人隔离一样。当然，黄色淫秽的性信息应该从社会上扫除。但除此之外，还有其他大量的性信息怎么办？诸如裸体画、文学小说中的性描写、带有性刺激的各种广告等。比如油画《泉》，是一幅逼真的少女彩色裸体画，它对于有艺术素养的人来说，是一件很美的艺术品，而对于没有艺术素养的人来说，或许会使其想入非非。这就要求我们提高青少年的审美情趣与文化修养，使其从积极的意义上去认识这些性信息。有了对性信息的适应力，就不会对生活中的性信息过于敏感和关注。

本章结语

青春期的学生面临的诸多困惑和烦恼，一方面来自内心成长的需求。伴随性生理发育而来的性心理变化，青少年正是经历了这样的变化和内心冲突体验而走向成熟的。少男少女的亲密情感是与生俱来的、清纯美好的，异性同学之间的喜欢和被喜欢、欣赏和被欣赏，是青少年积极自我体验的重要部分。而当他们遇到烦恼和困惑时，是非常需要得到别人的帮助的，即教会他们如何去爱。另一方面，社会文化多元化使得青少年的性观念、性意识也日趋开放与多元，他们从网络世界获取的信息远远超出了课堂，他们常常因分不清虚拟与现实生活之间的界限而迷茫。因此，帮助青少年学会理性地判断和选择，对于他们顺利度过青春期至关重要。

本章参考文献

1. 张海燕. 直面隐秘——性心理调节［M］. 上海：学林出版社，1998.

2. 时蓉华．社会心理学［M］．杭州：浙江教育出版社，1998.
3. 流星．少女的心迹［J］．大众心理学，2001（4）．
4. 彭泗清．对“青春期”异性交往的八种误解［J］．中国青年研究，2000（1）．
5. 陈一筠．读懂孩子青春期［M］．北京：人民教育出版社，2002.
6. 牛鹏程，刘丽珠．中学生性知识及早恋现象的调查［J］，中国学校卫生，1998（6）．
7. 车文博．心理治疗指南［M］．长春：吉林人民出版社，1990.
8. 晏涵文．现代青少年的感情生活与性教育［J］. 理论与政策，1998（12）．
9. 姚佩宽，等．中国青春期教育概论［M］．济南：山东人民出版社，1996.
10. 骆风．沿海开放地区初中生如是说［J］．中国青年研究，2000（1）．

敬畏生命

当代社会的功利主义、享乐主义、物质化倾向弱化了人对自身存在价值与意义的思考，弱化了人对有意义的生活的向往，弱化了人对精神世界的追求。在这里我想起了德国哲学家狄尔泰（Dilthey）的生命哲学主张。19世纪以来，科学理性主义的迅速发展，遮蔽了人的精神价值和生存意义，人的完整性和主体性丧失，人成为“单向度的存在物”，人的精神世界被疏离了。如何摆脱这种困境，走出人自身生命的异化？19世纪末20世纪初的哲学家们提出了种种哲学主张，其中根本的精神就是“找回失落的精神世界”，归还生命的完整性。德国哲学家狄尔泰就是其中代表人物之一。他认为，人文世界不同于自然世界。自然界的一切都是机械运作，服从于特定不变的秩序。而人文世界不是僵硬的、机械的世界，是一个自由的和创造的世界，是一个有意义的世界。人文世界是由一种内在的力量——有意识的生命所驱动的。

近年来青少年生命教育在国内外悄然兴起，其宗旨是帮助青少年思考人为什么活着，人存在的价值和意义是什么，帮助青少年认识生命、珍惜生命、敬畏生命、热爱生命。生命教育是从生理、心理和伦理三个层面关怀学生的生命历程。青少年是未成年人，生命教育应以健康为基础（即健康的身体、健康的心理、健康的人格），以情感为纽带（即珍惜、热爱、尊重生命），以价值为导向，让学生认识到生命的意义、感悟到生命的可贵，走好人生的每一步，促进他们健康成长、和谐发展。

第一节　走进生命教育

近年来生命教育在国内越来越受到关注，生命教育的背景是什么？生命教育的目标与内容是什么？生命教育实施的途径是什么？笔者结合上海中小学生命教育的开展情况，向读者作简要介绍。

生命教育的缘起

生命教育，缘于社会环境变化对青少年身心健康成长提出了新的课题、新的挑战。2005年我们对4000多名中小学生的生命教育进行调查，有几个数据令人担忧。

一是价值观念模糊，生命意识肤浅。中小学生的生命意识与价值观念的负面反映值得重视。49.8%的初中生和61.4%的高中生相信“人能够死而复生”，而只有4.9%的四年级小学生和7.0%的五年级小学生相信；40%的初中生不相信“生死轮回、因果报应”，而高中生只有20%不相信。随着年级的升高，学生的生命价值观反而越来越模糊，这一现象值得我们深思。

二是青少年性观念开放，性越轨行为增多。问及中学生“假如你喜欢的异性朋友、同学向你提出发生性关系，怎么办”，32.7%的初中生和25.1%的高中生选择无奈接受。此外，校园暴力、离家出走、沉迷网络等事件也频频发生。如果从深层次分析，研究人员就会发现不少青少年学生漠视生命的价值与意义。

我国台湾地区近年来开展生命教育，也是基于对转型社会的青少年成长问题的思考：其一，青少年问题严重，包括自杀、药物滥用、中途辍学、暴力和野蛮行为、帮派、性泛滥和自虐等。其二，功利主义弥漫。随着经济繁荣、社会结构的改变，传统社会价值瓦解，再加上西方个人主义、关注经济利益及科技理性的影响，整个社会充满着功利主义思想，人际关系表面化、精神生活世俗化已成为现代人的心理特征。其三，脱序现象恶化，社会风气低迷，大众传播内容缺乏净化，违法犯罪猖獗。

由此可见，在社会现代化程度不断提高、人们生活水平不断提高的同时，社会的风险性、安全隐患也大大增加。这些负面的社会因素不仅影响了青少年学生

的思想和心理，而且也极大地影响了他们的生命安全。

现代教育呼唤人的全面发展是强调生命教育的另一个强大动因。促进人的全面发展是现代教育的基本宗旨。联合国教科文组织国际21世纪教育委员会指出："教育应当促进每个人的全面发展，即身心、智力、敏感性、审美意识、个人责任感、精神价值等方面的发展。应该使每个人尤其借助于青年时代所受的教育，能够形成一种独立自主的、富有批判精神的思想意识，以及培养自己的判断能力，以便由他自己确定在人生的各种不同的情况下他认为应该做的事情。"可见，人的全面发展是身体、心智、精神的和谐发展。生命教育的目的，是引导学生正确认识生命，培养学生珍惜生命、尊重生命、热爱生命的态度，增强生活的信心和社会责任感，树立积极的生命观，使学生善待生命、完善人格、实现生命的意义和价值。可以说，生命教育既是人的全面发展的内在要求，也是促进人的全面发展的重要手段。

生命教育的内容

生命教育把人当作一个完整的生命体，从生理、心理和伦理三个层面进行全面思考。生命教育的基本内容包括以下几个方面：生命安全、生命成长、生命态度与情感和生命价值。

1. 生命安全

生命安全是生命教育的基础，它包括身体安全、心理安全及具有安全意识和安全技能。生命是人生存、活着的一种状态，没有生命的存在，就谈不上生命的意义。对于青少年来说，既要让他们树立生命安全意识，又要让他们学会生命安全技能。要让学生有日常生活情境中的安全意识与技能，如交通安全、水安全、家庭用气用电安全、食品安全及谨慎与陌生人打交道等；还要有突发情境下的安全保护意识，如"遇到坏人坏事"应该在保护自己生命安全的前提下机智应对而不应该一味地"敢于斗争"——其实"善于应对"可能更为重要，遇到火灾、水灾等危机事件如何逃生与自救，遇到性侵犯、性骚扰如何应对等。目前学校很少有这类安全教育的活动，迫切需要补上。

其实生命安全意识与对生命的认识密切相关。教师应该要让每个学生认识到生命的唯一性，人的生命只有一次，生命有时是很脆弱的，要珍惜生命。事实上，现在不少学生生命意识模糊。由前面的调查资料可见，居然有半数左右的中学生认为人能够"死而复生"，实在应该引起教育者的深思。

2. 生命成长

生命与生活密不可分。生活是人的一种生存状态，是生命存在状态的体验。陶行知说过："什么叫生活？一个有生命的东西在一个环境里生生不已的活动就叫生活。人生就是要'活'——要'生活'。"生活的根本内涵是生生不息的生命，生命是生活的体现。

生命教育关注学生的生活世界和心灵世界。事实上，传统教育忽视了学生生命的意义和生活的意义，缺乏对学生完满生活的构建，缺乏对学生生命的人文关怀。传统教育在某种程度上是单向度地利用科技理性对人的生活的干预和破坏，表现为生活的理性化和生活的体制化。生活的理性化，逻辑地预设了学生的心路历程，科技理性几乎成为课堂生活的唯一内容。生活的体制化，机械地把教育过程当成了"文化复制"过程。生活世界被简单地视为文化资料的储存库。其实，教育作为人类的一种生存方式，是属于生活世界的，它的功能不仅仅在于文化复制，更在于确立社会秩序和个人的价值观念，并通过交往帮助学生建构社会角色，从而体现出强烈的生活意义，推动人的生命价值的实现。

无论是在生活世界还是在心灵世界中，青少年常常会遇到许多成长的困惑与烦恼，有身体的、心理的和精神的，生命教育就应该以青少年的成长为主线，帮助他们解决问题以使其健康成长。例如，学习压力、社会交往、青春期困惑、情绪问题等。

3. 生命情感与态度

人在探索生命意义的过程中，离不开对生命的情感与态度，它是人的生命发展历程的内在动力。生命的延续、发展离不开对生命的热爱和激情，学生只有热爱生命才会珍惜生命、尊重生命。因此，热爱生命是最重要的生命情感与态度。

热爱生命，首先要理解爱。弗洛姆（Fromm）指出，爱主要是一种对世界和对自己的情感，这种情感是一个人的生命态度的基础，它决定了一个人与世界的联系方式。爱包括关怀、责任和尊重，既包括对自己生命的关怀、责任和尊重，也包括对他人生命以及自然界一切生命的关怀、责任和尊重。

根据青少年的身心发展阶段特点，在培养学生积极的生命情感和态度方面可以提出以下具体要求：初中阶段，帮助学生学会自我悦纳、与人为善，学会理解、尊重父母、老师和同学，理解地球是人类共同的家园；高中阶段，帮助学生掌握尊重、理解和友爱他人的技能，关心人类危机和全球伦理等。

人对生命的敬畏感是另一个重要的生命情感与态度。要让学生感受到生命的来之不易，生命的尊严和神圣，从而敬畏生命。每个人都拥有生命，但并不是每

个人都关注生命。在这个躁动不安的世界里，有些人为了追逐名利、财富、权力，而淡忘了对生命的敬畏，甚至轻视生命。法国哲学家施韦泽说过：“我是一个希望生存的生命，存在于一个希望生存的大生命体中……一个活着的世界——一幅生命景象，传达所有生的信息，生机不断涌现，有如来自永恒之泉。生存与道德息息相关，而且这个关系不断成长……我感觉到必须敬重所有即将出现的生命，有如敬重自己，这就是道德的基本原理。维持并珍惜生命是善，而破坏或阻止生命是恶。真正有道德的人会遵守这个规矩，帮助所有亟待救援的人，他会避免伤害任何活着的物体。他不问这个生命的价值是否值得同情，或是它是否有感觉能力。对他而言，生命是神圣的……伦理本身就是要无限伸展对所有生命的责任。”

4. 生命价值

生命教育最终要引导学生建立积极的生命价值观，追寻生命的意义。个体对生命意义的认识与个体的人生态度是紧密联系的，积极的生命意义理解引导积极的人生态度。因此，积极的生命价值是推动和鼓舞学生走向光明人生的信念。

人的生命有自然生命和精神生命（也有学者把它们称为身生命和心生命）两层含义，自然生命来自于自然物质世界，精神生命来自于人类历史文化的精神世界。要让学生认识到，人的肉体生命可以消亡，而富有意义的精神生命可以留存在人们心中。正如作家冯骥才在《永恒的敌人：古埃及文化随想》一文中所说：“金字塔并非死亡的象征，而是生之渴望、人之欲求的表现。时间是永恒的敌人，死亡不可抗拒；但是人的精神可以借助某种文化，例如伟大的建筑和真正的艺术，穿过死亡，走向永生。”

生命教育实施原则

根据国内外生命教育的经验，生命教育实施要注意以下几个问题。

1. 科学性与人文性

科学与人文相结合是新世纪教育发展的时代精神。20 世纪 60 年代联合国教科文组织编写的《学会生存》报告中就已指出：“任何教育行动必须把重点放在两方面：一是人道主义；二是科技的合理利用。”

生命是生物性和精神性的统一，既需要进行科学的研究，也需要进行人文的

解读。人生既应该是诗意的和美的，也应该是理智的和科学的。

科学理性和人文关怀是人类精神的两个方面。科学精神是科学的精髓，人类面对自然界所表现的探索精神、求实精神、创新精神、独立精神等，都是科学精神的具体体现。科学精神也是人类进入理性社会的标志和现代文明的象征。

人文精神是一种为了人、关注人、理解人的思想情怀，是指向主体生命层面的终极关怀。包括对人的整体性认同、对生命独特价值的尊重、对优秀民族传统文化的关怀、对不同观念的宽容和对群体社会生活的真诚态度等。

生命教育倡导有科学精神的人文理想，赋予科学实践以人文关怀。所有与生命有关的科学内容，都应该有利于提高学生对生命意义的认识，避免只进行纯理性知识的传授。所有与生命有关的人文内容，都应有科学和理性依据，不能传播伪科学。这样既能培养学生的科学理性，也使学生的人生境界得以提升。

2. 生命认知与体验

要成为身体、智慧、情感、意志整体平衡发展的人，不仅要进行认知学习，还要进行体验学习。体验是对亲身经历的反思，是全身心融入对象后对意义的揭示，是对生命意义的感悟。通过体验就能丰富自身的情感，提升人生境界。生命不仅需要认识，更需要体验。体验生命的过程是对生命意义逐步把握的过程。生命的意义并不是固定在生命之中的，而是需要每个人在自己的日常生活中不断去揭示和体验的。因此，学生只有通过体验才能触及自己生命的本质，从整体上把握生命。

生命教育不只是对学生进行有关知识的传授，更重要的是引导学生在生活实践中进行生命的体验，获得人生的经验与信念，从而走向光明的人生之路。因为人是一个拥有知、情、意且不可分割的整体，将认知和体验相结合才能对生命进行整体把握。学生没有基本的关于生命的知识，就无法认识生命，因而也就无法体验生命；脱离生命活动的实际，不去体验生命的价值与意义，也就无法感悟生命。而对于生命意义的认知和体验，最终是通过生命实践加以实现的。

3. 发展、预防与干预性目标

生命教育既有关注每一个学生健康成长的发展性目标，也有防止禁止毒品、防止性传播疾病、防止自杀和各类事故等的预防性目标，同时，对于已经发生的青少年学生危机问题要进行科学的干预。这三者之间是紧密相连的，疏忽任何一项，都会影响学生的健康成长。预防是为了发展，发展是最好的预防，而干预最终也是为了发展。

生命教育的发展性目标是关注每个学生的健康成长，它应该是全体教师的职责与任务，这就需要教师结合自己的教育教学工作认真落实。预防性目标应该着重对可能发生成长问题的高危学生群体予以关心，如学习困难的学生、有行为问题的学生、体弱多病的学生、有伤残的学生、人际关系不良的学生、受青春期困扰的学生、有自卑抑郁情绪的学生以及环境不适的学生等。青少年危机干预是学校教育的一项新课题，需要受过专业训练的教师参与。一般来说，危机干预主要可以由受过危机干预训练的专业人员来担任，但是需要班主任老师的配合。

4. 生命教育的开放性

生命教育是一种开放性教育，应该将学校、家庭与社会的生命教育资源加以开发和整合，以提高生命教育的实效性。学校在课程教学、综合实践活动等方面落实生命教育的同时，要通过家长学校等多种途径，积极指导家长在家庭教育中培养子女健康的生活习惯、与人和睦相处的技能和积极的生活态度。要充分利用社区资源，形成学校、家庭、社区的互动互补效应，为整体推进生命教育提供有力的支撑。

生命教育案例解读

上海市沪新中学是一所普通高中，学校多年来从生命教育的教育观、教学观、课程观、质量观、学生观、文化观等方面进行实践探索，取得了成效。具体表述为：教育观，帮助师生享受生命成长的快乐；教学观，生命与生命的对话；课程观，建设有生命活力的课堂；质量观，生命主体的和谐发展；学生观，生命对生命的相互尊重；文化观，生命与生命的分享与合作。以下选取几个案例，供读者参考。

1. “沪新大讲堂”

“沪新大讲堂”课程是为陶冶学生情操，培养学生正确的人生观、价值观，结合国内外发生的重大事件而开设的，主要在晨会、午会时间进行广播宣传或不定期地组织讲座，帮助学生了解社会发展的局势，了解国情。我们充分利用四川汶川抗震救灾产生的社会资源，在全校范围内开展以“生者当奋进”为主题的沪新大讲堂专题课，引起了极大的反响，取得了很好的效果。本课程的实施适应了生命教育的要求，使学生学会珍惜自我、关爱他人、关心社会，用自己力所能及的方式回报社会，形成科学的生命观。

让爱洒满校园①

这个过早开始炎热的夏季，以不同寻常的方式，前所未有地给了我们太多悲伤、太多震撼和太多感动。

“5·12”汶川大地震之后，每天早上7:30，我和学生准时守候在电视屏幕前，收看中央台的《汶川地震特别报道》。一次次，我们目睹着揪心的情景，承受着心灵的震撼，记录着动人的一幕幕。面对那些永远静默在一瞬间的生命，我们默默致哀；面对那些获救的幸存者，我们由衷地庆贺。

在学校的倡议下，我们班的每个学生行动起来，以剪报的方式，留下每一个生动的瞬间，记录下感人肺腑的话语。那一本本凝聚着学生真情的剪贴本，犹如一颗颗爱的种子在他们心中生根发芽。我不仅感慨万分，他们从没有像今天这样表现得从容淡定，从没有像今天这样团结协作，更没有像今天这样坚强有凝聚力。因为在这样一个悲痛的时刻，任何语言都显得苍白无力，只有爱流淌在学生的心田。

大爱无言，学生用实际行动履行着爱的诺言。在学校组织的“中国，加油！同舟共济，心手相连”活动中，我班学生用自己最真挚的感情、最纯朴的爱心、最积极的行动踊跃捐款。虽然有的只有20元、50元，但他们支援灾区的心是热忱的。最令我感动的是，我班有位学生家境并不富裕，父亲过世，属低保户，但她宁肯省下一份零花钱，献出一份爱心。当她掏出50元时，她只说了一句：“灾区的学生比我更需要钱。”多么普通的同学，多么朴实的话语啊！

高中一年级的学生有的还自发组织到校外去募捐，社区居民同样心系灾区，用心托起爱的方舟。令他们动容的是，有位过路的老伯，不留任何姓名，把100元放进了募捐箱。一方有难，八方支援，正是这种无私的爱为他们上了一堂今生难忘的课。

“生者当奋进”，5月19日，全校师生为遇难者默哀。“加油，中国！加油，四川！加油，初三、高三！”雄浑高亢的声音响彻整个校园。他们握紧拳头，在国旗下满怀豪情宣誓：

“尽己所能，全心奉献，用行动和爱筑起精神长城；努力学习，立志成材，用感恩之心报效祖国；全力书写我们生命的荣耀！”

为了表达心中的关爱之情，每位学生还把最真诚的祝福献给了灾区的朋友，以下是部分随笔摘录的学生感言，以此共勉。

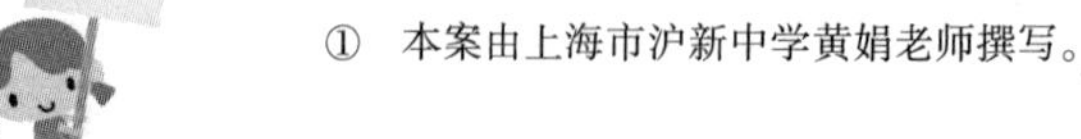

① 本案由上海市沪新中学黄娟老师撰写。

当我从电视里看到被压在废墟里的灾民，我心里异常难受，泪水无法控制，我好想帮助他们，可是相隔这么远！我只能在心中默默地祈祷苍天保佑灾民度过最难过、最痛苦的时刻。我们要团结起来，积极参加捐款活动，奉献我们的绵薄心意，愿与灾区人民心手相连，共渡难关。(陈玮)

每个人刚来到世上，就得到了许多，而有些人的付出是一辈子都还不清的。敬礼的男孩对给予他重生的人表示感恩，他的举动让世人为之震惊。一个年仅三岁的男孩懂得了感恩，我们能不为之感动吗？我们生活中四溢的亲情、友情、师生之情，更值得我们珍爱一生。(朱佳宜)

灾难不可怕，挺起胸膛战胜它。我们手拉手，成长路上一起走；我们心连心，不分彼此一家亲。愿灾区人民早日重建家园，面带幸福的微笑。(陆佳伟)

"坚强"这两个字，不过十九画，我们在读小学的时候就会写了。在作文里，在日记里，我们曾无数次写过这两个字，但是否真正了解它的含义呢？这次地震灾难，让我对这两个字理解得比以往任何时候都要透彻。(张筱筱)

地震虽然没发生在我们生活的城市，却发生在每个人的心里。生命的瞬间消亡，灾区的满目疮痍，深深触动我们：珍惜生命，更珍惜生命里所拥有的一切。(黄喆妍)

每一个感动的瞬间，闪烁着人间真情；每一句发自内心的祝福，如一首爱的颂歌，穿越时空，久久回荡在我们心中。古人云："言为心声。"从学生心底流淌出来的爱才是永不枯竭的，因为它的意义已经融入我们的生命，愿爱洒满沪新校园。

从《让爱洒满校园》这个案例可以看出，学校组织的"沪新大讲堂"专题课程，把抗震救灾精神与科学生命观教育紧密融合，既让学生及时了解救助过程中的感人故事，感受中华民族大家庭的温暖，又运用捐款等形式一起关心灾区，一起将中华民族的传统文化发扬光大。汶川大地震虽然是场灾难，但它同时也是最好的教材。灾区人民在危难中表现出来的坚强的生命力量，对生活的渴望，以及相互之间的友爱与帮助、奉献与牺牲，激发了全民族的自强之心，使我们的内心同样具有爱与力量。看着案例中学生们写的感言，所有人都会为之感动。这样的专题课，新颖、生动，比起简单的说教和空洞的教育，更受学生的欢迎，更有说服力，更能深入人心。

2. 文学阅读中的人性美

经典作品里蕴含着丰富的自然美、人性美、社会美等审美因素。一篇篇美文反映的是社会生活，折射出人们的心灵。基于生命教育的文学阅读课不同于一般

的课文分析，而是从美学的高度提高学生的鉴赏能力，把欣赏语言美与领悟人性美放在同一高度，既培养学生的文学欣赏能力和良好的文化涵养，又使之获得审美享受，挖掘生命的潜能，创造出生命的精彩，形成自己的价值观、人生观。本课程包含古诗文欣赏、经典美文阅读、生命教育小故事搜集等内容，并编写成《科学生命观教育读本》。

经典美文阅读①

书籍是人类心灵的滋养品，文学经典名作更是经历了岁月洗礼而有着永恒的魅力，因为其中总包含着对人性中美好一面的赞美、向往与追求。在“文学中的人性美”这一课程中，我精选了自己阅读过程中感受最深刻的三篇童话和两部外国经典小说，与学生共同分享宝贵的激动人心的阅读体验。

丑小鸭的故事学生耳熟能详。在《丑小鸭》的教学中，我挖掘出故事中的科学生命观教育的凸显点——在困境中坚持对美的向往和不懈追求，使学生懂得，在学习中起决定因素的不是智力，而是恒心、毅力、信念和对美好事物坚定不移的追求。这节课通过朗读、角色扮演以及拓展训练，让学生对丑小鸭的故事感同身受，也强化了他们对故事的理解与认同，鼓励着他们在以后的学习生活和成长历程中，不轻易言败，最终挖掘出自己的潜力，找到自己在生活中的位置。

孩子们总是对童话感兴趣。《彼得·潘》中充满无限想象，奇幻莫测的永无岛、天真活泼充满神奇魅力的彼得·潘，对学生有着无穷的吸引力。在故事的讲述中，学生品味经典，促成了学生心灵的成长。

《夏洛的网》是一篇充满爱心与友谊的温馨童话，我们可以找到人们心中理想的世界，富有爱心和真诚的友谊。这个故事对学生一定会有所启示，给学生打开一扇美好世界的大门，让他们相信在人们心里，在人的生命中，总还是有很多很多简单、纯洁、美好的东西……

《钢铁是怎样炼成的》这部小说整整影响了中国的一代人，但对于今天的青少年却成为遥远而模糊的过去。重读经典，读到的是保尔·柯察金的火热青春，更是争做心灵美的人的一次亲身体验与深刻感受。

《巴黎圣母院》中正面与反面人物的对比——爱斯梅拉达和加西莫多是善良、真诚和美好的人性的代表，克弗洛德、法比则是自私、冷酷和丑恶的人性的代表，善与恶十分鲜明地分别体现在这两组人物身上，产生强烈的对照。还有正面与正面、反面与反面人物之间的对比以及人物自身的对比，如加西莫多外貌与心

① 本案例由上海沪新中学唐敏老师撰写。

灵的对比等。美与丑的极限对比，让学生深刻地体会到该怎样运用美与丑的标准去观察世界和生命。

本课程由多位语文教师开发。唐敏老师立足于对西方著名童话和作品的分析，让学生在学习的过程中陶冶心灵、提高欣赏水平，并帮助学生用科学的方法分析西方作品，真正感受到文学作品中蕴含的高尚的人性美，从而对生命的意义和价值有了更深刻的认识。

3. 影视教学资源

影视多媒体教学资源形象、直观、生动，具有视觉、听觉冲击力和感染力。沪新中学开设的“从《士兵突击》看人生”等课程，就是充分应用教学技术，不断更新教学方式，丰富教学手段，从而使学生增强对生命的认识和热爱，最终达到培养学生科学生命观的目的。

从《士兵突击》看人生①

《士兵突击》是一部军旅题材的励志剧。它记载了一个普通士兵的心路历程，讲述了一位中国军人的传奇故事。主人公许三多经历了“从屁孩到孬兵、从孬兵到好兵、从好兵到一个成熟的人”的成长阶段。

在家乡的那段时间是许三多的屁孩阶段，终日“天生一副熊样”，除了唯唯诺诺、逆来顺受，他还学会了自保。孬兵阶段的许三多不被人认可，错事做得太多，想要自尊也难。连长的每一次刺激都是心灵开刀，哪壶不开提哪壶。

班长和战友连激带蒙，帮助他完成了单杠上的奇迹，强人资质开始崭露。从那以后傻小子做起尖子一发而不可收，尽管拿的荣誉超过一个标准班，但是流的眼泪却超过一个加强排。许三多的肉身不过是个二十出头的毛头孩子，骨子里还是榕树乡的三呆子。他的成长之路注定多灾多难，如班长复员，使他被迫断奶。

步入步兵巅峰，第一次执行任务就让他把自己的人生颠覆了一次。被迫一日千里地成长，挣脱泥潭的那一掌竟然又是连长的一顿痛骂。许三多太过强大，因为他是个偏执狂。他遭遇了太多我们亟待摆脱的困境，也集中了太多我们渴望保持的本质。

这部兵戏之所以受到无数好评，主要原因在于它所表达的主题唤起、撞击了人们心中最渴望、最钟情的精神和品质，这就是真诚、质朴、执着与崇高。自卑，依赖，这是许三多具有且我们人人都有的；但是不放弃、不抛弃，是许三多有而

---

① 本案例由上海市沪新中学吴迪老师撰写。

我们缺少的。许三多身上的那种精神很值得我们每个人学习，他成了浮躁社会的反义词。

每次观看《士兵突击》，我都心灵震撼，感触良多。在激动之余，我突然想到，为何不让学生看看这部戏，让他们也彻彻底底地感动一次呢？不抛弃、不放弃、好好活、做有意义的事等精神都是现在的学生所缺乏的，而摒弃自卑和依赖，找回自尊与自信，更是与我们学校生命教育的理念不谋而合。因此，我利用高一年级的选修课时间开设了“从《士兵突击》看人生”这一课程。

共有20个学生选修了这门课程，碰巧都是男同学。我就戏称他们是沪新的“钢七连”。首先我为他们简单地介绍了影片。由于有部分学生已经在电视上看过了一些，所以我们互动得很好，课堂氛围很轻松。

在随后的课程里，我并没有按部就班地给学生一集一集地放片子。而是精心挑了一些片段，并设置了一些思考题，让学生边看边思考。下表所列内容就是我出示的片段与思考题。

	片　段	思考题
1	不抛弃，不放弃	不抛弃什么，不放弃什么
2	许三多入连仪式	集体荣誉感对于中学生的重要性
3	做有意义的事	学习是什么，我们平时应该做什么
4	许三多铺路	坚持、毅力的涵义
5	连长与团长的对话	信念的重要性
6	三多和成才	成功人士身上应具备的素质
7	27号和袁朗射击	人生与别人的评价
8	袁朗与成才对话	人应该看重什么
9	史今与三多修车、抡锤	对朋友应该怎样
10	三多在七连取消后的坚持	人要为自己活
11	考老A时，成才抛弃伍六一和三多	人在关键时刻的取舍
12	马小帅——七连的骨头	人应该坚守的东西
13	伍六一退伍	为什么放弃，放弃了什么，保留了什么
14	五班成才比枪	心态平静后，人有哪些收获
15	吴哲的平常心	做事的心态

在观看每个片段之后，我都组织学生讨论，让他们自由发表自己的观点，谈对人生的态度。除了讨论以外，我还找了很多相关文章，如《士兵突击——坚持

的意义与选择的代价》、《士兵的眼泪为谁而流》、《像三多一样傻》等，还有对于不同人物的分析文章，如《精明能干，太过于自我——成才》、《近乎完美的军人——袁朗》、《耿直而又执拗的班副——伍六一》，与学生们共同分享读后感。我们还共同整理了《士兵突击》语录，我让学生挑选他们最喜欢的语录，在课堂上大声读出来，并说出喜欢的理由。学生们的表现让我意外，他们很感兴趣，一遍又一遍地观看，整理了很多经典台词，有些已经被他们当作了座右铭。如：(1) 不抛弃，不放弃；(2) 好好活，就是做有意义的事，做有意义的事，就是好好活；(3) 想到和得到中间还有两个字，那就是做到，只有做到才能得到；(4) 信念这玩意儿不是说出来的，是做出来的；(5) 有些人做一件小事情，也像抓住救命稻草一样，可是一段时间后，我一看，原来他抱着的是我需要仰望的大树……

生命教育的理念在我校已深入人心。而开展“从《士兵突击》看人生”课程的过程就是贯彻生命教育“六观”的过程。学生在学习的过程中感受到了“不抛弃、不放弃”的精神，理解了自尊与自信的意义、坚持与执着的重要性，积极乐观的人生态度、科学的生命观在逐渐确立、形成。

关注社会，贴近生活，这是新课程对教师提出的要求。像《士兵突击》这样的热播剧已成为社会的热点和焦点。各种传媒报道得多，社会群体关注得多，可供选择和利用的资源极为丰富。吴迪老师充分利用了这些材料来丰富课程资源。从案例中我们可以看出，在课程实施中，吴老师的话不多，她只是利用多媒体播放《士兵突击》的片段，同时出示思考题，组织学生边欣赏边思考。这种看似无声的教育，却在学生心灵中产生了巨大的震撼，学生也从许三多的身上找到了自己生命中最缺少的东西。而吴迪老师正是在实施课程中潜移默化地形成对学生情感、态度和价值观的正面影响，使学生树立了正确的人生观与世界观。

沪新中学的经验最大受益者是学生，正如该校刘校长所说：“学生拥有的科学生命观的知识丰富了，行为有了明显的变化，他们更加懂得爱惜自己、尊重他人，能够更加自信地对待学习与生活。”

第二节　丧失与悲伤辅导

生活中充满了各种丧失，如失去亲近的人、失去未来的各种可能性以及身体的损害等。可以说，丧失与成长共存，它会带来生活的改变。青少年遇到的创伤

性事件，主要是亲人、同学和同伴的亡故。这些丧失与悲伤事件会引起孩子巨大的心理悲痛和创伤，不仅影响他们当下的生活与学习，甚至会留下终身的阴影。在过去，老师一般不会去关注这些问题，既缺乏处理青少年丧失与悲伤的意识，也没有适当的方法和技能。而自汶川地震以后，无数青少年丧生亲人和同伴，人们对丧失与悲伤辅导、灾后心理干预予以了前所未有的重视，把它们作为青少年心理辅导的重要主题。

丧失与悲伤的心理学探讨

丧失一般可以分为三类：(1) 成长性丧失，源于生命规律和人在生活中作出的选择取舍，如搬迁、转学、父母离异等；(2) 创伤性丧失，源于生命中的一些不可预测性和突发性事件，如亲人去世、失恋、身体伤残、社会连接破坏、财产损失等；(3) 预期性丧失，源于人的预期，并没有真正发生，也不一定真正出现，如失去未来的各种可能性——升学、恋爱、生育、信任、安全、控制、稳定和支持的丧失等。这里主要讨论青少年的创伤性丧失。

悲伤是对丧失的反应。悲伤不仅仅是一种悲伤情绪，而是涉及思想、情绪、行为和躯体感觉的整体反应。它对于重建心理平衡、恢复自我功能是非常重要的。

悲伤是对丧失的正常的、自然的反应，而不是心理疾病，认识到这一点十分必要。大多数人会将悲伤视作不好的反应，认为对青少年不利，所以出于善意，竭力劝阻。当青少年悲伤时，经常会听到这样的劝慰："别哭了。""别难过了。"这些正反映了成人对悲伤功能的忽视，不利于青少年的心理健康。成年人总认为青少年什么也不懂，或者担心青少年年纪轻，承受不了丧失带来的痛苦，常常回避青少年的悲伤反应，无意之中剥夺或阻断了青少年的悲伤过程。这种善意的但又想当然的干涉恰恰不利于青少年的健康成长。当然，如果青少年的情绪或行为反应过度，持续六个月以上，严重影响了青少年的生活与学习，那么就需要到心理医疗机构进行咨询治疗。

青少年的创伤性丧失一般具有阶段性。例如，汶川地震灾后青少年的心理创伤表现为以下几个阶段特征。

(1) 地震后的一个月之内。青少年受创伤的情绪反应强烈，包括害怕、麻木、惊吓、困惑；行为反应则包括木然、没有反应、特别听话、爱哭、爱闹、很黏人、做噩梦、失眠、很容易受到惊吓等。

（2）地震后一个星期到数个月不等。青少年受创伤的情绪反应可能包括生气、怀疑、急躁、淡漠、忧郁、孤僻以及明显的焦虑等；行为反应则包括食欲改变、消化问题、头痛、做噩梦、故意惹人生气以及重复诉说创伤经验等。青少年也可能会自问："为什么是我?""是不是因为我太坏了?"

（3）地震后一年以上。在相关机构的辅导工作的基础上，社区生活慢慢恢复，受创伤青少年可能慢慢恢复以前社区生活的感受，淡忘创伤经验。但部分青少年还会持续做噩梦、突然受到惊吓以及看到与地震相关的事物都会引起创伤经验，青少年心理与行为特征会不断重复回到前一个阶段。

（4）康复与重建阶段。青少年已经自觉意识到并接纳受创伤经验，通过自我复原力以及外在帮助慢慢处理消极情绪，心理康复与重建正在进行。不过在汶川地震灾后，许多青少年被大人要求表现出英勇行为，与家人共同救灾，在其中体现的英雄般的气概和氛围可以起到积极的化解作用，但也可能会将消极情绪刻意深埋在内心而不能得到很好的释放。

如何应对悲伤

丧失与悲伤对于青少年固然是不幸，但同时也孕育着成长的动力和机遇。帮助青少年正确面对丧失与悲伤，也是帮助其人格成长与成熟的过程。生活的创伤和磨难可以历练青少年的品性和意志，关键在于教师怎么引导。

1. 要引导青少年表达自己对丧失的感受，释放悲伤情绪

由于家长拒绝、不支持孩子把悲伤表达出来，这些负面情绪长久地压抑在心里，使孩子表现出许多反常情绪。因此，家长要恰当地使孩子的悲伤情绪得到释放，从而减轻其心理症状。

2. 要与青少年坦诚沟通

老师、父母与孩子沟通，不能以成人的眼光审视青少年的心理世界，而要设身处地站在青少年的立场，倾听他们的心声，理解他们内心的痛苦。要注意以下几点。

（1）向青少年提供正确的信息。地震后的青少年常常会问起与死亡有关的话题，此时助人者可以利用这个机会向他们传输正确的关于死亡的具体信息，这有利于他们获得确定感和安全感。

（2）以开放诚实的态度与青少年沟通，回答他们的问题，对于自己不知道的

事情，或答不出来的问题，也要诚实相告。

（3）接纳青少年所问的问题，并积极理解问题中的真正含义。许多青少年由于自身的知识限制，而不能清楚地表达他们的意思，此时需要助人者保持耐心，并适当运用反问、澄清、求证等技巧，帮助青少年梳理他们的情绪，表达他们的意思，解答他们的困惑。

（4）细心观察青少年的情绪和行为变化，积极注意那些经常出现的反应，特别要注意其中的闪光点和悲伤反应，必要时给予协助。并以接纳的、有同理心的、耐心的态度倾听他们的感受，接纳他们的情绪，而不是灌输或压制。

（5）为青少年提供确切的心理支持，保持青少年的安全感。特别是对于那些经常被教育要勇敢、坚强的孩子而言，悲伤被他们自认为是不合适的情绪而被压抑，这种压抑造成心理的害怕、恐惧、担心。因此，要积极鼓励青少年表达自我的情绪，给他们以肯定的语言支持，让他们明白没有人会因为他表现得太悲伤或一点都不悲伤而责怪他。

3. 开展灵活多样的辅导活动

根据青少年的需要，开展适合青少年特点的辅导活动。

（1）写作活动：可以通过写故事、作文、诗歌、信件、留言以及祝福语等方式，让青少年纪念逝世的亲人，表达哀思情绪以及个人的看法。

（2）美术与劳动：通过做创作劳动（比如捏黏土、折纸鹤、剪纸）、画画、看图说话、制作有文字以及图片的纪念册等方式，来纪念逝世者以及表达个人的感受和愿望。

（3）为逝世者举办纪念仪式：通过教师以及专业人员的陪伴，让青少年参与追悼会来表达他们的思念和哀悼，理解逝世的含义并处理消极情绪。

（4）种植花草树木：通过这种方式以让他们寄托对逝世者的哀思。

（5）放气球：让青少年将想说的话或悲伤情绪写在小纸条上放在气球里，让它们和气球一起飞上天空，帮助他们抒发情绪。

（5）游戏以及角色扮演：通过游戏中的角色扮演活动，让青少年将自己的想法、情绪投射在角色上，以一种安全的方式抒发他们的感受，同时适时地有辅导人员加以引导和处理。

（6）阅读与讨论死亡：阅读关于死亡与悲伤的书籍，小组讨论关于死亡的话题。死亡是青少年面对地震灾难后的一个重要主题，老师可以通过阅读与讨论死亡以及失落的方式，让青少年将个人的忧虑表达出来，并产生积极的相互支持和认同，共同渡过难关。

第三节　青少年自杀预防与干预

自杀是一种非正常死亡，它不是肉体生命发展的自然结局，而是个体蓄意或自愿结束自己生命的行为。有关资料表明，青少年自杀比例正在逐年上升，并成为一种全球性现象。美国15~24岁的年龄组中，1980年的自杀率是1950年的3倍多。根据北京某区的调查，1977年青少年自杀人数占总自杀人数的41%，1980年这一比例上升到61%。加兰（Garland）等报道，从1982年到1989年，青少年自杀呈现惊人的增长趋势，与一般人群的自杀率增长17%比较，青少年自杀率的增长率超过200%。罗伯特（Bobert）对所有青少年自杀未遂的案例进行回顾性研究，发现在所有青少年中有10%~15%有过自杀未遂史。世界卫生组织（WHO）公布的数据表明，在三个年龄档次（15~29岁，30~59岁，60岁以上）中，无论社会文化背景如何，各国自杀率都显示了青少年和老年是两个自杀的高峰年龄。在某些国家和地区，自杀是20~30岁年轻人死亡的首要原因。因此，青少年自杀预防与危机干预是学校教育和家庭教育中一项十分紧迫的任务。

自杀的理论解释

关于自杀原因的解释有两种理论颇有影响：一种是弗洛伊德的心理动力理论，另一种是迪尔凯姆（Durkheim）的社会学理论。

心理动力理论认为，自杀是由一个人经历强大的心理刺激时激发的内部冲突导致的。有时，这种刺激不仅可以使一个人倒退到更原始的自我状态，更可以使这个人对他人或社会的敌意进行抑制，致使这个人将对别人或社会的攻击向内投射。有些案例中，自毁、自残意向可以转向攻击他人。

迪尔凯姆的理论认为，社会整合和压力影响是自杀行为的主要决定因素。迪尔凯姆将自杀分为三种类型：利己性自杀、失范性自杀和利他性自杀。

利己性自杀与一个人缺乏与群体的整合、过分强调个人主义有关。例如，单身的人比已结婚生子的人有较高的自杀率。利己性自杀可能来自于文化上对个人主义的过分强调，或者是缺乏与有意义的初级群体的联系。

失范性自杀是由社会规范的一种感知上的或真正意义上的人格瓦解导致的。

在正常和稳定的条件下，每个人的愿望由受一般道德原则支持的适当的规范调整。这些调整性规范保证个人的愿望和抱负大致与可行的手段相适应，因此，每个人都希望争取获得他们预期获得的适当报酬。当这些调整性规范遭到破坏时，消除了对每个人愿望的制约，那么人们的愿望就会在任何可实现的现实的可能性之外爆发出来，于是个人注定要不断地受到挫折。正如迪尔凯姆所说，人们的需求和愿望是不会满足的，但它们受到已建立的规范的制约。一旦这些制约消失，人的欲望的不满足就会表现出来。愿望得不到满足引起的挫折增加了，自杀率也就上升了。

为了证实这一点，迪尔凯姆指出，社会的突然变化，像剧烈的经济危机或不寻常的经济发展和繁荣，通常是与自杀率的增长相联系的。在非常的经济繁荣时期，自杀率的增长似乎是令人惊奇的。经济繁荣使人们的经济情况明显改善，贫穷的威胁消除了，人们对进一步改善的希望变得更加强烈，于是挫折也就随之增加。

利己性自杀和失范性自杀反映了社会整合的破坏，而利他性自杀则是由过分强烈的社会整合造成的。高层次的社会整合对个性进行压抑，以致个人的权力被认为是不重要的或无意义的，反之，人们却期待完全服从于群体的需要和要求，任何个人愿望都从属于群体生活和利益。如果团结的程度足够高，那么个人不会怨恨这种对群体的服从，反之，却感到为了群体更大的利益作出牺牲是值得的，并会得到极大的满足。例如，二战期间，日本空军飞行员的自杀性攻击美国海军航空母舰；或者在现代背景中，中东极端分子的自杀性爆炸——这些例子都是属于利他性自杀。

第四种自杀类型就是目前颇有争议的安乐死，这是指一个人面临不治之症而选择死亡。

自杀危险性评估

危机干预人员可以从三个方面来进行自杀危险性评估，即危险因素、自杀线索和呼救信号。

1. 危险因素

巴特尔（Battle）等已经确认了大量可以帮助干预人员用来评价潜在自杀危险的危险因素。以下是用于危险因素评价的项目。若一个人无论何时具备其中的4~5项危险因素，就可以认为此人正处于自杀的高危时期。

（1）求助者有自杀家族史。

（2）求助者曾有自杀未遂。

（3）求助者已经形成了一个特别的自杀计划。

（4）求助者最近经历了心爱的人去世、离婚或分居事件。

（5）求助者的家庭因损失、个人虐待、暴力而失去稳定。

（6）求助者陷入特别的创伤损失而难以自拔。

（7）求助者是精神病患者。

（8）求助者有药物和酒精滥用史。

（9）求助者最近有躯体和心理创伤。

（10）求助者有失败的医疗史。

（11）求助者独居并与他人失去联系。

（12）求助者有抑郁症，或者处于抑郁症的恢复期，或最近因抑郁症住院。

（13）求助者分配个人财产或安排后事。

（14）求助者有特别的行为或情绪特征改变，如冷漠、退缩、隔离、易怒、恐慌、焦虑，社交、睡眠、饮食、学习或工作习惯的改变。

（15）求助者有严重的绝望或无助感。

（16）求助者陷于以前经历过的躯体、心理或性虐待的情结中不能自拔。

（17）求助者显示一种或多种深刻的情感特征，如愤怒、攻击性、孤独、内疚、敌意、悲伤或失望，这些是个体非特异的正常心理特征。

2. 自杀线索

大多数想自杀的求助者会提供一些自杀线索，而且也会以某种方式请求帮助。这些线索可能是语言的、行为的，也可能是状态性的或综合性的。言语线索是用口头或书面表达的，可能直接说“现在我想自杀”，或者非直接地说“我对任何人都没有用了”。行为线索可以是为自己购买墓碑、割腕、把自己打扮得特别整齐等。这些行为线索比真正想死更能说明在“寻求帮助”。状况线索包括各种状况如配偶死亡、离婚、难以忍受的躯体疼痛或者不可治愈的晚期疾病、突然破产或者陷入其他生活状况的急剧变化。综合征线索包括各种想自杀的症状，如严重的抑郁症、孤独、绝望、依赖以及对生活不满等。

3. 呼救信号

几乎所有的想自杀的求助者都会提供线索和呼救信号。有的呼救信号易于识别，而有些呼救信号难以识别。施奈德曼（Shneiderman）认为，没有任何人百分之百地想自杀。有强烈死亡愿望的人是非常矛盾的、茫然的、想抓住生命的，他们的情绪和想法是平行的，而思维模式是非逻辑性的。他们所作的选择只是停留

在非此即彼的思维模式上。他们看到两种可能的选择：痛苦和死亡。他们尤其不能想象自己能够度过危机，走向幸福和成功。

危机干预工作者应该对以上几方面的警示信号有足够的敏感和感知，并将其转换为挽救生命的行动。如果没有发觉或认识这些危险因素、线索和呼救信号，那么就难以对危机进行有效的干预。

危机干预人员也可以使用有关的人格量表（如MMPI、EPQ、16PF等）、投射测验、焦虑量表等工具来预测求助者的自杀危险程度，但由于这些量表不是专门为评估自杀危险性而编制的，量表的信度和效度有一定的问题。吉林兰德（Gilliland）主张运用危机干预分类评估量表（TAF）进行评估（见本章附录）。TAF总分在13~16分，属于“低到中等”危险程度。而对于TAF总分较高的（如25分以上）求助者，干预人员可以直接询问当事人是否有自杀意图，如：“我想知道你是否感到陷入困境，感到无助、绝望以致想自杀，是不是?”吉林兰德还强调，一旦评估到当事人危险性程度较高，有明显自杀倾向和暴力攻击他人倾向，应该立即让其住院，由专业人员进行紧急干预，以免耽误造成更为严重的后果。

青少年自杀的特点

有关资料表明，我国青少年自杀大致有以下特点。

1. 女性青少年自杀率高于男性青少年

世界各国青少年自杀的男女比例，一般是男性大于女性。迪尔凯姆的自杀者“男性高于女性”、“自杀主要是男性现象”的论断，一度被认为是自杀学的铁定法则。美国1988年统计的5~14岁儿童、青少年自杀的男女比例为291.9∶100，15~24岁为527∶100，25~34岁为438∶100，平均为4男1女。我国的情况却很特殊，女性自杀者大大高于男性。其中15~24岁年龄段，女性几乎为男性的一倍。根据WHO的资料显示，1987~1989年，中国青年自杀的男女比例，15~24岁为52.9∶100，25~34岁为75.6∶100；而5~14岁儿童的为97∶100。尤其值得重视的是，我国农村女性青少年自杀的死亡率几乎是城市的5倍。我国城市青年女性（15~34岁）的自杀死亡率占全部死亡的12%，占意外死亡总数的39.1%；农村青年女性（15~34岁）的自杀死亡率占全部死亡的28.3%，占意外死亡总数的63.4%。这从一个侧面反映了我国女性青少年的社会地位、文化教育水平、生活质量、个人权益保障等各方面，还存在严重的城乡差别。农村女性青少年的生

存与发展已经成为社会十分关注的问题。

2. 传染性集体自杀

迪尔凯姆认为，榜样的感染力足以引起自杀。由于青少年处于一个很容易模仿和情绪冲动的阶段，加之愚昧落后的文化环境，因此，传染性集体自杀容易在偏远落后地区的青少年中发生。据报道，1983 年清明节，一个只有 11 户人家的偏远山村，8 个少女捆绑在一起投水自杀，原因是“不想天天上山砍柴”。江西抚州地区，1983~1988 年发生青年女性集体自杀事件多起，死亡 38 人，原因均为厌恶贫困，想重新“转世投胎”。福建省惠安县盛行青年女子集体投海自杀，最严重的惠安三区，曾平均每日一人自杀。

3. 自杀方式的多样化

中国自杀者使用最多的自杀方式是服毒和自缢，占自杀总数的 80%~90%，而服毒的比例随着年龄增加而减少，自缢的比例随年龄增加而增加。另外，还有不少采取跳楼、跳崖、卧轨、开煤气等方式。据日本学者稻村博统计，15~24 岁的日本青少年的自杀方式：煤气为 28.03%；自缢为 27.71%；服毒为 17.35%；卧轨为 10.57%；溺水为 7.09%；高坠为 5.45%；枪击为 0.65%；切刺为 0.29%；其他为 2.86%。同中国相比，日本的煤气自杀及卧轨自杀比较突出。

青少年自杀原因分析

1. 个体因素

青少年自杀原因从个体因素看，与其心理健康状况、心理品质、人生观和生命观密切相关。

（1）意志力薄弱。

自杀一般是由于主观上或客观上无法克服的动机冲突或者挫折情况造成的。客观因素又称为环境性挫折，是指由于外界事物或情境阻碍了人们去达成目标或满足需要而产生的挫折。如人际关系紧张、竞争的压力、亲子冲突、学业失败等。主观因素是指由于个人体力和智力条件的限制不能达成目标，或者由于个人健康情况不佳、生理缺陷不能胜任工作，从而导致学习、工作、生活上的失败。普通人在日常生活中，动机冲突和挫折情况都是难以避免的，但由此产生自杀行为的人毕竟只是极个别的。这里显然就有一个对动机冲突和挫折的承受力问题。意志薄弱的人对压力的承受力较差，一个不大的刺激，在他们看来可能是一个无

法忍受的打击。

目前青少年意志品质薄弱、耐挫能力差是一个普遍的问题。我们曾在1996年对上海地区的青少年自杀死亡情况进行过调查，调查发现，引起这些孩子自杀的事件并不是非常严重的危机情境或者重大生活事件打击，如有的是同学纠纷、有的是因未完成作业而产生家庭矛盾、有的是考试不及格等。为什么这些问题能剥夺这些年轻的生命？这表明这些学生的意志品质是很脆弱的。

（2）情绪抑郁。

在许多自杀危险性评估工具中，将当事人情绪抑郁作为一项重要的指标。我们调查的10例个案中，有3名青少年情绪抑郁、不稳定。情绪抑郁者往往对自己的能力估计过低，遇到困难容易产生挫折感，经常遭受挫折就会使其自卑，乃至自暴自弃。但大多数青少年的情绪抑郁、不开朗与成年人的抑郁症还是有区别的。直到最近，许多临床心理学家都否认真正的抑郁症会在儿童青少年中发生。他们一般不会显示出成人抑郁症患者所具有的绝望和自我贬低，然而，抑郁情绪在青少年中占有相当的比例。国外的一项研究指出，有40%的青少年存在显著的、暂时的悲伤情感，感到自己没有价值，对未来悲观失望。有8%~10%的青少年自我报告体验过自杀的情感。因此，学校和家庭对于情绪易抑郁的学生应该予以更多的关心和帮助，特别当他们遇到困难和问题时，应及时辅导和干预，将危机消灭于萌芽状态。

（3）消极的自我意识。

由于青少年自我意识的迅速增长，他们比以往任何时候都关心自己，包括自我形象、别人对自己的评价等。有些学生因过分注重自己的形象，而产生“体像烦恼”，即感到自己长得不够“帅”。如果不能接纳自己、悦纳自己，就会因自己某些不理想的东西而产生焦虑和抑郁。有位高中男孩，家庭社会经济背景良好，本人的学习、品行都不错，因过分注重自己的容貌，到某医院去整容，不料整容手术失败，使他情绪低落、抑郁自卑，结果酿成自杀身亡的悲剧。

（4）肤浅的生命观。

每个人对生与死、生命的价值和意义都有一定的看法，青少年也不例外，但他们的生命观与成人相比，是不成熟的、肤浅的。由于缺乏生活经验和知识，他们难以对生命有深刻的理解，同样对死亡也没有更深的体验，甚至对死亡会产生各种不切实际的幻想（如认为人死了还能复生等）。正因为如此，有自杀意念的青少年，不会像成人自杀者那样，经过深思熟虑后再采取行动。他们的自杀行为带有很大的冲动性，甚至盲目性。而且年龄越小，冲动性越强（有位四年级的小

学生因未完成作业，受到母亲批评后跳楼身亡)。可见，从自杀意念形成到自杀行为发生，年龄愈小，间隔愈短。这在今后儿童青少年自杀的预防工作中，应该加以注意。

2. 环境因素

从环境因素看，青少年自杀行为又与家长不恰当的高期望、家教方法不当、亲子沟通不良、缺少家庭温暖等有关。

(1) 过高的期望。

负责的父母应该对孩子提出一定的教育期望。适当的教育期望是促进子女学习的外部动力。但要注意期望不能过高，不能离学生的实际学习水平太远。如果相距太远，反而给子女造成巨大的心理压力。有位农村中学的初三男生，因哥哥已经考入师范学校，父母强烈地期望他也能靠“书包翻身”，一味要求他取得好成绩，而对他的内心思想了解得很少，又缺乏帮助他提高学习成绩的措施，致使这个男孩长期心理抑郁，最后走上了绝路。

(2) 简单粗暴的家教方法。

有些父母平时很少关心孩子，一旦孩子出现问题（如学习成绩不佳、与同学闹纠纷、违反校纪等)，就对其打骂，造成子女与父母关系紧张，家庭矛盾激化。有些危机事件，起因完全是一些小事，由于家长对孩子态度粗暴，激化了亲子间的矛盾，最终酿成悲剧。

(3) 缺少家庭温暖。

当一个人产生自杀意念时，往往对自己身边的一切都感到绝望，似乎觉得没有什么可以留恋的东西。对于青少年来说，没有什么比家庭、父母更值得他们依恋，更感到温暖和安全的了。而产生自杀意念的学生，大多对家庭已经没有多少依恋。这跟父母与孩子的情感沟通密切有关。在我们调查的案例中，大多数父母平时很少与孩子交流沟通，即使谈话，除了问及孩子的学习成绩、功课之外，很少涉及其他内容。因此，父母也很少了解子女内心的想法。有些孩子生前也曾经流露过轻生的念头，但不是向父母，而是向爷爷奶奶或者邻居吐露内心的苦闷；有的即使向父母讲了，也未能引起父母的重视。

引起青少年自杀的原因是多方面的，除了个体因素、家庭环境因素，还有学校环境因素（如师生关系、同学关系、学校适应、学业问题)、社会环境因素（网络、影视、报刊等大众传媒的影响）等。但自杀毕竟是个人自己选择与决定结束生命的行为。从这个意义上讲，个体因素常常是引发自杀行为的主导性因素，环境因素常常是诱发性因素。

青少年自杀预防

根据以上对青少年自杀原因的分析，我对青少年自杀预防提出以下几点建议，供参考。

1. 提高青少年的意志力和应对挫折能力

意志薄弱、应对挫折能力低是当前青少年成长的比较突出的问题，也是青少年自杀的主要内部因素。学校心理辅导应该将提高学生的意志力作为一项重要内容。意志力是通过锻炼才能提高的，因此要让青少年联系自己的生活实际，通过解决问题、克服困难来提高意志力和应对能力。要教会学生如何应付压力，如让学生能够正确认识并理解应激事件，勇于面对压力和挑战；教给学生应对挫折的方法；训练学生控制和缓解应激反应，学会情绪调节；让学生学会争取广泛及时的社会支持，克服自我封闭倾向等。

2. 加强青少年热爱生命的教育

青少年正处于人生观、价值观形成的关键时期。他们对人生的看法、对生命的看法，往往感性多于理性。不少学生对生命的意义、人生的价值理解肤浅，有的甚至不懂得珍惜生命，一遇到烦恼和挫折，就轻易地产生结束自己生命的念头。我们可以通过对生与死的价值辨析活动，让学生对生命、对人生有更多的理性思考，以及通过学校的各种教育活动（包括社会实践活动），培养学生积极的生命观和人生观。

3. 优化社会心理环境，减少社会应激事件

导致学生自杀的应激源往往来自学校生活和家庭生活。其中，教师和家长不恰当的教育方法往往是引起学生自杀的最重要的诱因。某校一初二女生，因长得胖，学习成绩不佳，常遭到班级里一些男同学讥笑挖苦，女孩怀恨在心，出于报复就把这几个男孩的自行车车胎的气放掉。这些男孩到班主任处告状，班主任把女孩狠狠批评了一通，并叫她通知家长来校。结果女孩感到很委屈，下午的课也没有上，回家开煤气自杀，酿成悲剧。在这个案例中，如果班主任把前前后后的情况都了解一下，可能就不会出事。再如，有的家长对孩子学习成绩的要求很高，也会造成孩子过于紧张、恐惧。可见，从环境方面减少青少年的心理紧张因素和压力是预防自杀的一项重要对策。

4. 对青少年自杀的预警

预警就是要及时发现青少年自杀的征兆，以便将自杀危机消灭在萌芽状态。

教师和家长要对青少年自杀的征兆保持警觉、敏感。有专家提出青少年的自杀征兆可以从三个方面表现出来：一是语言，有自杀意念的孩子常常会间接地、委婉地说出来，或者悄悄地暗示周围的人。二是身体，有些学生有持续的抑郁情绪，体重减轻、失眠、食欲不良、感到疲倦，这时应该引起注意。三是行为，自杀意念增强时，学生常常会表现出反常行为，如原因不明的缺课、停止参加感兴趣的活动、返还所借物品等。有些同学会阅读有关死亡的书籍、离家出走。这些行为一方面是结束生命的早期表现，另一方面也是向周围求救的信号。所以，心理热线、各种心理服务机构、受当事人信赖的人是当事人最适合的求助对象，也是一种预警系统。

5. 对自杀高危群体进行重点预防

容易导致自杀的高危群体有：性格高危群体，如偏执、过于内向、缺乏兴趣爱好、情绪不稳定、适应不良的学生等；家庭高危群体，如家庭破裂、生活环境恶劣、父母粗暴经常打骂孩子的家庭中的学生；应激高危群体，如遇到多种应激因素或陷入严重的应激情境中的学生。如果是多种高危群体重叠部分的青少年，更应该是重点辅导的对象。

6. 媒体低调报道

另外，对自杀事件的低调报道也可以看作一种预防措施。有关资料显示，某地区新闻媒体对自杀事件大肆渲染和报道后，该地区自杀率会明显上升。这种现象正如前所说，自杀具有一定的传染性和暗示性。尤其对于模仿性较强的青少年，更需要低调报道自杀事件，以防止有些青少年对自杀行为的模仿和感染。

本章结语

陶行知先生说过：“什么叫生活？一个有生命的东西在一个环境里生生不已的活动就叫生活。人生就是要‘活’——要‘生活’。”生活的根本内涵是生生不息的生命，生命是生活的体现。青少年在探索自我的心路历程中，常常会探寻：“为什么活着？”“怎样活着？”然而面对变化纷繁的社会环境，有的青少年变得迷茫，认识不到自己存在的意义，有的甚至轻视生命。生命教育既要让学生敬畏生命，使他们认识到生命的神圣与可贵，生命需要我们倍加珍爱与呵护；又要让学生在自己的生命历程中，在解决自己成长的困惑与烦恼中，体验和感悟生命的精彩。对逝者的悼念，对青少年轻生现象的心理干预等，其目的就是让每个人都能够敬畏生命、活得幸福。

附　危机干预的分类评估量表（TAF）

一、危机事件

简要确定和描述危机的情况：________________

二、情感方面

简要确定和描述目前的情感表现（如果有几种情感症状存在，请用#1、#2、#3 标出主次）。

愤怒/敌对：________________

焦虑/恐惧：________________

沮丧/忧愁：________________

情感严重程度量表

根据求助者对危机的反应，在下列恰当的数字上打圈。

1	2	3	4	5	6	7	8	9	10
无损害	损害很轻		轻度损害		中等损害		显著损害		严重损害
情绪状态稳定，对日常活动的情感表达透彻。	对环境反应适切，对环境变化只有短暂的负性情感流露，不强烈，情绪完全能由求助者自控。		对环境反应适切，但对环境变化有效长时间的负性情感流露，求助者能意识到需要自我控制。		对环境反应有脱节，常表现出负性情感，对环境变化有较强烈的情感波动；情感状态虽然比较稳定，但需要努力控制情绪。		负性情感体验明显超出环境的影响，情感与环境明显不协调，心境波动明显，求助者意识到负性情感，但不能控制。		完全失控或极度悲伤

三、认知方面

如果有侵犯、威胁或丧失，则予以确定，并简要描述（如果有多个认知反应存在，根据主次，标出#1、#2、#3）。

生理/环境方面（饮食、水、安全、居处等）：

侵犯________　威胁________　丧失________

心理方面（自我认识、情绪表现、认同等）：

侵犯________　威胁________　丧失________

社会关系方面（家庭、朋友、同事等）：

侵犯________　威胁________　丧失________

道德/精神方面（个人态度、价值观、信仰等）：

侵犯________　威胁________　丧失________

认知严重程度量表

根据求助者对危机的反应，在下列恰当的数字上打圈。

1	2	3	4	5	6	7	8	9	10
无损害	损害很轻		轻度损害		中等损害		显著损害		严重损害
注意力集中，解决问题和做决定的能力正常；求助者对危机事件的认识和感知与实际情况相符合。	求助者的思维集中在危机事件上，但思想能受意志控制；解决问题和做决定的能力轻微受损；对危机事件的认识和感知基本基本与现实相符合。		注意力偶尔不集中，感到较难控制对危机事件的思考；解决问题和做决定的能力降低；对危机事件的认知和感知与现实情况所预计的在某些方面有偏差。		注意力时常不能集中；较多地考虑危机事件而难以自拔；解决问题和做决定的能力因为强迫性思维、自我怀疑和犹豫而受到影响；对危机事件的认识和感知与现实情况可能有明显的不同。		沉湎于对危机事件的思虑；因为强迫，自我怀疑和犹豫而明显地影响了求助者解决问题和做决定的能力；对危机事件的认知和感知可能与现实情况有实质性的差异。		除了危机事件外，不能集中注意力；因为受强迫，自我怀疑和犹豫的影响，丧失了解决问题和做决定的能力；因为对危机事件的认识和感知与现实情况明显有差异，从而影响了其日常生活。

四、行为方面

确定和简要描述目前的行为表现（如果有多种行为表现存在，根据主次，标出#1、#2、#3）。

接触：______________________________

回避：______________________________

无能动性：______________________________

行为严重程度量表

根据求助者对危机的反应，在下列恰当的数字上打圈。

1	2	3	4	5	6	7	8	9	10
无损害	损害很轻		轻度损害		中等损害		显著损害		严重损害
对危机事件的应付行为恰当，能保持必要的日常功能。	偶尔有不恰当的应付行为，能保持正常必要的日常功能，但需要努力。		偶尔出现不恰当的应付行为，有时有日常功能的减退，表现为效率的降低。		有不恰当的应付行为，且没有效率；需要花很大精力方能维持日常功能。		求助者的应付行为明显超出危机事件的反应，日常功能明显受到影响。		行为异常，难以预料，并且对自己或对他人有伤害的危险。

五、量表严重程度小结（评分）

情感：______________

认知：______________

行为：______________

合计：______________

本章参考文献

1. 张振成．生命教育的本质与实施［J］．上海教育科研，2002（10）．
2. 郭元祥，胡修银．论教育的生活意义和生活的教育意义［J］．西北师范大学学报（社会科学版），2000（6）．
3. 施韦泽著．敬畏生命：五十年来的基本论述［M］．陈泽环译．上海：上海社会科学院出版社，1996.
4. 刘洋，李珊．浅谈丧失与哀伤辅导［J］．社会心理科学，2009（6）．
5. 林涛．如何帮助儿童面对丧失［J］．心理与健康，2007（11）．
6. 刘斌志，沈黎．汶川地震灾后儿童心理创伤的表现、评估与重建［J］．西华大学学报（哲社版），2009（2）．
7. D. P. 约翰逊著．社会学理论［M］．南开大学社会学系译．北京：国际文化出版公司，1988.
8. B. E. Gilland，R. K. James 著．危机干预策略［M］．肖水源，等译．北京：中国轻工业出版社，2000.
9. 李建军．中日两国青少年自杀行为比较研究［J］．中国青年研究，2000（2）．

第五章

激发学习潜能

21 世纪是一个富于人文关怀，尤为重视学习的时代。在这个时代里，学习贯穿人的一生：它既是手段，也是目的；它既能为青少年未来的生活打下基础，又能不断丰富人生的经验，提升人的境界，从而使人日臻完善。

然而，当下的现实使得激发青少年学习的热情变得极具挑战性。获得学业成功是每个学生和家长的愿望。学业成功意味着可以进入名牌高中、名牌大学。只有这样才意味着可以找到理想的工作。在这种合乎逻辑的推论下，学生、教师和家长备受升学压力的折磨。学生的课业负担越来越重，升学竞争愈演愈烈，身心健康水平每况愈下，以至于教育行政部门提出“每天锻炼一小时”的口号。这个口号没错，但从另一个方面反映出当前教育的无奈和悲哀。当然，单靠心理学是无力改变这种社会现状的，但心理学可以优化学生的学习方法，激发学习动机与潜能，减轻学习焦虑，也可以指导教师改进教学方法，指导家长为孩子营造一个良好的学习环境。

第一节　脑科学与学习潜力

目前，针对心智、脑与学习正在形成一门跨学科的新兴的学习科学领域——教育神经科学。这个领域借助最新的探测大脑的工具，已经从脑的神经机制上研究出人类的学习活动规律，并致力于将其运用到教与学的实践中。

教育神经科学的诞生

近几十年来，随着功能磁共振成像（FMRI）、正电子发射断层扫描（PET）、脑电图（EEG）、事件相关电位（ERP）、脑磁图（MEG）、单光子发射断层扫描（SPECT）、光学成像等技术手段与研究方法的不断发展和完善，对人类大脑的运行规律与学生的学习机制的研究有了突飞猛进的发展。在这种情况下，运用脑与认知科学领域的相关研究成果来探索学生的学习机制成为当前的热点研究。在这种背景下，一门新兴的学科——教育神经科学诞生了。

教育神经科学是将生物科学、认知科学、发展科学和教育科学等学科的知识与技能进行深度整合，提出科学的教育理论，践行科学的教育实践，具有独特话语体系的一门新兴学科。教育神经科学凝聚跨学科专业研究者的共同智慧，汲取多门相关学科中的知识精华与哲学理念，形成了自己独特的概念结构。教育神经科学的诞生改变了长期以来教育学缺乏科学实证依据的状况，为教育奠定了坚实的科学基础。由于教育神经科学在国家人才培养与综合国力的增加方面具有重要的作用，它受到世界上越来越多的国家政府、国际组织和著名大学的高度重视，教育神经科学的专业研究机构应运而生——2003 年成立了国际心智、大脑与教育协会。2007 年 3 月，该协会的官方刊物——《心智、大脑与教育》杂志正式创刊。从此，以连接心智、大脑与教育为研究核心的新兴学科——教育神经科学有了自己的国际组织与期刊。此后，国际上相继成立了许多分支机构。近年来，教育神经科学的专业研究机构相继成立。如英国剑桥大学的教育神经科学中心、德国乌尔姆大学的神经科学与学习转化中心、加拿大西蒙·弗雷泽大学的数学教育神经科学实验室等。

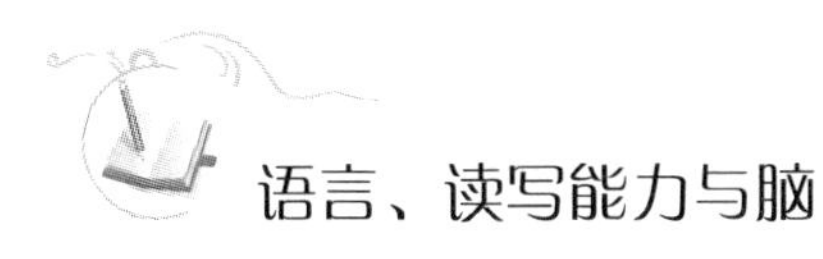

语言、读写能力与脑

1. 语言学习

脑从生命的一开始就具有学习语言的能力，语言的获得需要经验的促进作用。一般而言，语言学习年龄越小越容易，因为语言发展存在敏感期，敏感期内语言功能回路最容易发生经验依赖性的变化。婴儿天生就有一种能力，能够识别连续音域中细微的语音变化，最初 10 个月的特定语言经验会使大脑对与该语种有关的语音很敏感。也就是说，从出生到 10 个月，大脑最容易获得所处语言环境的语音原型。

语法学习同样有敏感期。语言学习越早，脑就能越有效地掌握这门语言的语法。如果在幼儿 1~3 岁的时候将其放在外语环境中，脑就会用左半球加工语法信息，就像母语者一样。但是只要将时间往后推到 4~6 岁学习外语，就意味着脑要通过两个半球来加工语法信息。当孩子在 11~13 岁的时候才第一次接触外语时，脑成像研究发现其激活模式已经发生异常。因此，延迟接触语言会导致脑使用不同策略来加工语法信息。

口音的获得也有敏感期。这种语音加工知识在 12 岁前学习更有效。

虽然早期语言学习效率高、效果好，但是人的一生都有学习语言的能力。尽管青少年和成人学习外语的困难较大，如果他们沉浸于一个全新的语言环境里，也能够学好这门语言。当然，某些方面，比如口音，将不会学得像儿童学习者那样好。

2. 读写能力

和语言不同，脑没有为获得读写能力而进化出特定结构。经验是通过日积月累的神经元的变化逐渐在脑中创造读写能力的。正如品克（Pinker）所说："儿童的脑是为声音而接连的，但印刷品也是必要的一部分，必须非常刻苦才能学会。"学习印刷文字的经验会逐渐在大脑里建立起支持阅读的通路。

虽然脑在生理机制上没有为阅读能力的获得作好准备，但是脑为经验的适应作好了准备。比如，脑中先天具有的语言通路能够加工视觉信息。脑的可塑性使得来自外界的经验刺激利用语言结构来建构支持阅读能力的神经通路。这就是通常所说的阅读是建立在语言之上的，即语言结构为阅读能力在脑中的建构提供了脚手架。

理解脑的读写能力有利于指导阅读教学。一种观点认为脑的语音加工是双重的，另一种观点则认为语义加工是直接通达的，这就引发了"自上而下"还是

"自下而上"的经典争论。应该是整体语言学习呢，还是先培养语音技能？脑内同时存在这两种加工过程告诉我们：要同时注重语音技能的培养和整体语言的学习，二者平衡发展才是最有效的方法。

3. 发展性阅读障碍

阅读障碍非常普遍，在不同文化、社会经济背景和语言环境中都会发生。阅读障碍包括多个方面，有不同的表现。在拼音语言母语者的左侧颞顶结合部后侧和左侧颞枕结合部后侧，我们经常可以发现一些与这些表现有关的异常皮层特征。这些结构异常会造成语音处理功能的缺陷。患有发展性阅读障碍的儿童无法准确记录语音，音位提取和操作也非常困难。这些困难造成的语言学后果主要包括发音困难、韵律不敏感、混淆发音相近的单字。这些困难所引起的读写障碍非常明显，因为语音与正字法符号（即确定正规使用的、书写和语法符合相关规范的文字）的转换是拼音文字阅读中最关键的环节。

研究发现，某些皮层结构特征异常会直接导致声音处理的缺陷，这一发现促进了针对性干预的发展。干预研究已经发现，这些神经通路具有非常好的适应性。针对性干预能够让年轻人在左半球大脑后侧建立起完整的神经通路，让他们能够准确流畅地阅读。对有阅读障碍的人来说，也可以在其大脑右半球建立代偿通路，让他们能够准确而缓慢地阅读。对左侧颞顶结合部后侧和颞枕回存异常的儿童来说，他们的语音能力似乎存在发展的敏感期。因此早期干预的效果是最好的。这些研究结果表明：针对语音能力发展的干预对于阅读障碍的儿童是有帮助的；阅读障碍的早期诊断非常重要，早期干预比晚期干预的效果更好。

数学能力与脑

就像读写能力一样，数学能力是通过生物性基础和经验的协同在脑中创造出来的。脑中遗传决定的数量意识结构并不能完成数学加工。这些结构的活动要同辅助神经回路相协调，但辅助神经回路并不专门用于数学素养，而是受到经验的塑造来适应这一功能。

1. 脑的数学能力

目前的研究已经开始揭示数学能力的基本神经回路。虽然数学能力随着教育会变得成熟很多，但基本的内在数量加工机制是保持不变的。最近的一项FMRI（即功能性核磁共振成像）研究显示，成人和还没有接受正式教育的儿童的非符号数量加工的神经基础都在顶内沟。顶叶在各种各样的数学运算中发挥了根本性

作用。这个区域的损坏会对数学能力造成巨大的破坏。例如，顶叶损伤的病人不能回答简单到3和5之间是什么数的问题。但是，他们回答其他领域的类似问题没有困难，例如指出介于六月和八月之间的月份等。

这些研究说明了脑中关于数学的两个原则，一是数学和其他认知领域是分离的，二是数学领域包含的能力之间也能相互分离。第一条原则支持了多元智力的观点，它指出了个别领域的缺陷或天赋并不意味着其他领域的缺陷和天赋。

有关研究表明，学习新的数学知识能显著地改变脑的活动模式，例如乘法或减法训练会导致激活变化。在两种条件下，训练均导致下额叶区域激活的降低，这表明对诸如工作记忆和执行功能等一般功能需求程度的降低。然而，在乘法中，训练也导致从下顶内沟的激活转换到左角回的激活，这表明基于数量的加工被更自动化的提取所替代。因此，减法的训练加快了速度和准确性，而乘法的训练导致新的策略。

2. 数学学习障碍

科学家已经开始研究计算障碍的神经基础。近来的脑成像研究已经揭示了计算障碍儿童顶内沟的特殊结构和功能特征。例如，艾萨克斯（Isaacs）等比较了两组青少年的灰质密度，在全脑水平上，有计算障碍的青少年在左侧顶内沟区域上的灰质较少，这个区域正是解决数字问题时激活的区域。

计算障碍的神经回路缺陷有望被阐述清楚，并通过目标干预得到矫正，因为数学回路似乎具有可塑性。学习新的数量事实或策略能改变脑的活动；数学有缺陷的脑损伤病人能够康复；许多病人在对缺陷方面进行专门训练后能够重新获得相当的数学能力。

数学神经科学也已起步，科学家已经开始揭示相关的生物学模式，例如数量和空间的联系，并且把它同迅速发展的遗传学领域联系起来。研究者开始研究数学教学对脑的作用，这需要动态的、发展的观点，以便描绘出多种内在通路。就像读写能力，从生物学角度来理解数学神经机制的发展通路，能够使我们设计出适用于高度多样化的学习者的不同教学模型。

情绪的神经机制与学习

近年来脑科学的研究揭示了情绪的神经生理机制以及对学习的作用。情绪与情感是不同的，情感是对情绪的一种有意识的解释，而情绪是大脑皮层加工的结

果，是实现人类行为适应与调节的必要功能。

每种情绪都对应着一个独立的功能系统，具有自己的皮层回路。这些回路既包括一些边缘系统（也称为“情绪脑区”），也包括一些皮层结构，主要是前额叶皮层。前额叶皮层对情绪的调控起着重要作用。值得教育者注意的是，前额叶是人类成熟最晚的器官，到 30 岁才发展成熟。这意味着，脑“青春期”的持续时间比以前认为的更长，这有利于我们解释人类的某些行为特点。前额叶皮层完全成熟，能够对情绪进行调节，和对边缘系统发挥潜在的补偿作用，出现在个人发展相对较晚的阶段。因此，青少年期存在的一个突出问题是认知发展与情绪发展的不协调，即所谓“高马力”（认知能力）、“低控制”（情绪发展）。青少年的情绪管理是促进其学习和社会化的一项重要能力。

脑成像研究表明，前额叶皮层的激活与杏仁核的活动有关。这促进了人们对情绪调节的理解。例如，恐惧和压力引发的情绪可以直接影响学习与记忆，因为负性情绪（恐惧和压力）对学习与记忆的影响程度主要是由杏仁核、海马和应激激素（肾上腺素、去甲肾上腺素等）调节的。与负性情绪同时发生的身体反应，如心率加快、出汗、肾上腺素水平上升等，也会影响脑皮层的活动。但是一定的压力水平是必要的，它是快速适应环境困难的必要条件，也能促进人的认知和学习能力的提升。

理解神经功能的内在机制和加工过程，可以帮助我们设计适合青少年的教学方案，促进情绪智力的发展和脑学习能力的提高。理解了脑成熟和情绪之间的规律，可以帮助我们制定适合青少年特点的情绪管理策略，尤其是使青少年学会合理用脑，注意调节身心状态。这有利于激发青少年学习的潜能和学习水平的发挥。同时，对于能力不足、学习困难学生，在了解其神经生理缺陷的基础上，设计有针对性的训练方案，可提高其学习能力，改进其学业成绩。这为学习困难学生的教育开辟了一个崭新的领域。

第二节　学习动机激发

学习压力具有两重性，适度的压力可以激励学生学习，而过重的压力却成为学生的心理负担，使之焦虑、恐惧。如何激发学生持久的学习动机是激发其学习潜能的重要课题。

什么是学习动机

学习动机是指，“激发个体进行学习活动、维持已引起的学习活动，并导致行为朝向一定的学习目标的一种内在过程或内部心理状态”。

学习动机对学习活动的作用主要表现在推动和维持这两个方面。其实学习动机与学习活动是相互作用、相互影响的。当学生缺乏学习动机时，教师可以通过组织学生参与学习活动逐步地引发其学习动机；而学生的学习动机一旦形成，又能改进其学习活动。这为教师在教学活动中如何激发学生学习动机，提高教学效果提供了理论启示。

学习动机有外在动机与内在动机之分。

外在动机是指受外在环境因素影响而形成的学习动机。例如，获得优秀成绩、考入重点中学、受到老师与父母的表扬等，都是激发学生学习的外在环境因素。

内在动机是因个体内在需求而产生的学习动机。例如，出于提高自身文化素质、增强求知欲、增加兴趣与爱好乃至提升自尊心和自信心而努力学习。一般来说，内在动机比外在动机更持久地推动个体进行学习，当然，在一定条件下，外在动机也可以转化为内在动机。

内部动机激发

内部动机激发可以有以下几种策略。

1. 培养成功的信念

自我信念是动机系统的核心成分，在很多情况下学生学习动机不足，有厌学、畏学的倾向，并不是他们智力上有问题，而是对自身的能力产生了怀疑，或者有错误的认知。具体地说，一是觉得自己没有能力完成学习任务，二是觉得自己的能力不可能改变和提高。因此，培养学生积极的能力信念关键在于提高学生的自我效能。

教师应鼓励学生接受挑战性任务。班杜拉给挑战性任务下了明确的定义，它是指有一定困难，但经过个人努力能够解决的任务，也就是学生“跳一跳能把果子摘下来”的任务。如果教师一味让学生去应付低水平的学习任务，是不会提高他们的自信心的。过分容易的成功不具有强化的价值。班杜拉认为，容易的成功

是一种常规性行为，对常规性行为的奖励并不反映人的功效，所以不能促进个人的内在动机；而接受挑战性任务是一种进取性行为，对进取性行为的奖励能够证实人的功效。例如，教师可将学习任务按学生的水平分成不同层次，鼓励较低层次的学生在完成同层次作业的基础上，尝试高层次的作业，这就是一种挑战性任务。再如，目前许多学校实施的研究性学习，对于大多数学生是一个全新的学习任务，具有很强的挑战性，大大激发了学生的学习兴趣和热情。培养学生成功的信念，以下建议至关重要：

（1）永远对自己抱有信心，永不放弃。尤其在遇到挫折与困难时，不要轻易地放弃，丧失信心。

（2）能力是可塑的、变化的、发展的。一个人对于自己的能力产生思维定势，把自己的能力凝固化，是不可取的。这样一则容易自满，失去前进的动力；二则容易自卑，遇到困难就会认为自己“江郎才尽”。

（3）清醒认识自己的优势与劣势。这有助于发扬优点，弥补不足，不断进步。

（4）压力是进步的动力。压力具有双重性，要用积极的眼光看压力，把压力看作对自己的挑战与机遇。

（5）专注自己的学习，不要总是与别人比较。不恰当的社会比较，会破坏自己的心态，分散自己的注意力。人的精力和时间是有限的，成功的人往往能够集中精力专注自己的学习与工作。

2. 克服习得性无能

所谓习得性无能是指，个人经历了失败与挫折后，面临问题时产生的无能为力的心理状态。习得性无能这一术语最初是由塞利格曼（Seligman）研究动物行为时提出。他发现，当动物无法避免有害或不快的情境，而获得失败经验时，会对日后应付特定事物的能力起破坏性效应。

学生的习得性无能主要表现在人际交往和学习两个方面。

（1）社交习得性无能。格茨（Goetz）和德威克（Dweck）研究了社会拒绝情境下的习得性无能。研究者在问卷中提出一系列假设的社会情境，要求被试对每个假设中的不同拒绝做出反应，如“假如你家旁边搬来一个新邻居，新来的女孩或男孩不喜欢你，这是什么原因”等。三周以后，观察每个被试在一定情境下面临同伴拒绝时的表现和反应。研究结果发现：

第一，习得性无能儿童在被拒绝以后比其他儿童表现出更多的消极行为，他们中的39%有社交退缩。

第二，习得性无能儿童面临困难时比其他儿童更缺乏新的策略，更喜欢重复

无效策略或放弃有效策略。

从社会动机模式分析，习得性无能儿童认为社会归因或个人归因是固定不变的，他们常以获得社会归因判断为操作目标，为了避免社会归因的否定判断，故采取退避行为。而自主性儿童认为社会归因是可以改变的，常以增长社会能力为学习目标，表现出社交自主的行为。

（2）学业习得性无能。学业习得性无能主要表现在：认知上怀疑自己的学习能力，觉得自己难以应付课堂学习任务；情感上心灰意冷、自暴自弃，害怕学业失败，并由此产生高焦虑或其他消极情感；行为上逃避学习。例如，选择容易的作业，回避困难的作业，抄袭别人的作业乃至逃课、逃学等。学业不良学生的习得性无能不是一朝一夕形成的，而是个体在经常性的学习失败情境中习得的行为方式。其动机的形成大致有两条途径：一是失败的信息引起消极的情感体验。因为经常失败招致教师、家长的批评抱怨，由此感到灰心、沮丧，并严重损害个人的自尊和自信。为了维持自尊便会产生消极的防御机制，其主要表现形式之一就是逃避学习。二是失败的信息通过归因的中介影响自我信念的确立，进而形成消极的自我概念。大量研究表明学业不良学生在成就归因上存在归因障碍。

事实上，由于大多数学生都会有不同程度的学习失败的经历，因此或多或少地存在这种习得性无能的倾向。要解决这一个问题，就必须从内部动机激发入手。具体提出以下建议。

第一，重视过程，不要太看重结果。成就目标理论指出，过于看重结果的学生一般对外界的评价比较敏感，他们相信成功或者失败是判断人的能力的依据，所以他们极力避免显示自己的能力不足，学习上容易患得患失。而重视过程的学生更关心自己能力的提高，他们更相信成功是促进自身能力增长的机遇，失败和挫折可以帮助自己调整策略，并使自己获得新的学习技能。前者称之为表现目标取向，后者称之为自主目标取向。这两种成就目标取向不同的学生在学习任务面前的反应是明显不同的：表现目标取向的学生把困难和失败看作对自身能力的一种威胁，尽量回避困难；自主目标取向的学生把困难看作一种挑战性的学习机会，能够以积极的态度和行动解决困难。

第二，对于失败情境要合理归因。把失败归因于能力不足，容易使人产生自卑自弃心理。因此，对于失败情境能力归因倾向的学生要加以引导，使其转向努力的归因。

第三，强化自我评价，淡化他人评价。以自我为参照的评价，可以发现自己的进步与问题，尤其是对于学习落后的学生来说，自我评价比与他人进行比较更

具有激励作用。

3. 归因训练

（1）成就归因的原因。

韦纳（Weiner）最初将学业成绩的原因归纳为四个方面：①能力，评估自己是否胜任此项工作；②努力，自己对此项工作是否尽了力；③工作难度，判断该项工作对自己的难易程度；④运气，这项工作的成败是否取决于机遇与幸运。以数学考试成败为例（表5-1）：

表5-1 数学考试成败的原因

成就状态	原因	例子
成功	能力	我擅长数学
	努力	我复习得很充分
	任务难度	这次考试太容易了
	运气	这次考得好，运气太好了
失败	能力	我不擅长数学
	努力	我准备得不充分
	任务难度	这次考试太难了，没有人考得好
	运气	这次我很不走运

尔后的研究发现，成就归因的原因不限于上述回答，还包括他人的帮助、情绪状态、身体状况（疲劳、生病）等。张春兴认为，对中国学生而言，后几项因素可能更重要。因为在中国的传统文化中，一向重视人际关系，一般人在自述其成功经验时，不是将个人成功归之于父母、教师，就是将成功归之于领导。

（2）归因的影响。

归因对人的直接影响表现在期望变化和情感反应上，这些变化又将进一步促进人的行为，归因的动机作用就在于此。

①期望变化。韦纳认为，稳定性维度将影响对成功的期望。在成功的前提下，稳定性原因（高能力、低能力难度等）将提高个体对再次成功的期望，并会继续努力；而不稳定性原因（努力、运气等）会使人的成功期望降低，不作努力。在失败的前提下，稳定性原因（能力低、任务难等）会使人相信失败会重复出现，成功期望减弱，不作努力；而不稳定性原因（一时努力不足、运气不佳等）将增强成功期望，使他们相信，再努力一下，或者运气好一些将来会成功。

②情感反应。人对成功与失败的不同归因也会引起不同的情感反应。例如同样是成功，把成功归于运气，就会使人惊讶；把成功归之于他人的帮助，就会产生感激之情。若从归因的三个维度分析，会有下列联系。

第一，自豪与自尊。韦纳的研究指出，原因的来源影响自豪和自尊的情感。也就是说，把成功归于个体内部（能力、努力）比归于外部环境（任务容易、运气好），可以产生更高的自尊感和自豪感。若把失败归因于能力比归因于运气欠佳，更容易产生低自尊甚至自卑感。有关内外部归因与自豪、自尊之间关系的假设，其实早已为哲学家所认识。休谟（Hume）认为，人所自豪的东西必定属于自己。斯宾诺莎（Spinoza）则断言自豪在于对自己的优点的认识。

第二，愤怒、怜悯、内疚、惭愧与感激。这些情感与控制性维度相联系。假如一个人的考试失败被发觉是因为他人（如考试前因邻居吵闹没有睡好觉），就会引起愤怒。惭愧与内疚都是由经常失败而引起的消极情感，不同的是，羞愧与不可控原因相联系（如因能力低而失败），而内疚则与可控原因相联系（如因缺乏努力而失败）。

第三，无望与满怀希望。前面已论述期望与稳定性维度的关系。若把失败归之于稳定性原因，会使人感到无望；而把成功归之于稳定性原因，会使人满怀希望。

由归因理论和成就目标理论可知，个体对自己的成就情境的不同归因，会引起不同的认知、情绪和行为反应。合理的归因可以提高自信与坚持性，而错误的归因会增加自卑与自弃。因此，归因训练是内部学习动机培养的重要方法。按照归因理论分析归因过程，可以得出三点假设。

第一，由原因知觉导致情绪、行为反应。

第二，原因维度与特定的情绪、特定的行为相联系。

第三，原因知觉的改变会影响行为的改变。

可见，人们在活动中进行错误的、不精确的原因归因，会导致不良的情绪和行为。如果采取一系列干预措施，纠正或改善不适当的归因方式，随之能改变情绪和行为，这便是归因训练的基本出发点。

（3）归因模式。

韦纳认为稳定性方面的原因（能力、任务难度）与未来的成功有直接联系。一个人如果将失败的结果归因于能力差、任务太难等稳定性因素时，则难以克服造成失败的内外部条件，对未来的成功将会失去信心，期望降低；反之，将失败归因于努力不够等不稳定性原因时，则会使人相信改变未来是可能的，成功的期望会增强。韦纳的归因训练模式如图 5-1 所示。

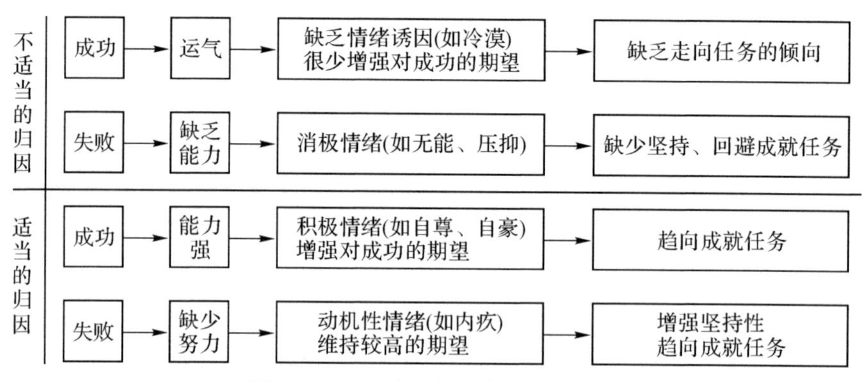

图 5-1　不适当的与适当的归因模式

（4）归因训练的步骤。

①选择对象。按照训练的目的，通过成就动机或归因测量的分数，挑选出由于归因方式不当而导致行为不适应的人作为训练对象，诸如学业落后、学习有畏难情绪、退避的学生等。

②干预实施。按照规定的一套训练程序，在阅读、数学、智力游戏等活动中有目的、有计划、有针对性地进行。在此过程中采用说服、讨论、示范、强化矫正等方法。一般来讲，干预有一个持续的过程，从三天至两个月不等。

③效果测量。比较训练组和控制组、训练前与训练后的行为改变，可以显示出训练效果。但由于选择的对象、问题的类型、干预的方法以及训练时间的长短不同，行为改变的程度也会不相同。由训练获得的行为改变，有可能长时间地保持，也有可能迁移到其他活动中去。

韩仁生的归因训练是国内近年来做得比较系统的研究项目之一。他依照韦纳的归因训练模式，并根据中国学生的特点作了改进。其归因训练的主要目标为：在成功的情境下，让学生进行能力、持久努力等内部的、稳定的原因归因，增强其对成功的期望和与自尊相联系的积极情感，使其继续趋向成就任务。而在失败情境下进行心境、临时努力等不稳定的原因归因，使其维持相当高的对成功的期望，不产生消极情感，并坚持趋向成就任务。

例如，对于努力因素的训练，不仅仅强调学生的努力是不够的，还要对他们的努力不断给予积极的反馈，使他们亲身体验到自己的努力是富有成效的，从而增加学生对任务的坚持性。

另外，在归因训练中发现，任务难度对努力因素有一定的影响。当任务难度中等时，努力因素起到很大作用。当任务变得更难时，仅靠努力是无济于事的。

但如果仍然强调不断地努力，反而会使学生感到无所适从，从而打击其自尊心。因此，在训练中，应视学生的具体情况对任务难度进行适当调节。

（5）归因训练方式。

韩春生在归因训练方式上，实行集体干预与个别干预相结合。

①集体干预。

集体干预主要是通过说明、讨论、示范、强化矫正等方法定期进行，活动内容紧紧围绕如何提高学生的自信心，充分认识到能力和努力对于成功的重要性而展开的。具体如下。

第一，说服。由研究人员向学生讲解：首先，说明在学习活动中的正确信念和错误信念，指出学习潜力的开发在很大程度上依赖于信心的确立，要获得成功首先要树立自信心，无论是在成功还是在失败的情况下，都要相信自己，并向学生指明如何建立起自信心。其次，向学生指出努力程度对于成功的重要性，告诫其在学习中要坚持不懈地努力，不要畏惧失败，同时指导学生如何增强自制力。最后，告诉学生仅仅依靠努力是不够的，学习的方法、教师的教学、同学的帮助及其他因素也很重要。

第二，讨论。根据上述讲解，组织学生分组讨论：自信心与成功的关系？能力、努力与成功的关系？影响学习成败的主要因素有哪些？对学生正确的看法予以肯定、鼓励，对学生错误的观点加以纠正。让学生读几篇讲述成功与失败的文章，要求学生讨论文章中的人物成败的原因，并联系自己的学习表现阐述。

第三，示范。让学生观看录像，内容为一个人把失败归因于缺乏努力，仍坚持完成任务。让学生观看录像后重复类似任务，以促使观察学习的效果迁移到学生自己的行动之中。

第四，强化矫正。让学生在规定的时间内完成不同难度的任务，然后要求学生在事先预备的归因因素中作出选择，对完成任务的情况作出归因。每当学生作出比较积极的归因时，及时鼓励，并对那些很少作出积极归因的学生给予暗示和引导，促使他们形成正确的归因倾向。

②个别干预。

个别干预与集体干预同步进行，主要采取咨询和定向训练两种方法。

第一，咨询。研究人员协同教师与同学个别面谈，一方面解答他们在学习中遇到的问题，一方面通过他们提出的问题，了解他们学习成功与失败的原因，在此基础上进行归因指导，提出具体措施，帮助学生克服困难，作出积极归因。

第二，定向训练。由经过专门培训的教师进行，渗透在教学过程中，教师应

正确使用言语评价，对学习困难学生可降低起点，帮助学生取得关键进步，消除自卑心理，提高学习动机。

通过对小学、初中、高中三组被测两个月的归因训练，小学生和初中生基本上掌握了适当的归因方式，引起了学生情感反应的积极变化，提高了其学习上的坚持性水平，但对高中生的效果不明显。这表明，归因训练如同其他理论方法一样，都有其局限性。进行单一的归因训练不能解决所有学生的学习动机问题，还必须结合培养学生的求知欲、学习技能与方法、不同学生的自我意识发展水平，以及教师的观念与教学行为等进行综合考虑。

外部动机激发

1. 合理运用奖赏

奖赏一定能提高学生的学习动机吗？教学中，教师常常运用一定的奖赏激发学生的学习动机。这是外部动机激发的主要方法。一般总认为奖赏可以增强学生的学习动机，但其实情况并非如此。

笔者曾以40名初中学习困难学生为被试，设计了两个2×2因子实验。自变量是有无奖赏（A因素）、成功与挫折（B因素）、任务类型（C因素），反应变量是动机水平。第一次作业为操作作业（火柴棒问题），第二次作业为数学问题。

研究发现，在两种学习任务中，无奖赏组反而得分均显著高于有奖赏组。特别是有奖赏—成功组顺利地解决了问题，获得了奖品，其动机得分反而低于无奖赏—成功组。这个结果同德西（Deci）的研究是一致的，即外部奖赏在一定条件下会削弱内在动机。其道理何在？德西认为人的内部动机与自我抉择意向密切有关，当人做自己愿意做的或者自己决定做的事时，往往会表现出较强的主动性和热情，具有较高的内在动机。而当人受到外界压力去做并非自己想做的事时，则往往会降低内在动机与兴趣。奖赏只是一种控制性因素，即对人的行为起到控制作用。一味要求学生按照外部强化的要求去做，就会损害个人的自我抉择，乃至影响自尊和自信。

另外，我们注意到有奖赏—挫折组在两次作业中，动机得分均明显低于无奖赏—挫折组（表5-2、5-3）。这表明学生知道有奖赏时，因作业失败而失去奖品会使他们的挫折感明显增加。所以教师实施奖赏要注意是否合理与有效。

表 5-2　两种任务中各组动机水平　　单位（分）

	操作作业		数学作业	
	成功	挫折	成功	挫折
有奖赏	24.4	22.8	24.2	17.5
无奖赏	27.9	26.7	25.8	22.9

表 5-3　A、B 两因素下检验结果　　单位（分）

	A 因素（有无奖赏）	B 因素（成功挫折）	A×B
操作作业	7.39	1.06	0.016
数学作业	4.42	8.33	1.30

有效奖赏的几个原则。

（1）淡化奖赏的外部控制作用。如果奖赏仅仅是为了让学生得到奖赏物，则会使奖赏成为外部控制手段，反而抑制了他们对学习的兴趣。奖赏不是目的，而是辅助性评价，给予奖赏意味着对个人学有成效的肯定。教师过多依靠控制性奖赏会引发学生的消极动机模式。例如，教师强调分数的重要性，对于学业优良的学生可能会增加心理压力，引起考试焦虑；而对于学业中下的学生可能会增加厌倦情绪和退避行为。这时的分数对学生就是一种外部控制手段，常常与他们的主观抉择相冲突，容易引起他们的反感。

（2）奖赏要与学生实际付出的努力相一致，使他们感到自己无愧于接受这种奖赏。如果对他们解决了一些过分容易的任务而大大地奖赏，不会提高他们的自信，恰恰会引起他们的自卑，因为这样常会被同伴认为是无能的标志。适当的奖励，能够转化为学生的自我奖励，从而能持久地激励其学习。

（3）应该建立一套明确的奖励办法，凡符合规则的行为可获得奖励。教师具体实施时，切忌凭自己的情绪波动变更奖励办法；否则，就会使奖励变得毫无原则、随心所欲，奖励成了教师的“私有财物”。

（4）奖励方式要适应学生的年龄特征，对于低年级学生，可能一颗红星、一包饼干的奖励比加分更有效，而高年级学生则认为在学期末的总评分中加分较有价值。低年级学生更喜欢有形的实物强化，而高年级学生更希望无形的奖励，如获得自由活动的时间、去图书馆、做自己喜欢的事等。

（5）奖励要以精神奖励为主，物质奖励为辅。对学生来说，社会性强化（微笑、关切的目光、赞赏）始终是重要的，特别是伴有感情色彩的鼓励和赞扬，还可以加强师生之间的情感联系。

2. **合理使用惩罚**

惩罚是与奖励相对的概念，是用不愉快的事件（或刺激）抑制或消除个体不适当行为的发生。比如，学生上课随便讲话，教师的批评可以抑制这种违纪行为的发生。但若惩罚不当，非但不能改正学生的错误行为，反而会强化这种行为。如教师对学生不交作业处以罚站、罚抄等惩罚，可能会使学生产生对立情绪，使他们更加不愿做作业。因此，教师在课堂里实施惩罚也要注意以下几点。

（1）惩罚应“就事论事”，避免翻“老账”，避免过多地涉及学生个人过去的经历。

（2）切忌把惩罚作为报复泄愤的手段。研究表明，学生能迅速判断惩罚是否公正和武断。

（3）切忌体罚学生。惩罚大致有两种，一种是施加某种痛苦、厌恶的刺激（如体罚、训斥），另一种是取消某种喜爱的刺激（如取消娱乐活动等）。班杜拉认为，常使用体罚或变相体罚是为侵犯行为提供示范。此外，体罚有辱学生人格，往往会使学生产生对立情绪。

（4）坚持以正面教育为主。斯金纳（Skinner）主张，教师要通过奖励来强化学生的积极行为，抑制或消退不良行为。用我们的话来说，就是要坚持以正面教育为主。杜克（Duke）说过一段耐人寻味的话：“可以十分有把握地说，关于学校中惩罚的使用，问题多于答案。看来，没有一个惩罚对于所有学生都是普遍有效的。一般地行为问题增多而采取的对策也就是增加惩罚的严厉程度——并不总能证明是一种有效的方法。”

第三节　学习策略训练

什么是学习策略

关于什么叫学习策略，说法众多不一。梅厄（Mayer）认为：“学习策略是指在学习过程中，任何被用来促进学习效能的活动。”这个定义比较宽泛、含糊，因为促进学习效能的途径可以有很多，激发学生的学习动机也可以提高其学习效能。进一步限定的定义有，学习策略是“学习者在学习过程中积极操纵信息加工过程，以提高学习效率的任何活动”。

伯雷斯（Pressley）、威士顿（Weinstein）和梅厄（Mayer）等人则将定义具

体化——“学习策略是引导成功地执行学习任务的认知计划”，它包括选择和组织选择，复述学习材料，提取记忆中的信息，理解材料的意义。策略还包括激发与维持积极的学习心向，如克服考试焦虑的方法、提高自我功效感、合理的学习价值观以及培养积极的学习期望和态度等。

综合上述说法，我们可以认为，学习策略是指学习者为了完成一定的学习任务与目标，所采用的有效的认知活动。学习策略可分为认知加工策略、学习管理策略、自我调控策略。

认知加工策略

认知加工策略是指学习者对学习材料认知加工的策略，包括复述策略、组织策略和精制加工策略。

1. 复述策略

复述策略是指学习者主动地以语言的方式，出声或不出声地重复先前学过的材料，以帮助记忆。

复述策略训练可以通过逐字重复、画线和概括等形式进行。

（1）逐字重复的复述形式是将短时记忆的信息贮存至长时记忆的主要形式，通俗地讲，可以加深记忆“痕迹”，便于信息提取。

（2）画线是在需要复述的信息较多时而采用的一种有用的复述形式。这种方法主要用于高年级学生和大学生的学习活动。如背诵一篇较长的课文，通过画线可以突出重点信息、忽略一些次要信息以减少记忆的负荷量。

（3）概括是另一种复述策略。它要求学生用自己的语言（口头的、书写的）将课文的主要意思表达出来。但当学习材料太多时，概括的效果将会受到影响。在这种情况下，可将材料分成几个部分，分别概括。可见，复述并非机械重复。

2. 组织策略

组织策略是对学习材料进行一定归类、组合，以便于学习、理解的一种基本学习策略。组织可以帮助学生有效地记忆学习材料。一般来说，学习者首先能回忆的是有组织结构的信息，其次才是个别信息。

假如要学生背诵全国34个省、直辖市、自治区的名称，可以按照序列逐个背诵，但这样做费时费力。于是可以按照一定形式将要背诵的信息进行归类。例如，可按地理区域加以组织——东北、西北、西南、中南、东南、华东、华北。这便是组织策略的运用。

组织策略经常用于较为复杂的材料，其中轮廓法与地图法是两种主要的组织技术。

（1）轮廓法。它是让学习者通过建立标题来增进理解。如利用课文的题目联想到课文的大意。也可以抓住开头的第一句话的要义，帮助记忆整个段落的内容。也就是说，大致上把需要学习的内容组织成一个有序的框架。

（2）地图法。地图法是改进学习者课文结构意识的一种组织技术。它包括重要概念的确定和概念之间相互关系的说明。其步骤如下。

①通过分类分析段落中不同句子的含义，将它们分解成：主要概念、例子、比较和对比、相互关系和推断。

②用最简单的框图将这个分类模式展开。

③引导学生进行语句分类练习，并让学生陈述他们选择的理由。

④让学生独立练习，以便在更复杂的材料中能运用这些基本技能。

地图法类似于命题网络，是一个有层次的结构。图 5-2 是一个有关“城市”的认知地图。

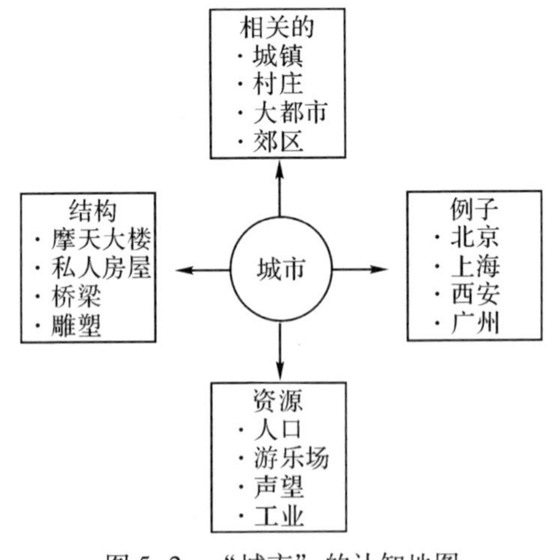

图 5-2 “城市”的认知地图

研究表明地图法作为增进理解课文的一种手段，效果不尽相同。辨别关系的技能比较容易学（如主要概念—实例），而另一些技能则较困难（如原因—结果）。另外，学生在连结句子或段落时，经常地会遇到困难。但地图法对于提高低能力学生的学习技能无疑是有效的。

3. **精制加工策略**

精制加工策略是指学习者利用表象、意义联系或人为联想等方法对学习材料精心加工，以增加理解与记忆。例如，要背诵李白的诗《早发白帝城》。

朝辞白帝彩云间，千里江陵一日还。

两岸猿声啼不住，轻舟已过万重山。

学习者可以先弄懂诗句含意，如第一句，“朝辞”即早晨动身出发，“白帝”是地名，指四川长江岸边的白帝城，“彩云间”描写白帝城地势之高，坐落在云雾之中。可以引导学生通过联想，想象大诗人李白迎着晨曦，早早辞别白帝城的情景。这便是对第一句诗的精制加工，其余三句可以类推。当然也可利用音韵记住诗句。

精制加工策略训练有多种方法，现简要介绍几种。

（1）谐音法。利用需记忆内容的谐音来记。如，马克思的诞辰是1818年5月5日，可用谐音法记住：“马克思一巴掌一巴掌打得资产阶级呜呜直哭”。

（2）奇特联想法。在日常生活中，习以为常的事容易忘记，而奇特的事容易记住。

（3）位置法。把所要学习或记忆的项目，与一个特选的熟悉的地方或位置上的事物联系起来帮助记忆。例如，将需学习的项目与房间里的物件配对联系，假定房间里有一张桌子、一盏灯和一台电视机及一些日用品。他想象的是，桌子上的奶油、奶色灯具和电视机上面的苹果。回忆时，只要他顺着房间里的原有物件搜寻桌子—灯—电视机，便可回想起奶油—牛奶—苹果。

（4）关键词法。关键词法是阿特金森（Atkinson）等人提出的学习外语词汇的一种记忆术。一般做法是：先选择一个发音与外语生词类似的母语词（最好是具体名词）；然后利用想象或一个句子，将外语单词的意义与母语词联系起来，以帮助记忆外语单词。例如，学习英语中的 gas（煤气）一词时，先选择与之发音相似的汉语词“该死”为关键词，然后想象“煤气中毒死人”，从而使关键词“该死”与 gas 的词义建立联系。

学习管理策略

学习管理策略指学生对学习活动的组织安排、具体方法的运用等，又称为外部学习方法。研究表明，学习管理策略与学生学业成就密切相关。笔者与同事曾对学习困难学生与学习优等生的学习策略进行比较研究，发现两者差异很大。本节主要介绍：学习计划与时间管理、预习与复习、听课与做笔记。

1. **学习计划与时间管理**

制订学习计划是学生对自己的学习进行管理的一项技能。我们经过研究发现：53.5%的学习优等生能制订学习计划，而学习困难学生仅有29.75%制订学习计划。我们课题组的徐芒迪对初中二年级的学生进行调查，发现48.3%的学生很少有制订学习计划的习惯。制订学习计划的意义有以下几点。

（1）明确学习目标。学习目标有长远目标与近期目标之分。长远目标指今后若干年要达成的目标，如考高中、考大学等。近期目标指在短时间内学习上达到的目标，如期终考试争取好成绩等。目标是学生努力的方向与动力。

（2）做到学而有序。有了学习计划可以保证学生有序地进行学习。学习是一种复杂的脑力活动，也是一种循序渐进的脑力活动。制订了学习计划，就可以科学地安排时间：什么时候学习，什么时候休息；什么时候处理课内作业，什么时候发展兴趣爱好。学而有序有助于科学用脑，提高学习效率。

（3）磨炼意志。有了学习计划就要执行计划。在执行学习计划的过程中不会一帆风顺，会遇到各种问题，要使计划按原定目标进行，就需要有克服困难的决心和行动。因此，坚决执行计划的过程是磨炼自己意志的过程。

学习计划大致包括以下三个项目。

（1）学习目标。制订学习目标时要注意适当、明确、具体。适当，是指合乎学生的自身能力；明确，是指不要含糊其辞，如“今后要努力学习，争取更大的进步”这一目标就不明确，若改为“本学期争取英语成绩达到班级中上水平”就明确了；具体，是指将目标细化以便于操作，如怎样才能使自己的英语成绩达到班级中上水平，可以细化为每天熟记10个单词、朗读短文一篇等。

（2）学习内容。包括学习科目和学习手段，学习科目指语文、数学、外语等，学习手段是指预习、复习、书面作业、口头作业等。

（3）时间安排。时间安排是学生对自己的学习活动的一种管理，又称为时间管理。尤其是课余时间的安排更为重要。因为课内时间主要是由教师安排，学生没有多少自主权，而课余时间大多可以由学生自由支配，这里的计划性与有序性就显得比较重要了。

时间安排要做到全面、合理、高效。全面，指安排时间时，既要考虑学习，也要考虑休息和娱乐；既要考虑课内学习，还要考虑课外学习，以及不同学科的学习时间搭配。合理，指充分利用每天学习的最佳时间。如有的学生早晨头脑清醒，学习效果较佳；有的则在晚上学习效果更好。因此，要在最佳时间里完成较难、较重要的学习任务。高效，指根据事情的轻重缓急来安排时间。一般来说，把重要的或困难的学习任务放在前面来完成，因为这时候精力充沛，而把比较容

易的放在稍后去做。

2. **预习与复习**

学生的预习、复习习惯也是一项重要的学习技能，并与其学业成绩密切相关。

（1）预习。

预习是一种按照学习计划预先自学教材的学习活动，它是学习新知识的准备阶段，是学习活动的重要环节，既对需要学习的新知识进行初步感知，又在新旧知识之间承上启下，建立联系。预习一方面可以提高自学能力，另一方面可以了解新知识的重点、难点，在课堂学习时做到心中有数，提高学习效率。

预习的具体内容有以下几点。

①初步理解教材的基本内容和思路。

②回忆、巩固有关的原有知识、概念。

③找到新教材的重点和自己不懂的问题，并用各种符号在书上标明。

④尝试做预习笔记。

（2）复习。

复习是学习新知识的巩固阶段，它可以使学生温故而知新，加深对所学知识的理解和记忆，做到系统连贯、融会贯通地掌握知识。

从时间上可分为课后复习、阶段复习和总复习。课后复习是指学生将所学的知识在当天放学后进行复习。阶段复习是指学生将所学到的知识按一两个单元进行系统地复习。总复习指一个学期、一个学年或一个学习阶段（小学、初中、高中）的复习，这种复习的复习量较大。

从方式上可分为阅读教材、整理笔记、做习题等。阅读教材是将学过的课文进行粗读和细读，将重要的内容（如英语词汇、词组、数理化公式等）背诵下来。整理笔记是将过去所做的笔记重新整理，将所学的知识从“烦杂”到“简单”、从“厚”到“薄”地进行整理加工，形成自己的知识结构。做习题要有选择性和针对性。学习基础差的学生要多做基础性习题，适当增加难度；学习优秀的学生可多做一些难题。

辅导学生复习要注意以下几点。

①复习须及时。及时复习可以加强记忆，减少遗忘。根据艾宾浩斯遗忘曲线，人的遗忘规律是先快后慢。识记过的事物第一天后的遗忘率达 55. 8%，保留率为 44. 2%，第二天以后的保留率为 33. 7%，一个月后的保留率为 21. 9%，自此以后就基本上不再遗忘了。因此，及时复习所学知识，可以起到事半功倍的效果。

②复习须思考。复习是一次再学习的过程，是对所学知识进行一次再加工的过程。复习时要思考知识掌握的程度，要多思考几个为什么，要做到透彻理解，

熟练运用。

③复习须多样。复习方法多种多样，要根据学习要求灵活采用。除了上述介绍的方法，徐崇文等人还提出了几种具体方法。

第一，尝试回忆复习法。先不看书，把老师上课讲的知识的主要内容回忆一遍——有人称之为“过电影”。这样可以检查自己听课学习的效果，对于回忆不起来的内容，可以翻书、看笔记，以达到增强记忆的目的。

第二，倒回复习法。退回到与新知识有联系的、自己没有掌握的知识点上进行复习。运用倒回复习法时要注意：要及时，不要等到问题成堆才倒回去复习；不能丢下新知识的学习而单纯倒回去复习，以防造成新旧脱节；要迅速，复习时间不能过长，以免影响新知识的学习，赶不上教学进度，产生新的知识障碍。

第三，协同记忆复习法。帮助学生记忆的感官有视觉、听觉、嗅觉、触觉、味觉等。要提高复习的效果，就要尽量使用多种感官，要充分发挥眼、耳、手、鼻、脑等各种感官的作用，这有利于牢固地记住复习的内容。

3. 听课与做笔记

（1）听课。

听课是学生在课堂上学习知识的重要形式，也是学生获得系统知识的重要途径。提高听课效率须做到以下几点。

①做好听课前的准备工作。知识准备，即通过复习、预习了解新学习材料涉及的相关内容；物质准备，即备好必要的学习用具；心理准备，即要有充沛的精力和学习心向。

②多思多问。在听课中，学生要调动多种感官积极参与学习过程，使思维处于高度活跃状态，力求从不同角度去分析和理解所学的问题。多问与多思密切联系，“有疑才有思，有思才有悟，有悟才能进”。学生从不问到能问、多问是有个过程的。《晦翁学案》里写道：“读书，始读，未知有疑；其次，则渐渐有疑；中则节节是疑。过了这一番，疑渐渐解，以致融会贯通，都无所疑，方始是学。”

③有张有弛。中小学生在45分钟的一节课里，注意力集中的有效时间大致在20~30分钟，若要学生上课全程保持高度注意力集中，会造成疲劳。因此，教学活动安排上要有紧有松，这样可以保证学生的听课效率。

（2）做笔记。

有不少研究发现，做不做笔记对学生加工学习材料的效果有很大影响，表现在以下三个方面。

①对学习材料的选择性注意。做笔记能够引导学生去注意某些材料而忽略其他材料。埃肯（Aiken）等人发现，学习者对笔记里的材料回忆的概率，为不在

笔记里的材料的两倍。

做笔记虽然具有集中注意力的功能，但是也会在一定程度上限制学习内容的总量。当学习材料呈现速度很快的时候，或者学生缺乏有效的编码技能时，这种局限更为明显。

②对学习材料的内在联结。有这样一个实验：将一篇1220字的人类学课文呈现给两组被试，呈现时间为9分钟，一组被试被要求做序列性笔记（即按照文章所呈现的观念之次序）；另一组被试被要求做重新组织过的笔记。结果发现，按重组方式做笔记组比按文章序列做笔记组，不论是在立即回忆测验，还是在而后的延迟测验中，回忆成绩均较高（见图5-3）。由图5-3还可以看到，这种差异对于语文能力一般的学生更为明显。因此，采用重组方式笔记有助于语文能力一般的学生对学习材料建立内在联结。

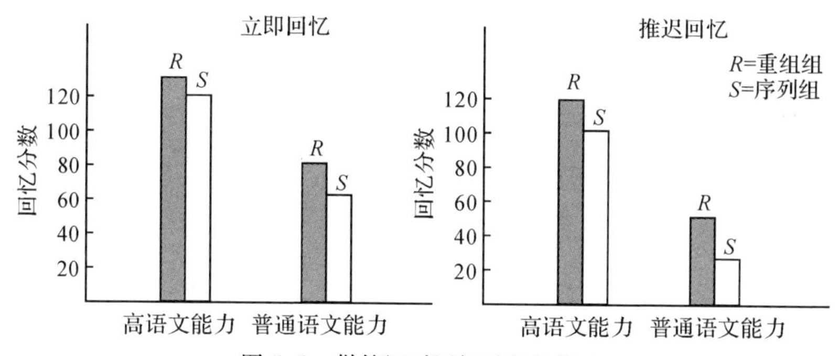

图5-3 做笔记对回忆重组的影响

③对学习材料的外在联结。外在联结是指使所呈现的信息与原有知识建立联系。研究表明做笔记可以帮助学生建立外在联结。梅厄曾要求大学生去阅读每页上面都有描述一个程序设计命令的电脑程序设计手册。一组被试在阅读了每一页之后被要求用自己的话来解释这一程序命令，而且使命令与具体熟悉的情况发生关系，故该组又称为精制加工组。另一组被试只阅读每一页内容而不予精致化。结果发现，精制加工组比非精制加工组能回忆起更多的概念性信息，而且在应用指令解决问题的测验中成绩也较好。然而，二组在回忆内容组节方面没有明显差异。可见，精致化做笔记的方式有助于学生将呈现的新材料与他们已经知道的知识发生联结。

如何指导学生在课堂上做笔记，笔者建议如下。

第一，记录教师的讲课要点（包括重点、难点、疑点）。上课内容很多，若逐字逐句去记，这样既费时又影响听课质量。

（2）运用速记符号。课堂上教师讲授的内容很多，有时语速较快，为了能将

上课内容的要点记下，可采用一些自己容易辨认或熟悉的速记符号。

（3）尝试用自己的话记录重要概念。有时逐字逐句地将教师的原话记下自己不一定理解，尝试用自己的语言记下一些新知识、概念，是对学习材料的一种精制加工，有助于记忆与理解。

以听为主，以记为辅，处理好听课与做笔记的关系。课堂内，学生应以专心致志地听课为主，因为只有听明白了，记下来的东西对自己才有意义。

自我调控策略

自我调控策略又称为元认知策略，主要是指学习者对其学习过程的监控、评价与调节。自我监控策略是近年来学习策略研究的重点和热点，形成了不少有价值的研究成果。

1. 自我调节学习循环模式

齐默尔曼（Zimmerman）是纽约城市大学的教育心理学家，他对有成效学习者如何自主学习这一问题进行了长达25年的研究。他的研究发现，学习成效高的学生不论在什么地方、什么学校，他们在阅读、研习、写作和应试的技巧方法上都出奇地相似。与低学习成就学生进行比较后发现，高效能学习者会为自己设置更为明确的具体目标，使用更多的学习策略，对学习过程有更多的自我监控，而且更系统地根据自己的学习结果来调整所投入的精力。

齐默尔曼提出了自我调节学习循环模式，包括四个相互联系的过程。

（1）自我评价与监控。学生根据对先前表现和结果的观察与记录，判断自己学习的效能，即评价个体在某一学习任务上的现有能力水平。当学生开始学习一个陌生的主题时，他们并不清楚自己所采用的方法是否有效。通过持续记录他们的实际表现，可以提高学生自我评价的精确性。例如，学生通常对自己浪费了多少学习时间并不敏感，但如果让学生在日志上记录自己所做的每一件事，他们才会如梦初醒。此外，自我测验，教师、同学和家长的反馈都将有助于学生作自我评价。

（2）目标设置与策略计划。指学生分析学习任务，设置具体的学习目标以及规划，或者改善为达到目标所选用的策略。当学生开始学习一个陌生的主题时，通常缺乏任务分解能力，并且不能为自己设置特定的目标或者形成某种有效的学习策略。例如，当学生迟迟交不出一篇期末论文时，教师可以用一个相似的主题，来示范如何列出提纲、如何写出每个标题下的内容，以及如何对内容进行最后的修改和整合。

（3）策略执行与监控。指学生试图在结构化的情境中使用某种策略，或者在执行过程中监控其精确性。这项工作在很大程度上受到以下因素的影响：以前所使用的策略、来自教师或者同伴的反馈。当学生开始使用一个新策略时，除非他们能够监视自己策略的实施，否则他们会习惯于原来使用的更为熟悉的策略，而不采取新的方法。但是通过持续的练习可以学会使用选定的策略。

（4）策略结果与监控。指学生把注意力集中于学习结果和策略过程二者之间的关系上，以确定某种策略的有效性。这个环节就是学习者监控自己使用每种策略所导致的学习结果，以评价所选策略的有效性。例如，某学生运用分组策略去记忆地理课的核心概念，他发现使用有意义的分类方式（如按湖泊、沙漠、山脉等分门别类）比随意分类（如按首字母 L、D 或者 M 等分类）更有利于记忆。

2. 出声思维法

出声思维是培养学生的自我调控能力的重要方法。自我调控过程是活动主体内在的过程，很难被观测，而且它总与具体的特定的活动相联系，难以程序化。因此，可由训练者先提供具体的、外显的指导，通过出声思维进行示范。

学生通过出声思维来练习自我调控和体会调控过程。例如，在阅读理解过程中进行出声思维训练。调控预测过程练习“从题目来看，这篇文章的内容是关于绿化环境的”、“下一段会讲为什么地球气温在升高”；调控想象过程练习“在我的眼前出现了辽阔的草原，那里有蒙古包、成群的牛羊和唱着歌的牧羊女”；调控理解的补救过程练习“我最好重读”、“这是个生词，我要查查它的意思”等。

3. 自我提问法

国内有学者针对国内学生的实际，运用自我提问法分别设计了几何问题解决和代数应用问题解决的监控策略训练。

（1）几何问题解决。利用流程图5-4，训练学生进行自我监控。训练中，要求学生必须按照流程图的规定一步一步地往前走：先看框图的第一步，然后走一步；再看下一个框图，然后再走一步……直至问题解决。

（2）代数应用问题解决。张庆林通过个案分析发现，优等生与学习困难学生在解代数应用题方面有明显差异。优等生能正确审题，能理解题中复杂的数量关系，迅速列出正确方程；能充分利用题中已知条件顺向推理；解题途径直截了当，不走弯路或少走弯路；解题用时较少；解题过程中监控意识较强。教师可以利用流程图 5-5 对学生进行自我监控训练。在训练中，结合流程图发给每个学生一张“解代数应用题自我调控单”（见表 5-4），教师利用具体例子讲解如何对照流程图使用调控单，让学生明确调控练习的意义及步骤、方法，然后布置家庭作业，要求学生按照“自我调控单”每天完成 2~3 道应用题，第二天老师讲评答

案。通过两周的训练，能取得明显效果。

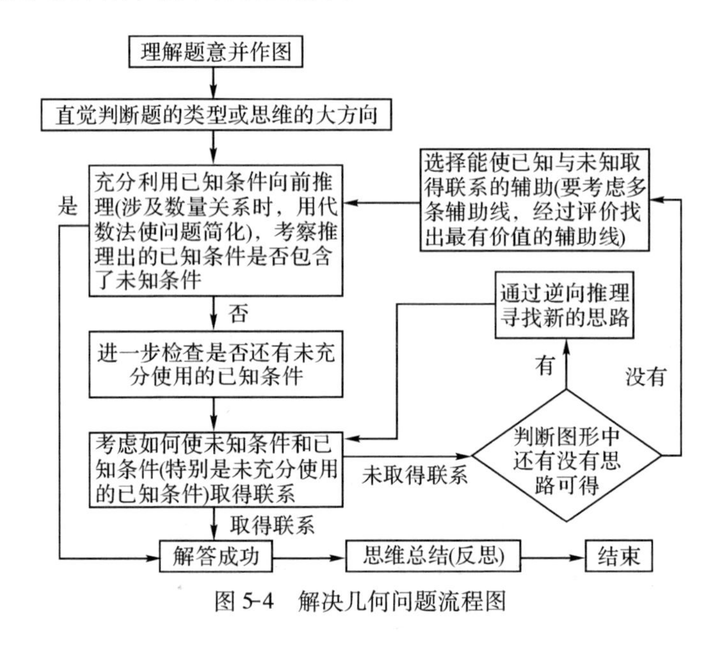

图 5-4　解决几何问题流程图

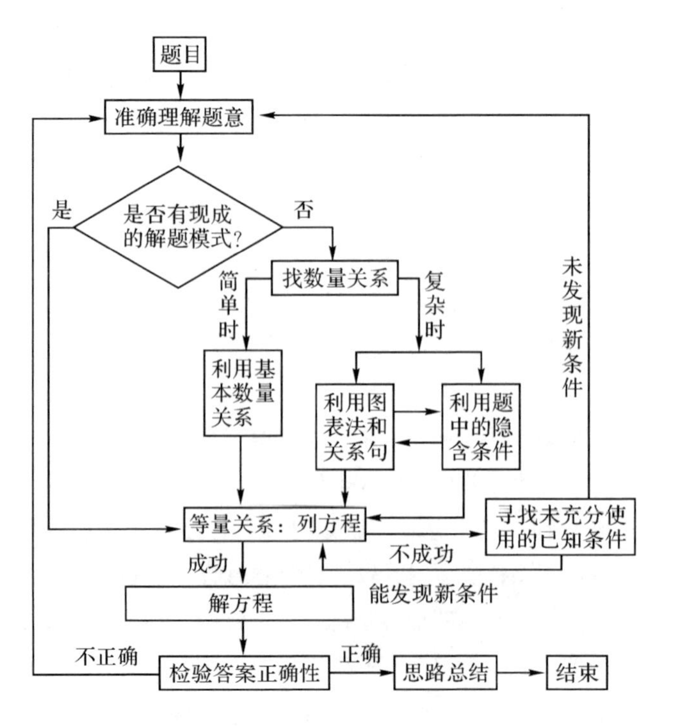

图 5-5　解决代数应用问题流程图

表 5-4 解代数应用题自我调控单

准确理解题意阶段	我把握住基本数量关系没有？
	我将关系句准确地转化成代数式没有？
	我将复杂句成功分解没有？
列方程阶段	题中的隐含条件我充分挖掘了没有？
	我可以利用题中哪些等量关系列出方程？
	方程两边的单位是否一致，其含义是否相同？
解方程及检验、总结阶段	有没有简便的解法？
	解题后我检验答案了吗？
	解难题后，我总结过解题的思路吗？

本章结语

学会学习是青少年生命历程中的一项主要任务。学习的目的不只是为了升学，更为重要的是为了培养他们对知识的好奇心、探究欲和创造力，这是青少年获得终身学习能力的基础。然而功利主义教育使得青少年学习的真正意义和价值发生了偏离。在“孩子不能输在起跑线”口号的鼓动下，学生的课业负担日趋加重、学业压力日趋加重，以致青少年学习焦虑、厌学、退避等心理困惑越来越多，青少年的学习热情与潜能受到压抑。

从更长远的意义上思考，青少年的学习潜能、创新能力事关国家和民族的未来。本章讨论的脑科学与学习的相关进展、学习动机激发、学习策略训练的建议，为提高课堂教学的有效性提供了心理学指导，希望更多的老师学习和应用这些理论帮助学生开发潜力、学会学习。

本章参考文献

1. 周加仙．教育神经科学的演进与分析［J］．全球教育展望，2009（12）．
2. 经济合作与发展组织．理解脑—新的学习科学的诞生［M］．周加仙，等译．北京：教育科学出版社，2010.
3. 李伯黍，燕国材．教育心理学［M］．上海：华东师范大学出版社，1993.
4. 张春兴．教育心理学——三代取向的理论与实践［M］．杭州：浙江教育出版

社，1998.

5. 张卿．学与教的历史轨迹——20 世纪的教育心理学［M］．济南：山东教育出版社，1995.
6. 孙煜明．动机心理学［M］．南京：南京大学出版社，1993.
7. 韩仁生．中小学生归因训练的实验研究［J］．心理学报，1998（4）.
8. 梅厄．教育心理学——认知取向［M］．林清山译．（台）远流出版社，1990.
9. 胡兴宏．学习困难学生教育对策探索［M］．北京：语文出版社，2005.
10. 徐崇文，等．中小学生学习 32 法［M］．北京：语文出版社，1994.
11. 齐默尔曼，等．自我调节学习：实现自我效能的超越［M］．张厚粲，等译．北京：中国轻工出版社，2001.
12. 董奇，等．自我监控与智力［M］．杭州：浙江人民出版社，1996.
13. 张庆林．元认知的发展与主体教育［M］．重庆：西南师范大学出版社，1997.

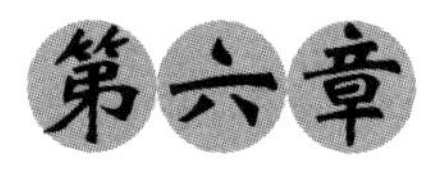

第六章

应对挫折与困难

当前教育的一大缺陷是忽视对青少年意志力、抗挫力的培养。究其原因有很多，如独生子女家庭父母的呵护太多、限制太多等。上一代人历经“文革”磨难，特别希望自己的下一代过得平安幸福，因此，很少思考让孩子在大风大浪中去历练。这种过度呵护孩子的心态已经成为当前全社会的集体无意识，而很少有人想到这被过多呵护的一代成人之后，将面临什么样的局面。有的学生连学习、生活挫折都经受不起，怎么能够肩负国家现代化建设的重任？

第一节　青少年压力与应对

在现代社会里，随着生活节奏的加快，竞争的加剧，人所面临的精神压力也越来越大。如何应对这些压力，保持个体的情绪健康，更好地面对生活、学习和工作的挑战，是一个现代人人生道路上的重大问题。青少年也不例外，尽管青少年面临的压力与成年人的有所不同，但许多事实表明，不少青少年的心理困惑和反抗情绪往往与他们面临过重的心理压力有关。

关于压力

压力（Stress，又称为应激）一词来源于拉丁文 Stringere，原意是"扩张、延伸、抽取"等，意思是动员生理和心理的资源来满足有机体的要求。后来这个术语被引入物理学和工程学中。例如，当一个充满气的气球遇到外力或高压时发生爆炸，这种外力在物理学上就称为压力。19 世纪末开始，生理学家、心理学家、社会学家和医生借用这个词来描述动物和人类在紧张状态下的生理、心理和行为反应。不同的学科、不同的学者对压力的概念有不同的定义。

《多兰医学词典》（1985 年，第 26 版）中的定义为："压力是来自躯体、精神或情绪，来自内部或外部的任何不良刺激的生物学反应的总和。该反应具有扰乱集体内稳态的倾向，如果补偿反应不合适或不正确，则可能患病。这个词也用于指引不同反应的各种刺激。"这个定义具有明显的生物学和医学特点。

最早系统提出压力理论的是加拿大学者塞里（Seley），他认为，压力是内外环境中各种因素作用于机体时所产生的非特异性反应，表现为一种特殊症状群。所谓非特异性反应是说各种各样的不同因素都可以引起这种反应。机体暴露于各种不同的刺激之下时，如冷、热、缺氧、长期情绪矛盾、水和电解质平衡失调，都可以产生同样的压力反应。而引起压力的因素称为压力源，但不管压力源是愉快的还是不愉快的，产生的压力反应都没有差异。这两种完全相反的感受产生相同的身体影响，似乎是矛盾的，但研究表明确实如此。所谓特殊症状群是指压力症状群具有的特定的过程和表现。

张春兴认为，压力指个体生理或心理上感受到威胁时的一种紧张状态。这种

紧张状态，使人在情绪上产生不愉快甚至痛苦的感受。压力具有示警的功能，可使人面对压力来源，进而消除压力来源，解除威胁。

笔者认为，压力是个体与环境交互作用的过程中，面临一定的生活事件和情境，感受到威胁时的一种紧张状态，它可以导致个体的情绪和行为问题，也可以激发个体的机能。

压力具有两重性，适度压力能够提高机体的应激水平，有积极意义；而过度压力则压抑个人身心活动的发展。

青少年的压力源

江光荣、靳岳滨的调查发现，我国城市中学生的压力源主要是学习负担、师生关系、家庭变故、父母及亲子关系，以及恋爱交友等。其中学习负担和师生关系问题是当前主要的压力源。

楼玮群等人对 2986 名上海高中生的调查显示，高中生的压力源归结为六个方面：社会人际关系和性发展、学习和学业、与父母的交流、未来前途、经济以及健康。最主要的压力源是学习与学业，具体表现为：考试成绩不够理想，在学习上落后于其他同学，能否考上大学（35.6%）、考试要争取好名次（25.9%）等。

李文道等人针对 329 名北京市中学生的压力源的调查报告指出，中学生的压力源排在前十位的分别是：空气污染严重、学习成绩不好、考试没考好、考试名次公布、自尊心受到伤害、睡眠不足、父母对自己期望太高、被老师批评、达不到预定的学习目标、听不懂老师上课讲的内容。概括地说，中学生的压力源主要来自于学习、父母、老师和同伴、环境、自我发展以及时间六个方面，其中学习压力是中学生的主要压力源。

由上述研究资料，大致可以归结出青少年压力源的特点。

青少年所遭遇的压力源范围比较狭窄，事件以较为细小者为主。这些事件主要发生在家庭和学校里，反映了青少年的生活内容比较单纯，生活圈子比较局限。他们既不像成年人那样，由于广泛参与不同方面的社会生活，因而可能会承受来自多方面的生活压力；也不像大学生那样，由于独立生活而容易遇到更多的环境适应问题。

学习压力是青少年的主要压力源。其实，青少年的学习压力很大程度上来自于他人（父母、老师、亲友等）对自己的期望，以及与同学的社会比较。这与中国文化背景下青少年的社会化取向密切相关。杨国枢认为，中国人在人和环境的

互动中，表现出一种社会取向，具体体现在注重家族、权威、关系和他人。这些互为影响的因素使中国人较为关注别人如何看待自己，别人对自己有什么期望，特别是和自己关系密切的人。成年人的重要他人可以是父母、配偶、领导和朋友，而青少年的重要他人则是父母、老师和同学，因此，从这个角度看，学习压力是通过人际关系的互动而产生的。青少年对这些重要他人的要求、期望和态度的感知，会成为他们主要的压力源。

师生关系是青少年的另一个不容忽视的压力源。江光荣等人的调查显示，师生关系也是青少年主要的压力源之一，具体有以下几个项目对青少年的影响较大：老师素质低、修养差，老师能力差、教学水平低，老师的教育方法简单粗暴，老师不公平、偏心，受到老师侮辱性的批评或嘲讽，与老师关系紧张。可见，教师如何与学生和谐共处，是减轻学生心理压力的重要措施。

青少年的压力源存在一定的年龄差异和性别差异。江光荣等人以师生关系、学业负担、家庭变故、恋爱交友、父母及亲子关系等为因变量，以性别和年龄为自变量，进行双因素方差分析，结果发现青少年的压力源存在年龄差异和性别差异（见表6-1）。

表6-1　性别和年龄对生活事件压力的方差分析　　单位（分）

	师生关系	学业负担	家庭变故	恋爱交友	父母及亲子关系
年龄	19.5	78.0	0.1	44.1	11.7
性别	0.6	1.3	26.2	34.0	1.8
性别＊年龄	1.7	3.7	2.3	9.4	0.9

高中生经受的压力比初中生大，男生经受的压力比女生大，初中女生经受的压力最小，而高中男生经受的压力最大。压力源与个体的生活环境和生活经历密切有关。随着年龄的增长，青少年的生活经历逐渐增多，社会角色的意识有所增强，社会各方面的期待日益增加，相对承受的压力也会增大。例如，高中生的升学压力要比初中生大，这是因为高中毕业面临的升学和择业更为迫切。

性别差异虽不及年龄差异广泛，但在家庭变故、恋爱交友方面存在明显差异。这可能与中国家庭对男孩和女孩在期望与教养方式上的不同取向有关，父母对男孩更加严厉些，期望更高些，这无形中增加了对男孩的压力。男孩在交友方面比女孩有更多的压力，这提醒我们要帮助男孩进行健康的异性交往。

为了评估青少年的心理压力，艾卡德（Elkind）制定了儿童生活事件压力量表（见表6-2）。

表 6-2　儿童生活事件压力量表　　单位（分）

生活事件	压力感	实际得分
父亲或母亲死亡	100	
父母离婚	73	
父母分居	65	
父亲或母亲工作经常出差	63	
亲近家庭成员死亡	63	
个人患病或受伤	53	
父亲或母亲再婚	50	
父亲或母亲失业	47	
父母重归于好	45	
母亲上班工作	45	
家庭成员健康发生变化	44	
母亲怀孕	40	
在学校有困难	39	
同胞出生	39	
学校调整（如换新老师或班级）	39	
家庭经济条件发生变化	38	
好友患病或受伤	37	
参加新的（或改变）课外活动	36	
同胞冲突	35	
在学校受到暴力威胁	31	
个人东西被偷	30	
在家中的责任发生变化	29	
年长兄姊离开家庭	29	
与爷爷奶奶或外公外婆发生冲突	29	
突出的个人成就	28	
移居外地	26	
移居本地另一地方	26	
得到或失去宠物	25	

续表

生活事件	压力感	实际得分
个人习惯改变	24	
和老师发生冲突	24	
与保姆在一起的时间发生变化	20	
乔迁新居	20	
入新学校	20	
玩耍习惯发生变化	19	
和家人一起度假	19	
结交的朋友发生变化	18	
参加夏令营	17	
睡眠习惯发生变化	16	
家庭聚会次数发生变化	15	
饮食习惯发生变化	15	
看电视的时间发生变化	13	
生日聚会	12	
撒谎受到惩罚	11	

艾卡德指出，如果儿童的得分低于150，那么他处于一般的应激水平；如果得分在150至300分之间，那么他处于高于一般的应激水平，可能会出现一些压力症状；如果得分超过300分，那么他的健康和行为很有可能出现一些变化。由于文化的差异和时间的变化，艾卡德的量表未必适用于我国。近年来，国内也有专家编制了儿童青少年生活事件压力量表，这对于了解和分析青少年的心理压力，进行辅导工作有积极的意义。

压力应对建议

黄希庭等人曾对1254名中学生的压力应对方式进行了初步研究，研究结果表明，青少年应对挫折和烦恼的主要方式是问题解决、求助、退避、发泄、幻想和忍耐；女孩比男孩更多地采用发泄和忍耐应对，男孩比女孩更多地采用幻想应对；重点中学的学生比普通中学的学生更多的采用问题解决应对，而较少采用幻

想和退避应对。可见，女孩的应付方式比男孩的消极被动，普通中学的学生的应付方式比重点中学的学生的消极被动。这应该引起学校教育工作者的重视。

1. 压力应对建议

由于压力与应付对人的情绪和行为健康影响重大，提高青少年对压力的应对能力应该成为学校心理辅导的重要任务。具体建议如下。

（1）尽量减轻青少年的升学心理压力。大量事实表明，学习、升学压力是青少年第一位的压力，父母要根据子女的实际情况，建立恰当的教育期望。过高的期望会造成孩子过重的心理压力。学校要用全人教育的思想来评价学生，克服唯分数论、唯升学论，在班级里提倡以合作取代竞争，以减轻学生过重的学习压力。

（2）帮助青少年认识和理解生活中的压力源，让青少年认识到事件对自己有何影响。在生活中有两种压力，一种是确实对个体构成威胁、危险和不利的生活事件，另一种是人主观想象出来的，而实际并不存在的威胁。例如，有些青少年对自己的形象很关注，可能会因为自己的某些细小的缺陷而耿耿于怀，非常害怕在公众场合露面，担心别人会注意到自己或嘲笑自己，心里感到很紧张，而实际上别人根本没有注意他。

（3）为青少年提供广泛及时的应对资源。应对资源是指在压力情境中对个体应对产生积极作用的、较稳定的个体或环境因素。个体应对资源有生理资源和心理资源（包括态度、自我效能、智力技能和人际交往技能等），实际上就是个体的应对能力。环境应对资源包括家庭、社会、文化等方面的社会支持系统。

研究表明，社会支持系统对青少年的心理健康和社会适应具有积极的影响，它主要提供了这样一些支持功能：①自尊需要的支持，提高青少年的自我价值感和效能感；②信息支持，提供有助于解决问题的建议或指导；③工具性支持，如分享、实物帮助和其他形式的亲社会行为；④感情或情绪支持，提供情感倾诉和表达的机会，给予安慰；⑤陪伴和娱乐。青少年社会支持的效果不仅仅取决于学校、家庭和社会可能提供的外部支持的规模和质量，还取决于个体对社会支持的感受程度，这就需要培养青少年的社会认知能力。具有较高的社会支持感的人，能积极地估计和别人的人际关系特性、社会应对能力和熟习状况，认为自己是个具有独特价值、值得重视的个体，并且在需要的时候主动寻求帮助。而低社会支持感的人对他人的评价比较消极，远离事实，有人际无能感和社会排斥感。

2. 应对程序

应帮助青少年掌握应对的基本程序和方法。应对程序一般可分为四步。

第一步，明确问题。高强度低频率的压力事件比较容易确定，如父母患重病、父母离婚、考试失败等。但中低强度高频率的压力问题却不容易觉察，尤其

是个体长期处于某种压力下会麻木不仁，如每天挤公共汽车、每天有大量的功课等。如果是几种压力同时存在，可能更难确定。

第二步，制订各种行动方案。方案要有针对性，例如，压力事件是由于自己的误解和同学发生了矛盾，那么可以采用多种方法化解矛盾，如自己主动向当事人道歉、说明情况希望和好，请同学帮助转达歉意和和好的希望，请老师出面调解，暂不采取行动让时间来化解矛盾等。

第三步，衡量各种行动方案。从已有的各种方案中选出一个最优的方案。首先要考虑可行性，如是否会遇到阻力和困难，应该如何处理；其次应该考虑每一种方案的危险和代价，如会不会有消极后果；最后还要考虑自己的价值抉择——“对我来说，什么是最重要的？我最看重哪一个结果？”

第四步，灵活机动地实施行动方案。在压力情境下，有时问题比较复杂，有些情况不是完全由自己控制的，如人际关系问题、受到意外侵犯等，这时，要注意灵活机动不必拘泥于细节。当然，有些压力事件，基本上可以通过自己的努力得到解决，如考试焦虑等。

应对技能是多种多样的，诸如情绪调控、纠正非理性想法、自我防御机制等心理调节的方法都可以用来应对压力。

第二节　抗挫力及其培养

抗挫力（又称心理弹性，Resilience）作为一种积极心理品质，越来越受到人们的关注。抗挫力是指个体在面临压力和逆境时，没有被击垮而是很好地应对了这些危险处境的能力。它是从积极的一面来看待个体所处的不利环境。心理咨询中的案例分析也显示，绝大多数个体在经历丧失、暴力或者生活威胁事件后，并没有表现出慢性心理障碍，也没有在以后的生活中出现沮丧、忧伤、悲痛等消极情绪。相反，多数人都能从创伤的阴影中走出来，适应新的生活。这表明人的抗挫力是普遍存在的，并不只是少数人拥有。

抗挫力的现象学研究

维纳（Wiener）报告了一项长达30年的纵向研究，她的研究开始于1955年，

她发现，在700多个民族样本中有将近200个处于危险状态，其主要的环境因素有四个：母亲的预产期压力、贫穷、日常生活不稳定、父母亲的心理健康问题。维纳发现200个高危儿童中有72个尽管处境危险但做得非常好。维纳概括了他们的个人特征，包括适应性强、有成就取向、交往能力好、有良好的自尊等。她指出，具有良好的内部和外部环境的家庭，能够帮助儿童面对灾难。

英国精神病学家鲁特（Rutter）曾对伦敦市区和威格特农村的青少年进行研究，他发现有四分之一的儿童是处于危险因素中的心理弹性儿童。他确定的弹性性质是：容易激动的、女性、积极的学校风气、自主、自我效能、计划技能、温和的、成熟的人际关系。

有学者曾对双亲患有精神分裂症的孩子的认知进行研究，发现大多数孩子的成长都是健康、有活力的。他归纳出的重要因素包括：高期望、积极的见解、自尊、内部控制点、自我纪律、良好的问题解决技能、批评性思维技能和幽默。

综合以上研究可见，抗挫力强的儿童有三个明显特征：更加积极地对待问题，能够得到别人积极的关注，能够接受和应对生活中的挑战。研究发现，对于心理弹性形成起关键作用的是内部和外部保护性因素。内部保护性因素包括儿童的潜在特质、能力、自我信念等，外部保护因素包括家庭和社会环境等。提高学生的抗挫力，可以让他们以积极的心态面对挫折。

抗挫力的过程模型

尽管人们对抗挫力的保护性因素进行了大量的实证研究，但对于“抗挫力是如何产生作用的”这一问题一直没有令人满意的解答。比如，抗挫力所涉及的这些保护性因素是如何构成一个完整的动力系统和互相激发与促进的？在成长过程中，它们又是如何与各种危险因素相互作用，最终使个体在情绪、能力和社会交往方面都保持良好状态的？

理查德森（Richardson）的过程模型（见图6-1）试图解释上述问题，从瓦解与重新整合以及意识与无意识选择的角度来看待抗挫力。这个模型认为，在面对生活刺激（如结婚、失业）时，原本处于身心精神平衡状态的个体为了继续维持平衡，就会调动起诸多的保护性因素与生活刺激相抵抗。如果压力过大，抵抗无效，平衡就会瓦解。此时个体不得不改变原有的认知模式（如世界观、信念体系等），并同时体验到恐惧、内疚、迷惑等情绪。随后个体会有意识或无意识地开始重新进行整合，这个过程可能会导致不同的结果：（1）达到更高水平的平衡

状态，即增强了个体的抗挫力；（2）回复到初始平衡状态，可能个体为了维持暂时的心理安逸而不肯改变，失去了成长的机会；（3）伴随着丧失而建立起更低水平的平衡，这时个体不得已放弃生活中原有的动力、希望或者动机；（4）伴随着功能紊乱而出现的失衡状态，在这种情况下个体转而采用物质滥用、破坏行为或其他不健康的方式来应对生活压力。这个模型的价值在于，它提醒人们抗挫力是有意识地选择的一种结果。

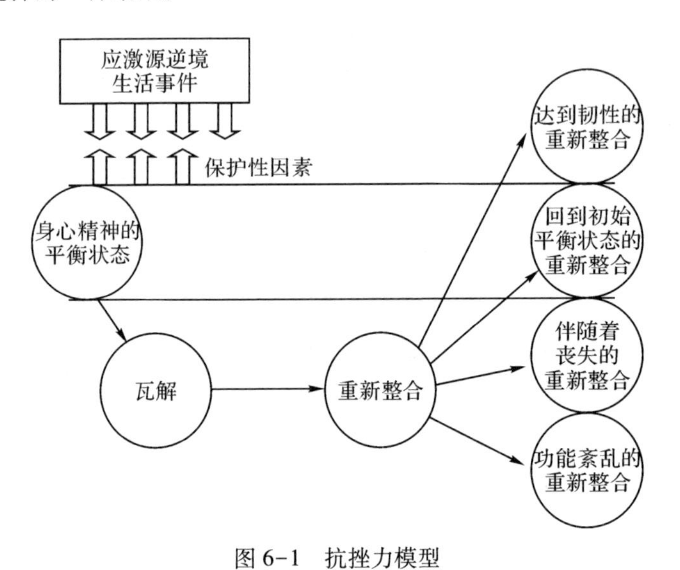

图 6-1　抗挫力模型

当然，个体面对的往往不是一个简单的应激源，多个应激源经常相互作用而产生累积影响，比如下岗会引发经济危机又同时会引发夫妻矛盾等。因此，在应对逆境的过程中，保护性因素会与多个负性事件的综合影响进行多重相互作用，形成复杂的应对系统。在个体成长的每个发展阶段上，增强抗挫力的保护性因素与加剧个体脆弱性的危险性应激之间进行着力量较量。只有在保护性因素居强势的转折点上，个体才会良好适应。

抗挫力培养

青少年抗挫力的培养策略可以从增强学生内部保护性因素和外部保护性因素的角度来设计。

1. 以优势视角培养抗挫力

优势视角是相对于问题视角而言的。对于青少年的问题，家长和教师有时会

从问题视角来看，诸如厌学、逃学、脑子笨、成绩不好、失败、消极、无价值、生活颓废等。优势视角是转换角度看待问题，挖掘这些“不良表现”背后的功能，看问题的视角可能就转化为挣扎反抗、继续存在、寻求地位、坚持、独立、成长、学习和敢于挑战等。从抗挫力的优势视角来看，个体是解决自己的问题的专家，任何解决问题的资源都存在于个体身上，所以发现和利用个体现有的力量与资源，是提升个体抗挫力的关键。

青少年展现抗挫力的途径有两种：常规途径与非常规途径。常规途径简称为“4C”，包括胜任力（Competent）、爱心（Caring）、贡献（Contributions）和乐群（Community）。非常规途径简称“4D”，包括危险的（Dangerous）、违规的（Delinquent）、失常的（Deviant）和混乱的（Disordered）行为。常规途径与非常规途径都是青少年生命能量的体现。相对于无聊、冷漠和焦虑而言，非常规途径也是有意义的，它标志着青少年没有被危机打垮，不向困难低头，而是积极寻求改变，通过各种途径使生命挣脱逆境。从行为本身看，可能是危险的、违规的、失常的或是混乱的，但青少年毕竟还在显示生命的力量，还在为意义而斗争。

常规途径与非常规途径背后的动机是一致的，都是生命力的体现。两者的区别在于手段和方式的不同。前者使用常规手段，行为方式为亲社会取向，表现出对社会的认同、顺从和一致，往往得到社会的接纳和支持。后者使用非常规手段，具有反传统、挑战常规、对抗成人等特征，表现出对社会的反思、批判和对抗，常常受到成人的指责、围攻和排斥，即使社会遭受损失，也对青少年自身的成长构成阻碍。所以，要提高青少年的抗挫力，必须引导青少年深刻思考自身的行为，认清行为的真正动因，以常规行为替代非常规行为，以建设性方式参与社会和学校生活。

2. 优化家庭保护性因素

家庭是个体抗挫力建构中的重要外在保护因子，要鼓励青少年主动进行亲子交流，与亲人有更密切的交往和互动。具体包括：（1）平衡的人际互动，指家庭成员具有良好的沟通，能容忍相互之间的人格差异，能共同面对危机，能相互协助解决问题；（2）对家庭仪式的重视，比如重视生日、结婚周年及其他家庭之中的重要日子和特殊事件，重视家庭聚会、共进晚餐等仪式行为；（3）良好的社会支持网络，包括与亲朋好友之间的互动经验等；（4）休闲活动与身心健康的维持，既强调家庭的共同休闲，也尊重个人的个别差异，通过休闲活动促进家庭能量的再生，维持家庭成员的身心健康。

3. 抗挫力课程

研究证明，对抗挫力知识的了解、培养自信和希望对提升青少年的抗挫力起

到了积极作用。国际抗挫力研究计划（The International Resilience Researeh Project），IRRP 就是通过教授学生“我有”（I have）、“我是”（I am）和“我能”（I can）的策略来提高学生的抗挫力的。其中，“我有”帮助学生发现个体所拥有的外在支持与资源，发展安全感和受保护的感觉；“我是”帮助学生发现个人的内在力量，包含个人的感觉、态度及信念；“我能”帮助学生发现和培养个体的人际技巧与解决问题的能力，如创造力、恒心、幽默、沟通能力等。这样的课程无疑对提高学生抗挫力能起到教育和训练的作用。

抗挫力课程，以抗挫力理论为指导，以发展性、循序渐进的方式，逐步使学生掌握有关抗挫力的知识、技巧，培养学生抗逆的态度和能力。课程通过课堂教育、班级辅导、小组辅导等形式，教授学生生活技能、合作方式、沟通技巧、冲突解决能力、拒绝和肯定的技术、决策能力、解决问题的能力、情绪管理、自我减压能力等方面的知识和技能，让学生通过体验、感悟，对知识和经验进行统整，进而转化为内在的抗挫力因素，应用于日常生活之中。

第三节　负性生活事件应对

“天有不测风云，人有旦夕祸福。”人的一生不可能一帆风顺，总会经历风雨，总要遇到一些负性生活事件。青少年的负性生活事件有两类：一类是重大生活改变，如父母离异、生病、迁居、升学、失学等；另一类是创伤性应激事件，如丧失亲人、灾难事件（地震、洪水、飓风、火灾、爆炸、化学危险品溢出、恶性交通事故等）、校园暴力、恐怖事件、性侵犯等。如何帮助青少年应对负性生活事件，让他们在挫折与困难中成长，是一个重要的辅导议题。以下就青少年比较常见的负性生活事件进行讨论。

学校适应困难辅导

关于学校适应的概念有各种不同的界说。一般来说，学校适应是指学生对学校学习、生活和人际环境的适应。学校适应良好的学生能够主动参与学校学习和社会交往活动，并能够在活动中体验到自尊和自信，找到归属感和自我认同感。学校适应困难的学生往往因学习失败、人际关系紧张等体验到自卑、焦

虑、压抑等，致使他们被班级边缘化，表现出有敌对攻击、冷漠、旷课、逃学等行为。

影响青少年学校适应的因素是多方面的，研究表明，它与性别、年级、居住地迁移有着密切关系。

通过初中生学校适应性调查发现，女生在课业、常规和同学关系三方面的适应状况均好于男生。分析其原因，这可能与男女两性的心理发展特点有关。发展心理学的研究指出，女孩的心理发展比男孩提前一年左右，心理成熟度相对于同龄男生要高。

在初一至初三的三个年级中，初一的学生在课业、常规、师生关系、同学关系四方面的适应状况均最差。这可能是因为学生刚刚从小学升入初中，对中学的学习要求、生活环境等还较为陌生，因而表现为学校适应比较差。

一项对762名流动儿童和509名非流动儿童的社会支持与学校适应的研究发现，在学校适应方面，两类儿童存在非常显著的差异，表现为非流动儿童好于流动儿童。流动儿童经常跟随父母辗转各地谋生，多次转校的经历，使得他们每到一个新的环境都要花一定的时间去适应新的同学、老师以及学业进度；更为重要的是，社会排斥（社会关系排斥、文化排斥、消费排斥等）阻碍了流动儿童的城市适应。对于就读的流动儿童来说，学校适应是其城市适应的最为重要的部分，以上问题必然会导致流动儿童的学校适应落后于城市非流动儿童。这也是流动儿童群体必须面对的困难之一。

学校适应困难有不同类型、不同原因，可以采用不同的个别辅导成团体辅导方案来加以解决。下面介绍一个团体辅导案例。

有老师运用理性情绪法设计了小组辅导，帮助学校适应困难的学生。小组心理辅导过程分为四个阶段。

第一阶段为小组准备阶段。准备阶段的主要工作包括小组心理辅导的设计和准备。根据小组心理辅导的有关理论、高一学生的年龄特点、实际可能用于辅导的时间安排等因素，设计了以理性情绪治疗理论为依据的小组辅导方案。

第二阶段为组员筛选阶段。在组员的筛选中，我们首先向高一的学生进行海报宣传，说明小组的目的、时间、对象等。在家长和班主任同意的基础上，学生自愿填写报名表。根据填表内容是否属于新学校的适应不良问题，以及需要帮助的愿望强烈程度，我们初选了20名学生，并分别面谈。由于小组人数的限制，最后确定了8名小组成员名单，然后我们与学生签订了有家长签字的书面同意书。

第三阶段为小组实施阶段。这一阶段包括持续5周、每周2次的小组会见。每次会见的主题分别为：认识你真好、我们同在一起、我的世界、自我探索——谁控制了我们的情绪、自我探索——心中的精灵与魔鬼、挑战魔鬼城、真的是世界末日吗、向自卑感挑战——缺陷也是一种美、重新定做一个我、笑迎未来。前三次活动为小组暖身和过渡阶段，中间的五次活动为小组辅导阶段，最后的两次活动为小组结束阶段。

第四阶段为小组后续阶段。在小组结束后的第四周，我们让小组成员书面报告他们对小组辅导的感受和小组辅导结束后的经历。

在收集到的8份自我报告中，每个人的报告都出现了快乐或者类似的词。可以看出每一个小组成员都是以积极的心态参与到小组辅导中的。

有一位学生这样描述自己参加小组辅导之前的心态："刚来学校，面对这近三四千人的大校，心里总觉得没底，不知道是否能在这么多人中崭露头角。虽然嘴上说不害怕，可心里还是不知道自己是否能取得理想的成绩。心情总是很压抑，似乎看不清路在哪里。"报告描述了他面对新环境的不安，渴望出色表现又信心不足的冲突，以及对以后生活的茫然。

关于参加小组心理辅导后的改变，有七位学生都提到了和人际相关的方面："我也学会了与人沟通……站在他人的角度，真诚地与人交往。""现在我能更好地表达自己，与同学交往也更有信心了。""每个人都生活在集体中，难免会产生一些人际交往的问题，而小组学习帮助我们解决这些问题，更好地在集体中生活，更好地适应新环境。"也有学生写下了自己在生活中同室友关系改善的过程。

还有五位学生写到了对控制自己情绪的变化："面对问题，关键是要有正确的想法和良好的心态，从而控制自己的情绪，使其平稳。一切情绪的表现都是由想法产生的，这是我在这个小组学到的关键的一点。""我发现我的脾气和处世态度越来越好，以前动不动就发火的事，现在也都看得淡了。""我发现自己不再像以前那样，为一点小事而生气，反而把心放得很宽，比以前快乐多了。""情绪ABC法使我在生活中少了很多烦恼……我的苦恼正是因为我把自己的苦恼强加给别人，这样一想，我的心情便好多了，烦恼也少了。"

在应对方式的改变上，有一位学生这样写道："遇到困难，我学会了勇敢面对，调整自己的想法和心态，寻求解决的办法。"

通过以上学生的自我报告，可以看出小组心理辅导可以提高学生的人际交往能力和情绪控制能力，使其以更好的方式来应对外界，适应新的环境。

农民工子女课堂心理关怀

随着城市化进程的加快，农民工子女在城市学校就读的越来越多。据上海教育行政部门统计，户籍学生与外来人口学生的比例也已经达到6∶4，大量的农民工子女进入了都市的学校，在逐步融入城市的过程中，学校生活的适应是他们成长中的一个重大问题。学生的大部分时间是在课堂里度过的，因此，课堂里如何体现对农民工子女的教育公平与关怀，是一个很有现实意义的课题。

从心理健康教育的角度看，课堂里的和谐和关怀应该关注每个学生心理成长的需求，和谐而温馨的课堂应该让每个学生体验到归属感、自尊感，并能与同学友好相处。

1. 体验归属感、自尊感

对于农民工子女来说，归属感、自尊感和对城市文化的认同感显得尤为重要，是他们对自己的积极认同，以及其内心和谐的基础。

（1）融入班级，增强归属感。调查中发现，有38%的学生认为班级中的同学看不起他；有24%的学生在别人批评或冒犯自己时，会立即采取报复行为；有22%的学生认为自己与其他同学在一起是多余的。他们经常会产生孤独自卑的情绪，但是他们又具有较强的自尊心，以致造成心理上的障碍。

农民工子女离开了自己农村的玩伴，来到一个新的环境。由于自己家庭经济地位不高，以及生活习惯的不同，很多农村孩子在同伴面前感到自卑，不能很好地融入班级中，朋友较少，因而感到自己被城市学生排斥、拒绝，不能和同伴说知心话，不能和同伴一起讨论学习。因此，农民工子女的朋友关系适应远远低于城市居民子女。

为让农民工子女融入班级，老师要善于创设温馨的课堂，让每个学生得到重视和关爱，增强学生对班级的归属感。温馨课堂总是充满关怀的，一个乡音浓重的学生上课回答问题时遭到一些同学的嘲笑，请看这位老师是怎么化解的："小李同学一开口，同学们就笑了起来，原来他的普通话极不标准，带着重重的乡音。我让同学们止住笑，没想到接下来他的表现越来越差。作为一名教师，我不能放弃任何一个学生，课后我对他以前的学习情况作了了解，并利用课间经常和他谈心、交流。在课堂上，我总是鼓励他回答问题，不断给他信心。久而久之，他开始喜欢上数学课了，而且课堂上总能看到他积极举手发言，脸上也出现了笑容。同学们也对他刮目相看，都说他进步得很快。"

温馨课堂可以体现在教室环境的布置上，让农民工子女感受温暖。我们来看一个学校的做法："初二（1）班的学生每人带来一盆植物，将教室装扮成绿色教室，学生也从中体会到"我是班中一分子"的内涵；初二（4）班的学生几乎全部是外来务工子女，班主任为每位学生制作"成长的脚印"并寄语，鼓励学生奋发向上，不断克服困难……

（2）消除身份的自卑感。一位音乐老师张老师在给学生播放海顿的《惊愕交响曲》第二乐章时，提醒学生注意音乐产生的时代背景，并模仿贵族的身份，以绅士的风范品味作品的优雅，结果一位本地学生说："听这种音乐是种享受，他们能听得懂吗?"然后他不屑地望了望旁边的农民工子女，引得本地学生大笑起来，而那几个农民工子女则面露愠色，摔书而起。

引起农民工子女身份自卑感的原因是多方面的。教师只有让他们在学习上、生活上积极适应，取得成功的体验，才能让他们找回自信。面对学生学习成绩普遍下降，张老师是怎么让学生学业进步的？为了让这些农民工子女尽快树立起信心，融入本地学生中来，并能在班级管理的建设中占有一席之地，张老师采取了以下方法：以"分层作业"树立学习信心，以"争章活动"激发竞争意识，以"文体活动"培养团结精神，以"艺术学习"提升个人修养，以"主题班会"促进班级融合。一个学期后，农民工孩子渐渐找到了学习和生活的自信，与本地学生的关系互相融洽，有多位农民工孩子被推举为班干部。

（3）唤起好奇心，激发对城市文化的认同感。农民工子女来到城市后，展现在他们面前的是一种全新的景象和生活，城市的繁华、热闹、高楼大厦以及琳琅满目的商品，都令他们感到新鲜和惊奇。特别是与农村的教学设备和教学质量相比较，城市的学校拥有明亮宽敞的教室、普通话流利的教师、较为先进的教学设备等，很多都是他们从没见过的新奇事物。随父母来到城市之后，他们的内心充满新奇感，渴望学习一切，了解一切。

课堂中，教师可以充分利用农民工子女对城市的新鲜感，培养他们对新环境的文化认同感。南京某中学的融合教育经验值得借鉴：该校在学科教学中作出系列探索，如在语文教学中，融入南京本土文化，开发和利用南京本土蕴藏着的自然、社会、人文等多种语文课程资源，为来自不同地域，有着不同文化背景的农民工子女融入城市主流文化创设条件。在历史教学中，以历史活动为载体，将"我所知道的南京大屠杀"、"我心中的南京城"等内容形成体系，让学生对南京的历史、文化、政治、经济、人文等方面有广泛的理解。开设"走进南京"校本课程，帮助学生解读城市的文化内涵。

2. **与同学友好相处**

温馨课堂要帮助农民工子女学会遵循规则，妥善处理同学间的冲突。

（1）遵循规则、自我约束。课堂的公平和和谐，离不开对农民工子女进行规则意识的教育。农民工子女的学习成绩、学习习惯明显差于城区学生。由于流动性大，农民工子女的学习成绩普遍比城区学生差，致使他们在学习上没有信心。由于从小没有养成良好的学习习惯，农民工子女在学习上自控能力差，上课注意力不集中，作业马虎且常常不能按时完成，学习、生活态度较随便，不愿意接受纪律的约束，在课堂上出现的纪律问题比较多。因此，帮助他们自我管理，养成守纪律和爱学习的好习惯，是促进他们融入班级的重要策略。新光中学通过发动班主任和学生共同制定班级公约，帮助学生学会遵循规则。

我们的课堂权利：我有权作为课堂的主人，我有权说不懂，我有权对任何有疑问的问题提问，我有权表达自己的想法，我有权评论其他同学的观点……

我们的课堂责任：我应大胆说出我的困惑，我不懂就问、学会提问，我应独立思考，大胆表达……”

这个课堂公约既有权利又有责任，体现了对每个学生的平等与尊重。

（2）妥善处理冲突。农民工子女与本地学生在课堂里难免会发生冲突，老师如何化解这些冲突，不仅体现了一种教育艺术，而且体现了一种理念与境界。老师应公平、公正，培养每个学生的宽容与包容。

小向和小顾因为“你们上海人瞧不起人”而打架了，怎么办？前几次我打电话请家长来，家长都没有空。今天，我无论如何都要去家访一次。走出小向的家，我的脚步有些沉重。第二天一早，我跟他促膝谈心，并嘱咐他：“以后，如果同学说你坏话了，你不能急，不能动手打人，要心平气和，来告诉老师，老师一定为你做主。我相信你是优秀的，你一定能行。”这次的谈话，他是比较诚恳地接受了。随后，我又找小向的同桌小顾谈话，跟她讲：“我们上海的同学应该用宽容的眼光对待外地同学的错误，我们不仅要在学习上关心他、帮助他，而且下课时也要和他一起玩耍，让他感受到上海同学是容易相处的。你又是中队长，应带个好头。”渐渐地，小向对老师信任了，对同学们友爱了。他能敞开胸怀接受别人对他提出的正确观点，也能慢慢改掉身上的不良习气。

这个案例里老师的处理还是比较公平的，在本地学生与农民工子女的冲突中

扮演了调解者的角色。但是教师仅仅扮演调解者够不够？我希望教师在处理学生的冲突时，能够以公平和关怀的理念作出更深层次的思考与决策。

创伤后应激障碍干预

创伤后应激障碍（Post-traumatic Stress Disorder，PTSD）是指直接或间接接触自然灾害、战争、暴力犯罪、性侵害、严重交通事故、技术性灾难、难民、长期监禁与拷问等创伤事件的受害者、幸存者、目击者与救援者所出现的症状。引起儿童的 PTSD 的典型事件有人与人之间的暴力行为（如战争、抢劫或强奸）、危及生命的事故（如房屋倒塌）、交通事故或灾难（如火灾或地震）。经历或目睹上述事件者容易发生 PTSD。其中涉及的人与人之间的暴力事件，比其他原因更容易引起 PTSD。

美国《精神障碍诊断与统计手册》中有关 PTSD 的症状描述主要有以下几点。

第一，反复重现创伤性的体验。尽管患者对经历的事件极不愿想起，但却不自觉地反复回忆当时的痛苦体验或反复发生错觉、幻觉，形成创伤事件重演的生动体验。如被泥石流掩埋后获救的孩子在每年雨季来临时都会对泥石流是否会来而心存极大的恐惧。

第二，回避与创伤事件有关的活动，不能回忆创伤性体验的某一重要方面。特别常见的是在法庭诉讼中，当受害者面临执法人员对事件前因后果的追问而不能想起时，若勉强地要受害者去回忆他想回避的事件，这无异于在伤口上撒盐。此外，患者还会产生一系列的退缩症状，如与旁人疏远、与亲人的感情变得淡漠、对未来失去希望、觉得活着没有意义等。

第三，持续的警觉性增高。常伴有神经兴奋、对细小的事情过分敏感、注意力集中困难、失眠或易惊醒、激惹性增高、焦虑、抑郁、自杀倾向等表现，也可引起人格改变。

PTSD 的症状往往在创伤后立即出现，若症状在三个月内逐渐消失，称为急性；若超过三个月以上仍未消失，则称为慢性。慢性的 PTSD 若是处理不当，将可能持续数年或数十年，甚至影响受创者一生。此外，还必须注意的是，部分患者的症状并非一开始就会显现，有时会在受创半年或更长的时间后才开始出现。

赵丞智等人的研究指出，患有 PTSD 的青少年出现的多数症状有：重现创伤感受、警觉性过高、强烈的生理反应、强烈的心理痛苦和烦恼及反复闯入痛苦的回忆。出现较少的症状是情感麻木与回避。由于创伤事件的性质不同，儿童表现

出来的症状也有所不同。

对于在突发灾难事件中被确认有 PTSD 症状的学生，则应该转介给医疗机构进行心理治疗。根据 PTSD 的诊断标准，创伤事件发生 1 个月之后才可作诊断。但创伤事件的发生对个体的影响是立即、迅速、强烈的，创伤后的反应若没有得到适当的处理，容易导致 PTSD 的产生。一般采取认知行为治疗、眼动脱敏和再加工治疗、药物治疗等。

1. 校园心理危机干预的范围

创伤性应激事件发生后，处于危机的当事人和涉及危机事件的所有人，包括实施心理干预的心理辅导教师，都会因危机事件以及干预过程经受不同程度的伤害，甚至产生 PTSD。需要为他们提供紧急心理援助，对他们的应激状况进行辅导，安抚其情绪，帮助他们从危机事件的阴霾中走出来，重新回到正常的学习和生活轨迹。

青少年危机干预主要在学校内进行，它所干预的对象主要是学生。但在整个危机事件的处理过程中，也要关注那些在危机事件中受到伤害的、表现出比较严重的心理反应的教职员工，要及时为他们提供心理援助，同时还要为危机事件涉及的学生父母提供心理辅导服务。具体而言，危机事件爆发后，学校心理工作人员危机干预的目标主要集中在以下五类人。

（1）在危机事件中受到伤害的学生（当事人）。

（2）在最近范围内见证了危机事件的学生。

（3）在情绪上与危机事件当事人最接近的学生。

（4）当事人所在班级或学校的好友和同学。

（5）当事人的父母和直接的管教教师。

要对上述个人或人群分别实施个别干预和团体干预。在危机干预工作中，我们还要随时注意参与危机干预的心理辅导教师，因为心理辅导教师在干预时会间接地受到当事人倾诉、宣泄危机事件的伤害。因此，对直接参与危机干预的心理辅导教师要定期给予辅导，从而真正达到危机干预的目标。

2. 个别心理危机干预

危机干预的基本过程类似于一个问题解决的过程，一般包含六个步骤，而对求助者及危机状态的评估始终贯穿于整个危机干预的过程之中。

（1）确定问题。

从危机当事人的角度出发，确定和理解当事人所认识到的问题，避免干预者认识到的危机境遇并不是当事人所认同的，这样才能有针对地开展干预，收到干预的效果。推荐使用积极倾听技术——共情、理解、真诚、接纳及尊重，既注意

个案的言语信息，也注意其非言语信息。

（2）保证当事人的安全。

在危机干预过程中，干预人员应该将保证当事人的安全作为首要目标。这里的安全是指对自我和他人的心理与生理危险性降低到最小。要了解当事人自身的压力和计划，确保他们不做出伤害自身或他人的行为。干预人员在检查评估、倾听和制订行动策略的过程中，必须给予安全问题同等的、足够的关注，应将安全问题自然地融入自己的思维和行为之中。

（3）给予支持和帮助。

主要是倾听，而非采取行动。危机干预强调与当事人进行沟通和交流，通过语言、语调和躯体语言让求助者认识到危机干预人员是能够提供真心和给予其关心帮助的人，干预者不要去评价当事人自身的行为与感受的正确性与否，同时也避免对当事人的内心动机进行任何的社会评价。要让求助者相信“这里确实有很关心你的人”。

（4）提出并验证可变通的应对方式。

提供适当的方法或途径供当事人选择，帮助当事人探索可以利用的替代解决问题的方法，促使当事人积极地搜索可以获得的环境支持和可以利用的应付方式，启发其换种思维方式，思考不同的选择，减轻当事人的焦虑。思考变通方式的途径主要有：①环境支持，有哪些人现在或将来能关心求助者？②应对机制，求助者有哪些行动、行为或环境资源可以帮助自己战胜危机？③积极的、建设性的思维方式，可以用来改变求助者对问题的看法并减轻应激与焦虑水平。在操作过程中，干预者要注意：一是不要把自己认为的有用的选择强加给对方；二是只需与对方讨论几种选择，处于危机中的人不需要也无能力处理太多的选择。

（5）制订行动计划。

帮助当事人制订出现实的短期计划，将合理的应对方式转变为确实可行的行动步骤。干预者和当事人共同制订计划来矫正当事人的情绪失衡状态。计划应该确定由相关的人员为当事人提供及时的帮助和支持，提供应对机制，提供当事人可以理解和把握的行动步骤。计划应该根据当事人的应对能力，切实可行和系统地帮助当事人解决问题。计划的制订应该与当事人合作，让求助者感到自己的权利、独立和自尊得到保障。让求助者感到这是他自己的计划，恢复其行动的自主性、自制力，减少其对干预者的依赖性。

（6）得到当事人的承诺。

得到当事人和当事人家长的承诺，确认其能够将变通方法和计划付诸行动。帮助当事人向自己承诺采取确定的、积极的行动步骤和应对方式。这些行动步骤

必须是当事人自己的，并从现实的角度看是可以完成的或可以接受的。在结束危机干预前，应该从求助者那里得到诚实、直接和适当的进一步的承诺。

以上六个步骤中，前三个步骤侧重于倾听，后三个步骤侧重于干预和行动。

3. 团体心理危机干预

在校园危机事件发生后，学校还必须对危机事件涉及的人群进行观察，对需要心理干预的各类后续群体采取团体心理干预。团体干预的方法多种多样，其中包括自然疗法、团体讨论、音乐、绘画、艺术制作等。这里着重介绍小团体心理辅导、野外合宿心理辅导、心理剧辅导三种比较重要的团体辅导方法。

（1）小团体心理辅导。

由4~5人组成一个辅导小团体，最多不超过7~8人，参加该团体的人员具有相同或相似的问题。辅导时先确定其中一个最典型的案例，然后由大家进行讨论，由心理辅导者担当主持人。

（2）野外合宿心理辅导。

野外合宿的时间一般为1夜2天到3夜4天，多选择森林、温泉地带或“文化孤岛”（与现代信息技术隔离的风景点）作为野营地点。这种心理辅导的目的是促进参加者的自我理解和对他人的理解，使其学会自我开放，改善人际关系。在野外宿营期间还可以进行登山、探险等活动。讨论时不以团体中的案例为话题，而是选择与宿营全体相关的其他事例作为讨论主题。在进行野外合宿心理辅导时，必须确保参与人员的安全，必须得到监护人的同意和认同。

（3）心理剧辅导。

心理剧既是对现实生活的一种重复，又是对新的人际关系和生活的一种向往预演。通过角色扮演，使团体成员借角色表现自己的情绪、认知和思想。心理剧通常由五个要素构成：①导演，通常由心理辅导专业人员担任，主要任务是指导、监督和控制剧情发展。②助理导演，通常由心理健康者或团体中人际关系交往能力比较强的人物来担任，任务是支持演员，把导演的指示传达给演员，给演员某些指示性的刺激，还可以作为替补演员临时上场。③演员，即接受心理辅导者，可多人，在演出中演员可以变化，可一人饰两个角色或两个人合饰同一个角色。④观众，心理剧中的其他参加者，从十几人到近三十人，他们是剧情参与者，同时也是受辅导者。⑤舞台，安排在合适的地点即可。在心理剧的演出过程中，只需大致把握主题，要鼓励演出者即兴发挥，发挥得越好，心理问题表达得越淋漓尽致，效果越好。

心理剧是一种即兴演出剧，非常重视“现在”、“在这儿”的场景体验。不仅要重视演出者的语言表现，还要重视其非语言行为的表现。心理剧的演出没有固

定的剧本，不带任何强制性。心理剧的参加者必须表现对过去生活的体验，又要预想未来生活的场景及其行为的改善或发展状况，将内心的问题、矛盾在“现在”的演出中展示出来，以期得到解决的启示。在演心理剧时，特别要注意三个阶段的准备工作：①演出前的准备、策划；②演出中的心理剧本的大致线索、场景的设定；③演出后的集体讨论。对演出的整个过程和效果，导演（心理辅导教师）要随时调控，并做好必要的记录和反思。

这里特别要指出的是，团体心理辅导过程中的技术很多，既有个别心理辅导技术，也有团体特有的技术。团体辅导与个别辅导最大的不同在于团体内所自然呈现的人际互动，团体经验的关键也在于团体成员之间的互动。促进团体成员互动的技术较注重从整个团体层面与人际层面考虑做必要的介入。团体辅导的基本技术分为初层次领导技术（同理心、积极倾听、澄清、支持、解释、摘要、反映、发问、反馈、非语言、促进）和高层次领导技术（保护、目标设定、建议、面质、立即性、沉默、自我表露、阻止、联结、折中、评估、设限、调律、整合）。

团体心理危机干预的步骤如下。

第一，要求成员讲述他们在事件过程中的经验，如发生了什么，发生时在哪里，感觉到什么，做了什么，怎么反应。

第二，要求成员讲述事件后所发生的事情，如事件后脑海中保留了什么形象，在随后的时间中发生了什么，在这个过程中看见了什么，自己是如何反应的。

第三，要求成员思考危机发生以后将要发生什么，自己会发生什么变化，学校会发生什么变化，在这些变化中有什么要解决的实际问题。

第四，跟所有的成员讨论他们会怎么样，根据他们遇到的实际问题共同商讨应对的方式。

第五，当他们确认了处理技术时，强化他们的正性方式，建议改变负性方式。

第六，在团体辅导过程中，应随时了解团队成员的情况，提出问题，如果他们愿意沟通，讲出他们面临的困难，肯定他们已做出的努力。

第七，如果有可以提供帮助的人，建议他们去寻求。

第八，避免对团体成员作出不可能实现的承诺。

通过团体心理辅导，协助学生度过危机事件，最重要的是处理学生的情绪以及澄清谎言，防止危机事件的负面影响扩大。在心理干预过程中，学校可邀请心理专家对从事心理危机干预的学校工作人员提供专业的技术指导和监督，在必要时，请他们直接进行现场干预。

4. 心理危机干预评估

在危机干预过程中，对求助者危机状态的评估要始终贯穿于整个危机干预的

过程之中。一般从情感（情绪）、认知、行为三个方面来评估当事人面临的危机严重程度，评估求助者目前的应对方式、社会支持及其他环境资源，评估危机对求助者本人及对他人造成伤害的危险性，评估危机的干预效果，以确立合适的干预方案及随时修正干预方案。常用的评估量表有：事件影响量表（修订版）、CAPS 临床创伤后应激障碍评定量表、DES 分化情绪量表、埃森创伤问卷、情感严重程度评估量表、认知严重程度评估量表、行为严重程度评估量表、危机干预分类评估量表，以及抑郁自评量表和焦虑自评量表等。在评估学生危机的严重程度时，也可以通过危机事件的性质或者通过学生对危机的反应来决定。

对于那些评估之后不需要接受紧急心理援助的学生，可以给他们提供少量的即时干预，也可以进行团体干预。对于那些需要紧急心理辅导的学生，学校视本校的心理辅导力量，依据学生的需求和专业人员的评估，决定选择在学校进行心理辅导或者立即将其转送到校外的专业援助点。在转送之前，学校切忌给学生做大量的评估或咨询服务。

5. 心理危机干预的注意要点

（1）校园危机事件发生后，学校心理咨询室要随时接待来寻求心理援助的学生和教职员工，提供必要的心理干预，并做好危机后的追踪式服务。

（2）以非强制性的、富于共情的方式与当事人建立辅导关系，稳定当事人的情绪，降低当事人现实以及长远的危机感，为他们提供生理上和情绪上的安全感。

（3）为当事人提供积极的应对危机的科学知识，以便他们能有效地应对由危机事件所引发的心理刺激，调节心理上的失衡。肯定当事人为应对危机所做的积极努力，鼓励危机事件当事人在心理恢复中发挥的积极作用。

（4）为当事人提供实际的帮助和必要的信息，帮助他们去获取自己的需求。在必要的时候，为当事人与有关的心理危机干预机构建立长远的联系，帮助当事人与心理健康服务组织以及其他公共卫生组织建立必要的联系。

（5）对于不太愿意开口述说自己内心感受的人，可以使用沙盘游戏、艺术作品创作、心理剧或音乐欣赏等方式帮助他们呈现自我感受和情绪体验。

（6）如果学生的情绪很不稳定，情况比较严重，不能继续正常上课，学校要联系学生的家长或监护人接学生回家，或派相关人员护送学生回家，并且只能将学生交给家长或其监护人。进行咨询的学生需要在上课时间回到自己的班级，如果有些学生不能回去，学校要建立相应的保护处理措施，及时通知任课老师，以防监护缺失。

（7）当事学生要求返回学校时，学校要主动与其家庭取得联系，从保护学生、帮助学生能够更好地成长的角度出发，与家长一起商讨为了让孩子能够继续

接受教育和维持心理健康所要注意的问题。

（8）对于因心理危机而休学的学生，当当事人要求返回学校时，心理危机干预专业人员可运用团体心理辅导的方式，针对当事人所在班级的情况对该班级学生进行辅导，帮助班级中的其他学生调整心理状态、消除内心恐惧和焦虑，确立对该学生的基本态度，对可能发生的问题进行预测并找到应对的方法。

（9）对于需要转介的学生，学校的相关人员要联系学生的家长或监护人，让其护送学生前往转诊地点，如果需要，学校的相关人员可以陪同前往。

（10）所有的干预辅导要避免对涉及事件的个人进行公开评价，以免发生二次伤害。

本章结语

生活中充满着许多不确定的境遇，这对于涉世不深的青少年来说，正面意义大于负面意义。因为人的品性需要风雨的历练，尤其是被百般呵护的独生子女一代，更加需要意志品质的锻炼培养。从这个意义上讲，挫折、磨难也是人生的一种财富，能唤起人内心深处的积极力量。精神分析大师阿德勒对于自卑有另外一种积极的解释，他说："人格的发展，大多基于基本自卑和补偿的动机力量。对自卑的基本补偿是力求获得承认和优越感。"许多有成就的人，例如，大音乐家贝多芬、大哲学家尼采等，都能克服自身的缺陷，自强不息、奋发图强，最终取得辉煌的成就。本章讨论了青少年的压力源与应对方式、抗挫力的培养、困难青少年群体的辅导、危机事件的积极应对等，其目的在于帮助青少年以积极的信念、积极的行为方式处理自己生活中的困难与挫折，从而不断成熟与成长。

本章参考文献

1. 韦有华．人格心理辅导［M］．上海：上海教育出版社，2000.
2. 张明岛．医学心理学（第2版）［M］．上海：上海科学技术出版社，2004.
3. 张春兴．张氏心理学辞典［M］．上海：上海辞书出版社，1992.
4. 江光荣，靳岳滨．大陆中学生应激生活事件调查［J］．亚洲辅导学报，1999（1）．
5. 楼玮群，等．高中生压力源和心理健康的研究［J］．心理科学，2000（2）．
6. 李文道等．中学生压力生活事件、人格特点对压力应对的影响［J］．心理发展与

教育，2000（4）.
7. 黄希庭，等．中学生应对方式的初步研究［J］．心理科学，2000（1）.
8. 于肖南，张建新．韧性（resilience）——在压力下复原和成长的心理机制［J］．心理科学进展，2005（5）.
9. 沈之菲．青少年抗逆力的解读和培养［J］．思想理论教育，2008（1）.
10. 刘旺，冯建新．初中生学校适应及其与一般生活满意度的关系［J］．中国特殊教育，2006（6）.
11. 谭千保．城市流动儿童的社会支持与学校适应的关系［J］．中国健康心理学杂志，2010（1）.
12. 孟莉、岑坚．高一学生学校适应的小组心理辅导研究［J］．中小学心理健康教育·学生在线，2008（12）.
13. 汤林春．农民工子女就读城市公办学校的文化冲突与融合研究［J］．教育发展研究，2009（10）.
14. 朱媛．农民工子女健康人格的养成［J］．成都师范学院学报，2010（1）.
15. B. E. Gilliland，R. K. James. 危机干预策略［M］．肖水源，等译．中国轻工业出版社，2000.
16. 胡平．中小学心理危机预警、干预及管理［M］. 北京：清华大学出版社，2010.

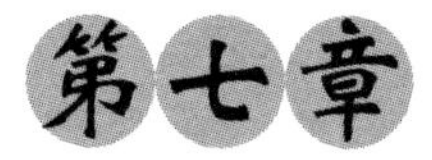

第七章

与人和谐相处

学会与人和谐相处是一种生命智慧和伦理规范，良好的人际关系是一个人的“安身立命之本”。在青少年社会化的过程中，学会与人相处是一个核心发展任务，青少年只有通过人际交往，才能体验到归属感、自尊感、自我效能感与存在感，才能学会爱、关心、宽容和理解。另外，从青少年心理健康的角度看，青少年的抑郁和焦虑往往源于人际关系紧张。人际关系压力是仅次于学习压力的第二大压力源。

第一节　青少年人际关系

在人的生活世界里，人际相处是不可或缺的重要部分，有人统计人们用于与他人交流的时间平均占到清醒时间的四分之三。正因为如此，良好的人际关系对于人的心理健康至关重要。如果列出十个导致情绪紧张的原因，很可能会发现至少一半以上与人际关系有关。

人际关系对青少年成长的意义

首先，和谐的人际关系有利于促进青少年的社会化。社会化是个体从“自然人”成长为“社会人”的过程。在这一过程中，青少年通过人际交往活动，学习社会规范与交往技能、承担社会角色，并不断成熟。同龄伙伴成为青少年交往的主要对象，他们在与同龄伙伴的交往中学习如何沟通、合作，学习如何承担角色与责任。这为青少年在今后的社会生活中的角色承担打下了基础。

其次，和谐的人际关系有利于青少年的心理健康。从积极意义上讲，和谐的人际关系是个体良好的社会支持，而社会支持是个体重要的情感支持系统，可以增加人克服困难的勇气和信心。从消极意义上讲，人际关系不良会影响人的心理健康。研究表明，长期的人际交往剥夺会引起个体恐惧和抑郁情绪的增加，还会导致言语功能的退化和人格障碍等。

再次，和谐的人际关系有利于提高青少年的生活满意度和幸福感。美国成功教育专家卡耐基研究发现，一个人的成功，15%靠个人的专业知识，85%靠人际关系和处事能力。人际交往能力对人的一生起着重要作用，它直接影响个人的生活、学习和工作。心理学家克林格（Klinger）曾经做了一个调查，当人们被问到“什么使你的生活富有意义”的时候，几乎所有的人都回答，亲密的人际关系是首要的。自己的生活是否幸福取决于自己同生活中的其他人的关系是否良好。调查还发现，人际关系的重要性远远超过成功、名誉和地位，甚至超过宗教信仰。

青少年人际关系特点

1. 一般特点

（1）人际交往需求日趋强烈。随着青少年自主意识、独立性的不断提高，他们在情感交流上逐渐从父母转向同龄伙伴。有调查表明，大多数青年人认为在高中阶段结交的朋友最多，最要好的朋友也是高中阶段结交的。可见青少年时期是同伴交往需要快速发展的时期，这种需要在高中阶段达到了高峰。

（2）人际交往内涵日趋丰富。初中生交往的选择性比较小，同桌、邻居等容易成为好朋友。而高中生交往的选择性比较大，一般以性格、兴趣爱好，以及对事物的看法为标准选择朋友。一项调查发现，高中生最重视的友谊标准依次为：兴趣想法相似，同忧同乐相互关心，弥补不足。

2. 性别差异

王春英、邹泓对 597 名初中生的人际关系能力（人际关系能力包括发起交往、提供情感支持、施加影响、自我袒露和冲突解决五个维度）进行了调查，发现：初中生在人际交往中的情感支持、开放性存在明显的性别差异。

女生提供情感支持和自我袒露的能力显著高于男生。这与以往的相关研究较为一致。研究发现，女生更为强调双方的支持、关系的亲密性，以及情绪情感的分享。对大学生的研究也发现，在和朋友以及恋人交往时，女性提供情感支持的能力要高于男性。而与同性朋友交往时，女性的自我袒露能力高于男生。之所以会有这样的结果，一方面反映了两性与生俱来的差异；另一方面可能在于社会环境对两性的不同要求。社会环境对性别角色的规范不同，父母、教师对男女性的要求也有所差异，男生一般会较少表露个人信息。

3. 年龄特点

上述研究还发现，在发起交往和冲突解决上，初一的学生得分高于初二、初三的学生。在提供情感支持、施加影响和自我袒露三个维度上，初中三个年级并未表现出显著差异。究其原因，可能在于初一年级的独特性。由于刚到一个新环境，彼此都不熟悉，同学之间会通过相互交往而建立亲密的人际关系，此时，个体是否具有主动发起交往的能力会得到充分的体现。与此同时，在人际关系建立之初，个体之间会有一个相互磨合的过程，此时，各种冲突的发生频率相对较高，而是否能够很好地解决冲突也是初一的学生人际关系能力的显著表现。随着时间的推移，尤其是到了初三，由于同学之间已经比较熟悉，各种人际关系已经

相对稳定，发起交往和冲突解决的能力在人际关系能力中的地位不再突显。

4. 类型特点

王春英、邹泓对青少年人际交往的类型进行了研究，发现青少年的人际交往能力可以划分为退缩型、认知型、动力型和完美型。四种类型的特点有以下几点。

（1）退缩型青少年在交往动力、交往认知和交往技能上均得分较低。他们代表了现实中的这样一群人：从个人意愿上，对人际交往不感兴趣；从认知上，没有认识到人际交往的重要，难以把握人际交往过程中的微妙关系，对于其中的规则秩序也缺乏了解。在交往过程中，这群青少年的行为表现也让人难以满意。他们不能采取有效的沟通方式，难以对他人的行为给予合理适当的反应。遇到突发情境时，他们也不能做出机智的应对。

（2）认知型青少年在交往认知上有较高的得分，而交往动力和交往技能的得分显著低于平均水平。在现实中，这种类型的学生有点像“安静的人际交往专家”。他们懂得比较多，具有丰富的人际交往知识，对人际交往过程中的原则或规范也有较为准确的认识，但从内心上来说，他们似乎不太喜欢与人交往。在现实交往中，他们的交往技能也是让人担忧的。

（3）动力型青少年在交往动力上有较高得分，而交往认知和交往技能的得分低于平均水平。这种类型的青少年喜欢与人交往，但因为缺少有关的人际交往知识，他们的行为表现也不能让大家感到满意。

总体来看，以上三种类型的青少年均在人际交往上有所欠缺，但其表现却有很大的差异，这给青少年人际交往能力的培养实践提供了一定的启示。

（4）完美型可以说是较为理想的人际交往能力类型。此类青少年在交往动力、交往认知和交往技能上的得分均显著高于平均水平。他们喜欢交往，懂得人际交往的基本规则，而且在交往过程中也有令人满意的行为表现。这项研究发现，在青少年群体中，约有三分之一属于完美型。这表明青少年的人际交往能力总体上还是呈现出比较积极的发展趋向。

上述研究进一步考察了四种人际交往能力类型在初、高中和男女生中的分布。

对四种类型的年级比较发现，与总体样本的期望人数相比，高中生在退缩型中所占的比例显著高于初中生。这一结果可能与青少年时期不同阶段心理发展的特点相关。初中生刚刚进入青春期，在成人感的推动下，热切地希望能与他人有更多的交流。但到了高中阶段，心理发展的逐渐成熟以及学业压力的增大使得很多高中生变得更为内敛。对四种类型的性别比较发现，男生和女生仅在完美型上表现出边缘显著水平的差异。

青少年人际关系问题辅导

许多调查和临床实践表明，青少年人际关系不良往往与性格问题有关。以下就青少年常见的两种人际关系问题进行分析，并提出辅导建议，供读者参考。

1. 嫉妒心辅导

嫉妒是一种自私、气量狭窄、不能容忍他人的性格障碍。学生的嫉妒心则常常使他们不能融洽地同别人相处，常常与别人发生冲突。有一位重点中学的学生曾向心理辅导老师诉说自己的苦恼：到了高二下学期，自己常有一个怪念头，就是难以容忍别人学习成绩超过自己，有时看到别的同学考试分数超过自己，就会特别难受，晚上会失眠，白天会莫名其妙地发怒。班级里评奖学金评了别人，便会很不服气。这其实是典型的嫉妒心理在作怪。

嫉妒心的形成原因可能有以下几种：自小养成的气量狭窄、处事待人毫不谦让的性格；由于自己表现不及别人，受到过老师和同学的冷落，感到自己的优势地位已丧失，自尊受到威胁，因而造成自卑感而引起嫉妒；成人在学生面前故意夸奖他人，使其怨恨他人；父亲或母亲常有嫉妒他人的表现，潜移默化中受到父母影响。

对有嫉妒心的学生的辅导措施有以下几项。

（1）用坦白与诚实的态度处理。有时嫉妒是出于本能，如果过分抑制它，也许只能使它埋得更深而毒害学生的心灵，所以要让它显露出来加以引导纠正。例如，在上述案例中，辅导老师首先要做的就是让该学生尽情诉说，把一直深藏于内心的说不出口的话统统说出来，以了解其嫉妒的真实原因。

（2）帮助学生分析和认识嫉妒产生的原因与危害。利用当事人的亲身体验，说明嫉妒不仅伤害了别人，也伤害了自己，使自己的心灵受到折磨。

（3）鼓励学生靠自己的努力和进步来换取别人的赞扬，引导学生虚心看待别人的优点与进步，把别人的长处当成自己的一面镜子，以发现自己的不足。

（4）用事实证明，他们还是能被人喜爱的。有位学者曾说："嫉妒的孩子通常都是觉得没有人喜欢他们，也没有人会爱他们。"所以，要让他们感受到自己也是能受人喜爱的。

（5）教师对学生应一视同仁，要用公正的评价，使其口服心服。

2. 反抗、易怒心理辅导

有些学生常常容易发怒，常常与同学、家长和教师发生对抗，不能控制自己的情绪。有位辅导教师反映过这样的个案：高一学生小刚脾性暴烈，经常暴跳如

雷，像头狮子，从不承认自己有错，同学们都不愿和他交往。有一次他迟到了，却骑着自行车横冲直撞地闯进了校门，值勤的学生把他拦下，将他拉到老师跟前，他还横眉怒目，强词夺理，拒不认错。

这种不良心理的起因也是多方面的：常常受到过多的挫折与指责，心理承受了较大的压力，为了摆脱这种压力，需要宣泄情绪；没有整理情绪的机会，往往正在做一件事时，忽然又被指令去做另一件事，情绪节奏时常被打乱，因而总感到无所适从；父母管教不当，管教孩子没有原则，任凭自己的性子，反复无常，使孩子对父母抱有成见；成人要求学生做一件他不想做或没有能力做的事时，学生也会产生抗拒心理；与自身大脑神经系统的特质有关，因为脑科学的研究表明，人脑内部除了有掌管思维的理性中枢，还有着专门掌管情绪调节的情绪中枢，而狂怒、缺乏自制力的状态，又被称之为“情绪短路”。

反抗、易怒心理的辅导措施有以下几项。

（1）要让学生认识到，经常性的愤怒既有害于别人，更有害于自己的身体和心理健康。

（2）帮助学生学习调节、控制自己的不良情绪。例如，每当要发脾气时，可以建议当事人采用自我暗示方法，反复在心里告诫自己“不要发脾气”，或者立即离开现场，脱离不良情绪的刺激源，而后进行冷处理，也可以采用其他松弛情绪的方法。

（3）鼓励学生多多参与集体活动，增强其对集体生活的归属感，尽量减少易怒者与别人的冲突。即使发生冲突，也要劝导周围的同学主动把冲突降温，而不要激化矛盾。

（4）成人对孩子的学习期望不要过高，要适度，要循序渐进。不要用高压手段逼迫他们学习，施加压力虽可能会有效果，但学生将怨恨压至心底，会积累更多的消极体验。

（5）教师与父母在学生面前要控制好自己的情绪。尤其当学生有错时，不要向他们滥发脾气，而要采取冷处理。

第二节　和谐同伴关系

和谐同伴关系对青少年成长的意义不言而喻。被同伴接纳的学生常常能够体验到自尊和归属感，更愿意合作和助人，更能够与同伴和谐相处；而被同伴拒绝

的学生常常会感到失落、孤独，甚至会产生敌对情绪。

同伴关系测量

如何了解青少年的同伴关系，这里我们介绍一种社会测量法（又称为同伴提名法），以帮助老师了解自己班级的同学的同伴关系。同伴提名法是心理学家莫里诺（Moreno）于1934年提出的，具体做法是，让被调查者依次说出在团体里自己最愿意和最不愿意交往的几个人，然后再根据整个团体的调查情况进行统计分析。同伴提名法的基本原理认为，儿童同伴之间的相互选择，反映着他们之间心理上的联系。肯定的选择意味着接纳，否定的选择意味着排斥。调查结果可以用矩阵图表示：先以分数表示出选择的程度和方向，如最喜欢的记3分，其次记2分，再次记1分；不喜欢的则以负分表示。表7-1就是5人团体中的人际关系矩阵的统计结果。

表7-1　人际关系矩阵表

	A	B	C	D	E
A		3	2	1	−1
B	3		2	1	
C	2	1		−2	−2
D	2	−1	1		3
E	3	2	−1	1	
总计	10	5	4	1	0

从表7-1可见，在5人中，A最受欢迎，而E最不受欢迎。

值得注意的是，同伴提名法在实际操作中可能会产生负面影响，会使一些被提名得分不高的孩子产生被群体拒绝的压力。因此，我认为不宜在班级里公开使用这种方法，即使使用这种方法，可以公布受同学欢迎的学生，不可公布得分低的学生。

同伴关系类型分析

吴晓玮等对526名初中生运用同伴提名法进行问卷调查，结果表明，同伴关

系主要有四种类型，各个类型所占比例由高到低依次是：普通型（37. 8%）、欢迎型（22. 3%）、忽视型（20. 9%）、拒绝型（13. 7%）和争议型（5. 3%）。约60%学生的同伴关系能够健康发展，其中部分学生具有较高的同伴接纳水平，属于同伴关系发展最优的欢迎型学生，他们在同伴交往过程中会认真倾听、待人热情。

在被调查的初中生群体中仍存在着相当比例的边缘型学生，他们约占总数的40%。忽视型学生很少被同伴当作好朋友，但也不被讨厌；拒绝型学生很少被认为是谁的好朋友，且都被大家讨厌；争议型学生既被当作某些人的好友，又被另外一些人讨厌。遭拒绝的青少年与被忽视的相比，往往在未来的生活中遇到更为严重的适应问题。忽视型学生往往在学校、社会生活适应上有特殊的困难。忽视型有两种：一种是虽然不被其他同学选择，但仍然主动选择别人，他们仍会保持着对班级的认同；另一种是既不被别人选择也不选择别人，他们的问题往往比第一种忽视型更加严重，如果长期得不到教师或其他途径的有效关怀，他们极有可能转向社会其他群体寻求承认和安慰，从而很可能被社会不良群体俘虏而走向歧途。

调查还发现，初中生同伴交往存在性别差异。一个人在积极标准上被同伴提名次数越多，其同伴接纳的程度越高；在消极标准上被同伴提名越多，说明他被同伴排斥的程度越高。我们可以发现，相对于女生而言，男生受到更多的同伴关注，但更多的关注并没有带来更多的同伴接纳，男生的同伴厌恶程度显著高于女生，同伴接纳程度和女生无异。

对不同同伴关系类型在不同性别群体中的分布的统计表明，女生中的欢迎组比例显著高于男生，而拒绝组比例显著低于男生。相对于男生来说，女生有较高的同伴接纳水平和较低的同伴拒绝水平，这一结果与以往的研究结果是一致的。进入初中阶段，学生进入青春期，男女生由于生理原因和性别社会化过程中所形成的性别角色意识的不同，女生的同伴依恋比男生强，她们更善于帮助朋友，同时也更愿意接受同伴关怀，人际信任度更高，男生则强调自主和理性。女孩比男孩对他人的悲伤及她们在同伴关系中的地位更敏感，而男孩比女孩更有可能在同伴面前表现身体或言语侵犯。男生往往表现出更多的问题行为，这种问题行为反映在自身的社交行为和策略上就很容易导致其较差的同伴关系，而女生往往表现得更为内敛，更愿意去建立亲密的同伴关系，因此，她们的同伴关系自然就比男生要好些。有研究从个体水平着眼，考察青少年选择朋友、被选为朋友及其双向选择的数量，发现女生比男生更多地加入到学校的社会网络结构中，在拥有最好的朋友、成为团体成员的可能性上均大于男生，她们拥有更多的双向选择的朋友，选择朋友和被选为朋友的次数更多。

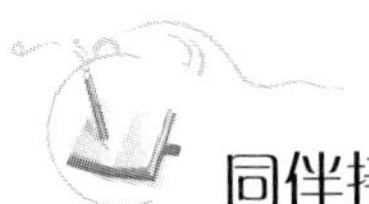

同伴接纳与同伴拒绝

同伴接纳是一种群体指向的单向结构，反映的是群体对个体的态度：喜欢或不喜欢，接纳或排斥。它包括两个属性：一是学生受欢迎程度；二是其社会地位。学生被同伴所接纳，就意味着他的个人声望已达到了受同伴欢迎的程度，其社会地位，如身份、社交能力和在同伴中的威信程度等都得到了同伴的认可。同伴关系的建立，主要受同伴接纳性的影响。在个体成长过程中，同伴接纳给儿童提供的是自身是否从属某个同伴群体的经验，个体可以从中获得归属感。多数研究一致认为，能够被同伴群体完全接纳的儿童会表现出友好的态度、谦虚的品质、较强的合作性以及良好的学业适应。

不少研究者发现，同伴的接受程度低、拒绝程度高的学生，既缺乏令人喜欢的特征，又具备一些令人讨厌的特征，如不干净、无吸引力、不健谈等。研究表明，在所有年龄阶段低交际能力与低受欢迎程度有关，但与同伴拒绝没有高相关。与被忽视学生不同，被拒绝学生的交往问题并不是由于较低的交际能力造成的，他们在同辈群体中不受欢迎并不是因为缺乏社交技能，很可能与他们的负性行为或在对人际关系的认知上存在着某些偏差有关。

研究表明，同伴接纳与拒绝还与青少年对人际关系的归因倾向密切相关。潘佳雁研究了中学生同伴交往接受和拒绝的归因问题，结果显示，被拒绝学生对正性事件的归因与其他学生存在显著差异，对负性事件的归因不存在显著差异。即被拒绝学生存在着某些不适当的归因方式，这种方式将会影响他们的人际情感和行为。所以我们可以针对这种不适当的人际归因方式对他们进行人际归因训练，提高他们在同辈群体中的社会接受性，改善其同伴关系。

和谐同伴关系的辅导建议

和谐同伴关系的建立，一方面需要学生学会良好的人际沟通，另一方面也需要在班级集体中培养学生的团队精神，班级集体本身是一个积极的教育资源。

1. 学会沟通

（1）要学会倾听。在同伴交往中，倾听既是一种沟通技巧，也是一种对人尊重的态度。有人际吸引力的学生往往能够倾听同伴的诉说。因此，要学会倾听，

做一个“合格的听众”。①应该对同伴说话表示有兴趣。当别人跟你说话时，要全神贯注，不能心不在焉，不能左顾右盼，眼神能够表达你的关切和态度，也能够表达你的漫不经心。②以开放的心怀，耐心听取同伴的不同意见，让别人把话讲完，然后表达自己的意见，对不同意见可以采取“和而不同”的态度。

(2) 要学会赞美。美国著名心理学家威廉·詹姆斯（William James）说：“人类本性上最深的企图之一是期望被赞美、钦佩、尊重。”希望得到尊重和赞美，是人们内心深处的一种愿望。赞美是人际交往中非常重要的一个技巧，它不仅能满足个体渴望被他人尊重和欣赏的需要，增强人际关系的协调性，还能加深相互之间的情感。赞美同伴时，需要注意以下几点。

①真诚。赞美一个人，要发自肺腑、出自内心。确实认为这个人有值得赞美的地方才去赞美，必须实事求是，如果无中生有，言过其实，便会有阿谀奉承、溜须拍马之嫌。过分夸张，还有可能造成误解，会让对方把你的赞美理解成讽刺、讥笑或是别有用心。

②中肯。赞美的言词要中肯，中肯的前提是要理智。人是具有感情的，但感情色彩太浓，就会削弱或丧失理智，就有可能“一叶障目，不识泰山”。如在亲子之情的支配下，有的家长看到孩子取得一点成绩就喜形于色，激动不已，不能冷静地看到孩子存在的不足及今后的努力方向。所以说，要中肯就一定要有分寸，定位要准。

③具体。赞美要力求具体，太空泛、太笼统会给人一种戴高帽的感觉。对正派人来讲，会感到别扭，产生一种距离感。如果赞美得比较具体，定位很准，就说明你的赞美是建立在对他的了解的基础上的，是认真的、真诚的。这样的赞美会打动人心，能够拉近彼此间的距离。

④兼顾场合。我们在赞美某一人时，还要考虑和兼顾其他在场的人的心理感受。在几个人中赞扬其中一位，可以找一些客观因素，这样其他人也不会觉得丢面子。比如在两个人之间赞扬其中一位，就要注意表达技巧。说 A 做的不如 B，就不如说 B 做得最好。两种表达方式对于 B 来讲影响都一样，而对于 A 来讲就有较大的差别。

(3) 学会说“不”。有时同伴交往中由于各种原因不能满足对方的请求，需要拒绝别人时，我们怎么有礼貌地、婉转地说“不”，同样是一种人际关系智慧。例如，你对某事不同意，不愿意去做，可以付之一笑不表态；不想参加同学的晚会，可以说“真不巧，我今晚要去外婆家”；你不愿意和同学去玩电子游戏，可以说“我不想玩电子游戏，我们去打羽毛球吧”；你不想下棋时，可以说“下棋，我可远远不是你的对手”。

2. **团队精神**

团队精神是现代人必须具备的素养，也是和谐同伴关系的最为重要的指标。建设好班级集体是青少年团队精神培养最为有效的途径。其中，班级的团队凝聚力对于青少年的团队意识、合作精神影响尤为重要。团体凝聚力对青少年的影响，主要表现为认同感、归属感和力量感。

认同感是指团体内各个成员对一些重大事件和原则问题，保持共同的看法和评价。这种认同感往往是相互影响、潜移默化的，尤其是当个人对外界 R 情况不明时，团体的其他成员对其影响更大。

归属感是指每个成员对团体的一种情感联结，使人在心理上获得安全感，产生“我们的”情感。当团体取得成功或者失败时，团体成员会有共同的感受，与团体共享欢乐和分担忧愁。

力量感是指当一个人表现出符合团体规范、符合团体期待的行为时，团体就会给予他赞许和鼓励，以支持其行为，从而使他的行为得到进一步强化。

（1）团体凝聚力的影响因素。一个团体的凝聚力的高低与下列因素有关。

①目标整合程度。团体是由不同个体组成的一个整体。整体有整体的目标，个体有个体的目标，两者如能统一起来，保持一致，就是目标整合。整合程度越高，团体的凝聚力也就越高。

②团体的领导方式。不同的领导方式对团体凝聚力有不同的作用。穆勒通过实验，比较了“民主、专制、放任”三种领导方式之下的各个小团体的效率和气氛，结果发现民主型领导方式比其他两种方式更能使其成员相互友爱、思想活跃、凝聚力强。

③外界的压力和威胁。当团体处于外界的压力下或者遇到外来的威胁时，团体的凝聚力会提高，会产生“一致对外”的合力。

④团体内部的激励方式。奖励方式有个人奖励和团体奖励。研究发现，不同的奖励方式对团体成员的情绪和期望有不同的影响，而且两种奖励方式有一定的互补性，有利于团体凝聚力的增强。

⑤团体成员的心理因素。团体成员如果志趣相投（即动机、志向、信念、兴趣和爱好等相似）、心理相容（即成员之间相互吸引、和睦相处、相互尊重、相互信任、相互支持）会增强团体的凝聚力。另外，他们如能在性格、气质、性别和年龄方面互补，也会增强团体的凝聚力。

（2）团体凝聚力对个体的作用。团体凝聚力的高低不同，对学生个体的作用也不相同。

①在凝聚力高的团体，成员有较强的归属感，并往往感到很自豪。因为在团

体里，他们在许多方面都能达到一致，彼此信赖，不愿意离开这样的团体。

②在凝聚力高的团体，成员愿意更多地承担团体的责任，关心团体的存在和发展。因此，凝聚力高的团体的团体聚会的出席率会高于凝聚力低的团体。团体成员这种行为上的变化，是思想、价值取向一致的反应。我们常常可以根据团体成员出席团体活动率的高低，来比较不同学生群体的凝聚力。

③凝聚力高的团体的学生个体的特点必然影响学生团体。由于团体里人际关系好，凝聚力高的团体的成员之间的沟通和互动就比凝聚力低的团体的频繁。此外，在沟通的语言上，凝聚力高的团体，往往更多地使用正面的、友善的语言。而凝聚力低的团体内，由于人际关系不好，成员之间的沟通可能不会很融洽，这又会进一步降低团体的凝聚力。因此，一个团结、温暖、和谐、积极向上的班级会有很强的凝聚力，可以激发每个学生的团队合作精神。

学校团体辅导活动（如心理辅导活动课、小组辅导活动等）里有许多团队合作的内容。以下介绍一个学校的实例。

合作工作坊

合作工作坊，是一种体验式、参与式、互动式的学习模式，是团体心理辅导的一种形式。由于它主题鲜明、互动性强、形式灵活，参与者可以获得很多通过讲授式课程无法获得的成长体验。因此，工作坊逐渐成为一种提升自我的学习方式，存在于学校和社会性的各行业中。合作工作坊，针对学生人际交往中的问题和心理困扰，以促进交往、学会合作为目标，实践表明很有成效。

合作工作坊的设计可分为准备阶段、集中工作阶段和成果整理阶段。活动过程有以下几个操作形式。

（1）主题任务式。围绕某一具体的任务，各成员发挥自己在团体中的作用，通过合作、交流，创造性地完成任务。有时，还可以进行小组间的竞赛，以促进组内的合作。如我们组织的“巧解人结”活动，将全班同学（50~60人）分成4个小组，要求学生以最快的速度“结人结”并“解人结”。学生在活动中感受到交流的快乐、合作的重要和自己在团体中的重要性。

（2）情景体验式。有时，在团体活动中，学生只是被动地参与教师预设的活动，活动效果不佳。教师可预设一个问题情景，让学生自导自演接下来的心理情景剧。这样的方式，再现了学生真切的生活体验，让他们感觉亲切，心灵更易受到触动。如针对青春期的男女生的交往，教师预设情景：一个男生喜欢上了一个女生，男生发短信给女生希望可以与她约会，女生的反应会是怎样的呢？让工作坊的4个小组自导自演接下来的情景剧，他们表演的情节各不相同，但都来源于

实际，入木三分。

（3）问题分享式。在工作坊中，教师为了提高学生的认知水平，常常组织学生进行讨论。在选择问题时，话题最好来源于真实的生活实际，甚至有些讨论是需要基于现实资料的，这样会使学生的探讨更加热烈。如给出一个高一某生成绩下滑的具体案例，让学生分析其中的原因并提出具体的建议。各小组的发言极其热烈，从中能感受到学生对自卑、内向的学生的关心。

（4）模拟研习式。交往技能是需要不断地运用并在实践中理解、内化、提高的。这一范式强调对具体交往技能的训练，对理论用于具体操作的体验。如在“职场招聘”活动中，通过让学生应聘相关职业，去体验人际交往的礼仪和感受合作与竞争的关系。

下面介绍合作工作坊的实践案例——“高三，我们携手同行”。

合作工作坊共开展了3次活动，每次1课时，以班级为单位开展活动。目的是通过活动增进同学情谊，培养合作精神；学会在团体中集思广益，借助团体的力量促进自身的成长；在活动中体验交往的快乐，缓解紧张情绪。

第一次活动：以热身活动“一元五角”开始，然后分小组完成任务一“同舟共济”、任务二“坐地起身”，完成后分享活动感受。最后，以放松活动“兔子舞”结束活动。

第二次活动：以“花样握手”开始活动，然后分小组完成任务一“巧解人结”、任务二“翻叶子”，最后以“一句话小结”结束工作坊活动。

第三次活动：以热身活动“大风吹”开始，然后开展全班活动“星光大道”，再分小组开展“天生我材”活动，最后以“与你同行”结束活动。

这三次工作坊活动，深受学生的喜爱，学生反响热烈。学生们在“一句话小结”中说道：“团结就是力量。”“一起走更精彩。”“在今后人生道路上，我们可能会遇到许许多多解得开或者解不开的结，但面对它们，我想最重要的是这种努力求解的态度和过程，以及团队中的配合、各司其职。”

第三节　和谐师生关系

和谐师生关系于青少年的健康成长是一个重要的社会支持力量。教师是学生成长的导师，教师给学生“传道、授业、解惑”，不仅在知识领域，而且还包括道德伦理、人格教育等。俄国大教育家乌申斯基说过：“在教育工作中，一切都

应该建立在教师人格的基础上。因为只有教师人格的活的源泉中才能涌现出教育的力量……没有教师对学生的直接的人格方面的影响，就不可能有深入性格的真正教育工作。只有人格能够影响人格的发展和形成。”

师生关系分析

姚计海等选取3319名初一至高三学生作为被试，主要采用问卷法，考察中学生师生关系的结构、类型及其发展特点。

1. 中学生师生关系的结构

影响中学生师生关系的结构因素为冲突性（是否经常在情绪或行为上表现出与教师的冲突）、依恋性（是否表现出对教师的钦慕和敬意）、亲密性（是否表现出与教师亲密相处、相互接纳的态度或行为）和回避性（是否回避或不愿意与教师的交往）。这四个因素构成了中学生师生关系的内在结构，也体现着师生交往的质量。

随着中学生心理发展水平的不断提高和成熟，尤其是自我意识的发展，中学生师生关系表现出回避性和依恋性的特点，这反映出中学生人际交往的独立性和依赖性、自觉性和幼稚性、开放性和闭锁性等两极性特征，体现出他们既希望依恋教师，又希望表现自我独立性的内心矛盾。中学时期的学生抽象逻辑思维迅速发展，独立性、自觉性迅速增强，自我意识逐渐成熟，但他们的人际交往仍保留儿童的幼稚性和对成人的依赖性。

当然，中学生的依恋性不同于幼儿和小学生的，中学生对教师的依恋是中学生向师性的体现，其内容更加深刻丰富，主要表现为对教师的敬佩、钦慕和积极关注等。

2. 中学生师生关系类型

该研究把中学生的师生关系分为矛盾冲突型、亲密和谐型、疏远平淡型三种类型。矛盾冲突型的学生与教师交往，具有较多的冲突和回避，与教师之间的依恋和亲密感也比较低。亲密和谐型的学生与教师之间具有多亲密、多依恋、少冲突、少回避的师生关系，具有良好和谐的师生关系。疏远平淡型的学生与教师交往，主要表现出少依恋、少亲密、多回避的特点，与教师交往的态度和行为偏回避疏远。以往有调查指出，有52.6%的中学生认为自己与教师之间的关系不是非常密切。而该研究也发现，具有亲密和谐型师生关系的学生仅占34.8%，而具有矛盾冲突型和疏远平淡型师生关系的学生占65.2%。可见中学生师生关系的现状

潜伏着给学生的发展带来不良影响的危机，应引起广大教育工作者的高度重视。从当前的教育实践来看，中学生师生关系中疏远与冷漠、冲突与对立的现象经常发生。虽然从中学生心理发展的规律来看，这些现象的存在具有一定的必然性，但是这些现象如果得不到妥善引导和处理，势必会影响学生人格与行为的发展。我国推行的素质教育强调在师生之间建立民主、平等、和谐的师生关系，因此，亲密和谐型的师生关系应得到重视和提倡。

3. 中学生师生关系具有鲜明的年级发展特点

中学生师生关系具有波浪或下降趋势的特点。该研究发现，中学生师生关系的发展具有鲜明的年级特点，初一师生关系最好，但随着年级的增长，师生关系呈下降趋势，初二的和高二表现相对不理想。

探讨其原因，可以发现：(1) 中学生的认知能力不断提高，进入中学以后，其发散性思维能力提高很快，思维的独立性和批判性有显著发展，因此他们可能会越发以独立、批判的眼光看待自己与教师的关系。(2) 埃里克森指出青少年期是自我同性形成与同一性混乱相冲突，并获得新的自我同一性的时期。中学生处于这一时期，他们常常会陷入困惑、矛盾的心理冲突之中，这使得中学生师生关系具有一定的复杂性。(3) 中学阶段，尤其是高中阶段，学生的学习任务较重，许多教师对学生的学习有着较高的期望。在这种情况下，学生的情感和人格等方面的发展在一定程度上受到忽视，师生心灵沟通受到限制，反而增加了师生之间的冲突和冷漠的可能。

从年级发展趋势来看，初二和高二的矛盾冲突型学生人数明显多于其他年级，而亲密和谐型学生人数明显少于其他年级。从师生关系类型来看，初二和高二都疏远平淡型人数最多，其次是矛盾冲突型，亲密和谐型最少。整体来看，初二和高二学生的师生关系发展明显不同于其他年级，表现出更冲突、更疏远和更不亲密的特点。可见，这两个年级是中学生师生关系发展的两个特殊阶段。

探讨其原因，可以发现：(1) 初二阶段是中学生认知发展的转折期，其思维批判性有较快的发展，也表现出更多的心理困惑。在与教师交往中，他们经常审慎地看待教师的态度和行为，但他们的整体认识水平仍比较幼稚，认识问题易于偏激，容易引起师生冲突或疏远。(2) 高二阶段也是中学生认知发展的一个转折期，是逻辑思维基本成熟的时期，而且辩证逻辑思维也趋于占优势的地位，但是并没有完全发展成熟，因此，他们与教师交往时容易出现认识上的偏差。(3) 独特的认知发展特点在一定程度上促使这两个年级的学生表现出独特的情绪情感和自我意识，比如，初二学生产生较强的成人感，高二学生产生较强的成熟感，但从本质上讲他们的身心发展并没有完全成熟。(4) 从教师角度来看，如果教师对

这两个特殊阶段的学生的年龄特征缺乏充分的认识和心理准备，也可能导致师生关系的冲突与疏远。

建立和谐师生关系的基本原则

师生关系应该体现“尊重、真诚、理解”的六字方针，这是人本主义心理辅导的基本精神，也是建立和谐师生关系的基本原则。

1. 学会尊重

尊重意味着对当事人无条件地接受、认可、欣赏和喜爱。罗杰斯认为，无条件意味着对当事人的消极的体验，如痛苦、害怕、异常等，像对积极的体验，如自豪、满足、信心、关心一样接纳。

2. 学会真诚

真诚要求教师必须以真实的自我而不是带着假面具出现在学生眼前，坦诚相见，进行以心对心的交流。真诚并不意味着教师向学生暴露自己所有的隐私，而是要求教师不要掩饰自己的错误，并在适当的时机利用它来加深师生之间相互信任的关系。有一个课堂里的故事给我的感触很深：某位班主任因为班级排练大合唱的事发火，被同学们要求按违反班规罚扫教室。这在常人看来，老师似乎很没面子，威信扫地。可是这位班主任诚心诚意受罚，在同学们心目中的威信不但没有下降，反而更高了，从此这个班级老师在与不在同学们都一样自觉。这个案例的具体情况如下。

为了庆祝国庆节，班里排练大合唱。全班同学兴致勃勃地在练着，可担任领唱的小罗同学不知何故突然不愿唱了，班主任李老师耐心地给她做思想工作，同学们也都劝说，可她怎么也不愿领唱了，而第二天就要演出，再换人来不及了。最后李老师发火了，对小罗吼道：“你不唱就给我滚出去！”话一出口，李老师就后悔了，万一小罗真的走了，明天的演出不就砸锅了吗？还好，被老师这么一骂，小罗还真唱了。

排练结束之后，李老师找小罗谈心，小罗说刚才不愿唱是因为与同学闹别扭，心里不高兴。李老师也教育她要正确处理个人与集体的关系，学会调控自己的情绪，同时又真诚地向她道歉，说明自己实在是因为太急才冲着她发火，请她原谅自己的错误。小罗也原谅了老师，事情就这样解决了。

没想到第二天早上李老师走进教室，见黑板上写了一行大字：李老师昨天发

火，罚扫教室一天。李老师吃了一惊，心想，这些孩子还真大胆。转而一想，李老师又高兴了：学生敢于批评老师难能可贵，实在不应挫伤。再说班规刚实施，班主任同样也受班规的约束，这是对班规权威的考验。不过，李老师想再考验学生们依照班规惩罚老师的勇气有多大，于是半开玩笑半认真地与同学们“谈判”：“我当然得依‘法’办事，但请问，我这个月发了几次火呀?”学生们考虑了一下说“一次”。“对呀，班规上规定发火每月不得超过一次，可我并未超过一次呀!”李老师得意地说，“在这个月剩下的几天里，只要我不再发火，就不会超标了。”学生们没有声音了，可能是觉得老师言之有理。可一会儿，小李同学站了起来说：“对，你发火是没有超过一次，但你是用了侮辱性语言叫小罗‘滚出去’。根据班规，用侮辱性语言哪怕一次也得受罚。”经他这么一说，学生们便叫了起来：“对，小李说得对，李老师该罚。”于是，李老师对大家说：“我认罚，面对班规我想赖也不行，今天放学，由我扫教室，保证扫得干干净净，否则重扫。”

当天下午，李老师外出开会，但他仍然匆匆赶回学校，同学们都很吃惊：“李老师，你真的扫啊?”两位班干部要替李老师扫，李老师坚决不让，把门关紧了一个人在教室里干得满头大汗。第二天早晨，学生们纷纷到“学校清洁卫生评比栏”看教室卫生评比，结果那天的分数是满分。这在全班引起了强烈反响：“李老师太好了。”“我读书到现在从未见到老师一个人打扫教室。”“李老师真高尚。”而这时李老师却感到非常遗憾：学生们赞不绝口，说明在大多数学生的头脑中，老师并不是依法受惩，反而是放下架子，平易近人，令人尊敬。在下午的班会课上李老师真诚地对学生说：“纪律面前人人平等，同学违反纪律应该受罚，老师违反纪律同样受罚，说老师高尚是因为大家仍然没有树立以法治管理班级的观念。”在以后的两年时间里，李老师因违规而五次受罚，大家都觉得很自然，很正常。

班级实施了班规之后，最大的变化就是李老师在与不在都一样，即使出差半个月，班级的各项工作和活动照常，秩序良好。每一位学生都是立法者，面对班规人人都有权利。但人人都没有特权，每个学生都是班级的管理者又都是被管理者。在这样的班集体中，学生感到不是老师在约束自己，而是自己在约束自己。

这个案例给我们的启示是，教师的真诚更能够赢得同学们的信任，使师生关系更加和谐。

3. 学会理解

理解就是要求教师设身处地为学生着想。这样的理解要求教师能够准确地感知学生的个人世界和内在思想，并将之传递给学生。在沟通中，教师不仅要理解

当事人所表达的确切内容，还要准确地把握自己意识到的东西，并将之回馈给学生。

倾听是理解的一把钥匙。佐藤学在《静悄悄的革命》中写道：“这种倾听不是听学生发言的内容，而是听其发言中所包含着的心情、想法，与他们心心相印，从而产生‘啊，真不简单’、‘原来如此’、‘真有趣呀’等共鸣共感。唤起这些情感体验可以说是倾听学生发言的‘理解方式’应具有的最重要的意义。”学会倾听要求教师面对学生时，从眼神、语言、表情和身体姿态各方面，充满关注和期待，这对学生是无比重要的精神支持。

教师期望与师生良性互动

期望对人的动机作用源于一个优美的古希腊神话。皮格马利翁是古代塞浦路斯的一位国王，由于他把全部热情与期望都倾注在自己雕刻的美丽的少女塑像身上，后来竟使塑像活了起来。著名文学家萧伯纳也曾说过：“要记住，我们的行为不是受经验的影响，而是受期待的影响。”

1968 年心理学家罗森塔尔和雅克布森做过一个课堂中的皮格马利翁效应实验。他们对旧金山一所小学 1～6 年级的学生进行了一次预测未来发展的智力测验，而后随机在各班抽取 20%的学生作为实验组，并有意告诉教师，这些学生很有学习潜力。8 个月后，发现实验组学生的成绩与其他学生比有很大的提高。研究者认为，教师受到实验者的暗示，对实验组学生形成了期望，并通过态度、表情、体贴和行动方式将期望传递给学生，使学生受到鼓舞，从而更加依赖教师，形成了积极的师生互动，促进了学生的学习成绩。

由此可见，教师期望对学生的行为产生影响是一个师生互动的过程。

1. 教师期望的实现步骤

布鲁菲（Brophy）和古德（Good）提出了教师期望能在课堂上实现的模型，这个模型包括以下五个步骤。

（1）教师预期某一学生有他所期望的行为和成绩。

（2）由于对学生有不同的期望，教师对不同学生表现出不同的行为。

（3）教师将对各人不同的行为和成就的期望，传达给每个学生，进而影响学生的自我概念、成就动机和抱负水平。

（4）如果这种区别对待一直继续下去，学生没有以任何方式作出反抗或改变

教师的这种对待，那么，这种期望就会影响学生的成绩和行为。被高期望的学生会不断提高成绩，而被低期望的学生学习成绩则会下降。

（5）随着时间的推移，学生的成绩和行为，越来越接近和符合教师对他们的最初期望。

在这个过程中可以看到，教师期望不是自动实现的，教师并不是对每个学生都能形成清晰的期望，也不一定能把每个期望都不断地传递给学生。另外，即使教师传达了某种期望，学生自己会以各种方式反对或改变教师的期望，从而阻止教师期望的实现。因此，教师期望的实现是一个复杂的人际互动过程。

2. 教师期望的形成

教师对学生的期望是如何形成的？有关资料表明大致有以下因素。

（1）身体外貌。克利福德（Clifford）等提出的结论是，教师认为讨人喜欢的孩子比不那么讨人爱的孩子智商高，教育潜力大，父母对他们也给予更大的关心。戴恩（Dion）的研究证实了讨人喜欢的孩子对抗社会的可能性比不讨人喜欢的孩子要小。

（2）性别偏见。一般认为，女孩在课堂上的行为更顺从，更符合学校的一般期望，而男孩可能常常会有令人不满的行为。在学校环境里，女孩子得到的赞许和正面反馈要比男孩多。莱因哈特（Leinhardt）的研究发现，教师在阅读方面同女孩的接触多，而在数学上同男孩的接触多。教师还在阅读方面花费较多的时间去对女孩进行了解，而对男孩则在数学方面花费较多的时间去进行了解。

（3）教师对学生智力的看法。巴纳德（Barnard）发现，教师对较聪明的孩子有评价较高的倾向，认为能力强的学生比能力差的更有优点。威利斯（Wills）还发现，教师对学生能力的判断，同教师对学生的注意力、自信心、成熟程度的评价之间存在正相关。

（4）家庭社会背景与种族。有些资料证明，人们期望中产阶级的学生比下层阶级的学生获得更好的成绩。也有学者指出，教师对白人学生的成就和课堂行为的评价要高于黑人学生并还认为白人学生效率较高，组织较好，更含蓄、更勤奋、更可爱，而黑人学生则被认为更开朗、更直率。

此外，学生过去的学习成绩、性格或行为障碍，以及教师的标签效应等都可能是教师期望的输入源。

3. 对学生适当期望

教师如何建立起对学生适当的期望？建议如下。

（1）教师不应划一地、无区别地对待每个学生。教师不恰当的期望，会引起

不恰当的教学行为。那么，什么是恰当的教师期望？是不是应该对所有的学生都有高期望？其实不然。古德等人认为，对所有的学生怀有平等的期望或高期望，恰恰不利于学生的学习。在课堂里，教师不可能划一地对待每个学生，因为有的学生学得快些，而有的学生学得慢些；有的善于表达，而有的不善于表达。划一的、没有区别的对待，则完全忽视了学生的个别差异，所以是不恰当的期望和低劣的策略。

（2）教师要了解每个学生的长处与短处，以便对各个学生建立适当的期望，并在课堂教学中给予各人不同的机会。例如，课堂上统一要求的作业做完后，可以给学生自由学习的时间。在这段时间里，教师可以对不同层次的学生布置难度不同的作业。在等待回答问题、座位安排和反馈等方面，要对低成就学生予以更多的关注。

（3）教师要监控自己的教学行为。准确评价学生的课堂行为，可以调整教师不适当的期望。要做到这一点，教师可采用自我提问的方法，监控自己的教学行为，以利于尽可能理解学生的反应。例如，针对成绩差的学生，教师可以对自己提出以下问题：

当成绩差的学生要提问或回答问题时，我表扬或鼓励他们了吗？

当成绩差的学生失败时，我支持他们了吗？

当成绩差的学生成功时，我鼓励他们了吗？

在公开场合，我是否让成绩差的学生回答过问题？

怎样让成绩差的学生经常能在课堂上获得成功？

能够处理好成绩差的学生的错误回答和失败反应吗？

怎样为成绩差的学生选择一个学习题目？

怎样经常地为成绩差的学生创设评价自己的学习和作出重要决定的机会？

第四节　和谐亲子关系

家庭是每个人情感的港湾，尽管青少年随着独立意识、自主性的增长，对父母的依赖性减少，但是亲子关系“血浓于水”，依然是不可分离的。和谐的亲子关系是青少年心智健康成长的养料，亲子关系的紧张、冷淡常常会使孩子的心灵受到伤害，引发行为和心理问题。

青少年亲子关系的特点

国外早期的一些研究表明，与儿童期相比，初中生的亲子关系有很大的变化，主要表现在：初中阶段学生与父母在一起的时间逐渐减少，亲子依恋的行为特征发生了变化，对父母的情感表露及对自己私密的坦白减少；在性别差异上，与男生相比女生与父母更为亲近，也有更多的沟通，并且无论男生女生，与母亲的关系都更亲近；此外，初中生对父母的单向权威日益感到敏感，力争双向平等和更多的自主性。

在我国，对于初中生的亲子关系问题也有不少研究，归纳起来，主要呈现以下几个特点：（1）初中生早期的亲子冲突处于较低水平，但随着年级的增高冲突也逐渐增多，与父母的亲密感则逐渐下降；（2）在性别方面，男生的自主性更高，与父母的冲突多于女生，而女生的依恋性更高，比男生更加依恋父母；（3）亲子冲突中，矛盾主要集中在日常生活安排、学业安排和家务等几个方面。

上述研究表明，初中生的亲子关系与儿童期不同，呈现出多种变化和显著特征。究其原因是多方面的，但从内部原因来看，初中生的身心发展特点对此有很大影响。

亲子关系问题的原因分析

导致青春期亲子关系紧张的家庭环境因素有以下几种。

1. 家长对孩子要求过高，使孩子不堪重负

有的家长在“望子成龙”的心理驱使下，希望自己的孩子成绩优秀，琴棋书画样样精通。为了实现这个目标，他们不顾孩子的反对，给孩子报各种各样的辅导班、特长班，把孩子的时间填得满满的，使孩子休息和娱乐的时间少之又少。一旦孩子考试分数稍有退步，家长就忧心忡忡，唉声叹气，甚至对孩子冷嘲热讽、苛责。可以说，父母在“都是为了你好”的说辞之下，使爱变成了负担，变成了压力和引发矛盾的导火索。

2. 家长对孩子干预过多，使孩子不胜其烦

孩子进入青春期后，自主意识明显增强，不再愿意把父母的话当作权威，而是希望表达自己的意见和需要，按照自己的想法行事。但是，并不是所有的父母

都能了解并尊重孩子的这种心理，他们习惯性地认为孩子还太小，什么都不懂，他们应该为孩子负责。因此，大到人生理想，小到穿衣戴帽，他们把一切都为孩子安排好，要求孩子按照他们的意愿来做一切事情，总是跟在孩子身后没完没了地提醒孩子应该这样，不应该那样。不可否认，家长做这一切是出于对孩子的关心和爱护，但在独立意识和反叛精神逐渐觉醒的孩子心里，父母的这种安排无异于一种痛苦和束缚，而家长喋喋不休的提醒，对孩子而言无异于折磨和“精神暴力”。由此，孩子的“独立”诉求和父母的约束惯性使得亲子之间很容易产生冲突。

3. 亲子缺乏有效的沟通

孩子进入青春期后轻易不愿意向父母敞开心扉，认为像小时候那样和父母无话不谈是幼稚的表现，父母也常因为忙于工作很少有意识地和孩子沟通，只是用有限的时间来“管理”孩子。沟通的缺乏，使父母和孩子之间失去了相互了解的机会，使孩子不明白父母对自己的“严格管理”的真正用意，而是仅仅从浅层和表面上将其解读为嫌弃和“不爱”。

4. 父母忽视了对孩子的家庭伦理道德教育

有的家长对孩子过于溺爱，在他们眼里，孩子的所有要求都应该得到满足，孩子的一切错误都可以被原谅；还有一些家长，认为孩子只要学习好就可以“一俊遮百丑”，忽视了对孩子的家庭伦理道德教育。在这样的家庭中长大的孩子，会变得任性、自私、不体谅父母，一旦自己的要求（甚至是过分的要求）被父母拒绝，他们就会对父母怀恨在心，甚至大打出手。一个孩子若是不知道感恩，不懂得孝敬父母、尊老爱幼等基本的家庭伦理规范，对父母恶语相向、拳脚相加也就不足为怪了。

建立和谐亲子关系的辅导建议

青少年的独立性与日增长，难免会与父母发生冲突。青少年与父母冲突后，有些可以长时间不与父母对话，这就造成代沟越来越难逾越。面对代沟，需要两代人的共同努力，可以通过主动沟通、扩大交流、加强理解、相互尊重、自我反思、更新观念、求同存异、互相信赖等方式来跨越。

1. 正确对待代沟和矛盾

（1）走近对方，努力跨越代沟，携手同行。

（2）学会与对方沟通商量。通过商量，弄清分歧，找到双方都能接受的办

法。通过沟通，孩子就能得到父母的理解，甚至改变家长的意见。

（3）把握沟通的要领：彼此了解是前提，尊重理解是关键，理解父母的有效方法是换位思考，沟通的结果是求同存异。

2. 沟通的建议

沟通就是寻求事情的共同处，找出事物的平衡点，画出事物的交集，其过程是疏通，结果是融洽。以下是亲子沟通的技巧。

（1）选择双方都高兴的时刻及最适宜的场合。“笑看青山山亦笑”，这是心理的反应，而“云破月来花弄影”，则是强调时机的重要性，云若不破，月无法出现，花就不会“弄影”了。亲子沟通首先要注意“时空”因素，“时空”选择适当，就有了好的开始。

（2）避免争辩，抗争是沟通的毒药。争辩、抗争是一种对立，对立中无法找出交集。愿意被子女说服，承认自己错误的父母非常少，所以孩子即使抗争获胜，亲子关系也不会融洽。这不是沟通的原则。

（3）苏格拉底的秘诀。大哲学家苏格拉底与人辩论，不与对方针锋相对，而是从让对方从说“是”到“不反对”，到最后“同意”，他用非争辩性对话，获得对方的同意。

（4）从对方需要什么的观点来达成自己的心愿。人们最容易犯的错误是，总想“我要什么”，而不想对方要什么，因此往往各说各话，找不到交集。例如，孩子希望买一个游戏机，父母希望他成绩进步，孩子说：“我要买游戏机，读书需要调剂。”妈妈说：“你现在成绩这样差，再玩不就更差了吗？”如此形成一场争论，可能达不到目的。如果孩子先说：“妈，我下一次月考，一定每科都在80以上（妈妈的需要）。”妈妈很高兴，孩子接着说：“我每科都进步，要有奖品呀。”“你要什么？”“游戏机！”这样一来，可能愿望就成真了。

（5）相对付出与行为配合。相对付出，是指要有好表现，在与自己的要求相关的事物上，做出令对方信任的行为。例如孩子争取隐私权，不希望父母拆看自己的信，就要表现得行为正常，没有“神秘客”与孩子交往，没有“怪电话”找自己，按时回家。这些都是可令父母信任孩子的行为。在做到这些之后，孩子要求有隐私权，十有八九可以如愿以偿。

（6）再来一次。沟通不一定一次就可达成，一次不成功，找机会再试一次，多次沟通可以转变对方的观念，最后就成功了。

（7）迂回是两点间的快捷方式。迂回是间接沟通，有些事可以藉第三者进行转述，比如是阿姨、舅舅，总之，是一位与对方关系好、谈得来的人。他的转述，加上劝说，常常可以打破沟通的僵局。

（8）借助文字的魔力。有时候当面讲不清楚，或者对方无时间听，便可以写一封情文并茂的信，以打动对方的心。对方看到信或小卡片，会有思考的空间，想想是不是对沟通有很大的帮助。这又称为“垂直式单向沟通”。

（9）用沸腾的水泡茶。喜欢喝茶的人都知道，要泡一杯好茶，除了要上等茶叶外，一定要用沸腾的水，如果水不开，则茶叶不落，泡不出味道来。所以泡茶时要用滚开的水，如果有好几壶水，绝对不要“哪壶不开提哪壶”。沟通要应用这一泡茶原理，不要用“不开”的水去泡茶。什么是沸腾的水呢？就是“投其所好”，用对方喜好的方式表达，讲对方喜欢听的话讲。这样一来沟通就容易达成。

3. 亲子之爱

父母用心经营亲子关系会使得父母和孩子之间“爱的关系”更加牢固和成功。养育孩子是份辛苦的工作，维持亲密的亲子关系、保持开放的交流和沟通可以帮助父母和孩子在任何成长阶段都保持紧密的联系。下面是维护父母与孩子“爱的关系”的技巧。

（1）说“我爱你”。不管孩子多大年龄，父母每天都要告诉孩子“我爱你”，尤其是当父母与孩子发生分歧、不怎么喜欢孩子时，对孩子说“我爱你”比平时说“我爱你”更有效果。这样做是向孩子传达这样一个信息：“我虽然不同意你的行为和观点，但我依然爱你。”一句简单的“我爱你”可以加强父母与孩子之间的关系。

（2）父母告诉孩子自己的信仰。父母告诉孩子自己的信仰和信念是什么，并解释为什么信仰。允许孩子提问，并诚实地回答孩子的问题。父母经常向孩子强化这些信仰，其实就是在教给孩子一些社会规范。

（3）建立一个专门的名称或代码词。父母和孩子之间可以建立一个积极的、特殊的或秘密的只有双方两个人才知道的代码词，用这个代码词作为父母之爱的一个简单强化物。这个代码词甚至可以是提取一个令孩子感到不安的情境（如睡过了头这种不好的事）。用代码词可以使孩子免于尴尬。

（4）保持一种特殊的睡前仪式。对于年幼的孩子，睡前阅读喜爱的书籍或讲故事将成为一生中能记得的有意义的事。对于大一点的孩子，也是如此。孩子一旦学会阅读，就会对父母朗读一页、一个章节或一小本书。大多数青少年仍然喜欢保持睡前讲故事或阅读的仪式。

（5）让孩子帮助父母做事。父母有时候无意中错过了与孩子亲近的机会，比如父母不让孩子帮助他们做各种事情和家务。其实，在购物后，帮助父母拿东西是孩子能做的也是应该做的事。还可以让孩子帮助父母选择跟衣服相配的鞋，以此表明父母很尊重孩子的意见。当然，如果父母征求了孩子的意见就要准备接受

孩子的意见。

（6）和孩子一起玩耍。父母要真正投入与孩子一起的玩耍中去。玩洋娃娃、玩球、跳棋、唱歌，以及玩任何有趣的东西都行，不在于玩什么，只要享受其中就行，让孩子看到父母“傻”的一面。大一点的孩子可能喜欢玩牌、下棋、计算机游戏，小一点的孩子可能喜欢玩其他的游戏，只要父母积极加入其中就行。

（7）家庭聚餐。家庭成员在一起聚餐创造一个父母与孩子交流和分享的场景真的很重要。关掉电视机，一边吃饭，一边交谈，这可能会成为大人和孩子都有美好回忆的时光。

（8）寻找一对一单独交流的机会。有些父母用某个特定的晚上与孩子在一起，创造一对一单独交流的机会。无论是一起散步还是看电影都可以，重要的是这是父母和孩子单独相处的时间。父母与孩子单独相处的时光会成为孩子长大后美好的回忆。

（9）尊重孩子的选择。父母可能不喜欢孩子乱配衬衫和裤子，也可能不喜欢孩子房间里的画，但无论如何，都要尊重孩子的选择。孩子正在长大，他们不断地在寻求独立，父母可以通过提供支持来帮助孩子掌握作决定的技巧，或者父母假装无意中发现了一个其他的解决问题的方法供孩子参考。

（10）确定孩子在父母生活中的优先位置。孩子需要知道自己在父母生命中的优先位置。孩子会观察父母，当觉察到父母不关心自己时会感到压力。孩子长得很快，每一天都是特别的，父母应珍惜和享受与孩子在一起的时光。

（11）每年至少给孩子写一封信。父母经常会告诉孩子自己对孩子的看法和感受吗？中国的父母比较含蓄，不太习惯用语言向孩子表达自己对孩子的爱，而是将对孩子的爱化为无微不至的照顾的行动。因此，如果父母不善于用语言表达对孩子的爱，那么，写信是一个很好的选择。父母每年至少给孩子写一封信，表达自己对孩子的爱和对孩子未来的期望。如果父母不知道在信里应该写什么，那么，以下七个关键词可以作为写信的话题。

①爱。父母可以告诉孩子自己对他的看法和感受。即使有的父母在口头上也会对孩子说“我爱你”，但在书信里说“我爱你”的感觉还是不一样的。比如，在信里可以说“我无法形容我有多么爱你”、“能成为你的父亲或母亲是我一生中最好的礼物/最幸运的事”、“无论发生什么事都无法改变我对你的爱”等。

②观察。父母要与孩子分享观察到的孩子最近的变化——是怎么长大的，最近有哪些积极的品质。比如，可以写“你对朋友/其他兄弟姐妹很慷慨”、“你对朋友很友善”、“你处理矛盾和冲突时很有智慧/很冷静”等。

③分享。父母描述与孩子一起共度的时光。这对孩子会很有意义，会把孩子

带回到曾经与父母共度的美好时光。比如，一起玩的时光，一起做饭的时光，一起阅读书籍的时光等。

④自豪。描述孩子令父母感到骄傲的事情。当孩子在若干年后重读这封信时，曾经令父母感到骄傲的东西会给孩子以滋养。比如，父母称赞孩子“人际关系处理得好”、“学业有成就”、“运动能力好”等。

⑤珍贵的记忆。在信里，父母可以与孩子分享一些对自己个人而言很有意义的事情。这些事实的描述是真正沟通的一种方式，比单纯的称赞孩子更令孩子记忆深刻。比如，记忆中的一次与孩子共同的假期，永远不会忘记的一次对孩子的观察，突然意识到孩子已经长大的一个片段等。

⑥期望。花点时间与孩子分享自己对他的期望。比如，期望孩子有良好的人际关系，期望孩子能觉察到自己拥有的天赋，期望孩子拥有自己的梦想等。

⑦信念。写信是父母对孩子表达信任的机会。信任孩子的信念也能一直激励着父母本人。比如，可以写对孩子未来的信念等。

4. 开展团体亲子辅导活动

刘海鹰等人运用团体心理辅导技术对由 15 对亲子关系不良的学生及其家长组成的实验组进行干预。研究表明，团体心理辅导实验改善了实验组学生亲子关系的总体状况。

根据团体心理辅导的相关理论，结合亲子关系调查发现的具体问题，在参考了相关文献资料的基础上，自行编制团体辅导内容。设计时采用了小团体、双向互动、平行教育的家庭心理辅导方式。团体亲子辅导活动共分为八个单元，题目如下：亲子之间，妈妈扣了圆圆的信，望子成龙、望女成凤，小明离家出走了，跨越代沟，教子恳谈会，学会感恩，共建温馨家园。

团体辅导具体采用以下方法。

（1）角色扮演，是指按照亲子关系不良的主要问题设计一些亲子交往的日常情境，要求亲子双方交换身份，将对方平常在该情境下的情绪表达方式和行为处理方式以心理剧的形式表演出来。该方式主要是借用敏感性训练技术，使亲子双方进行换位思考，通过移情去理解对方的内心世界以及自己反应的适当性，由此来改变过去不当的行为方式，改善亲子关系。

（2）讨论分享，泛指亲子之间的一切经验分享，包括对某个事件或人物的看法、自己内心中不为对方所知的感受和体验等。该方式主要是利用焦点团体访谈的形式，在一种或轻松或温馨的团体氛围中，使亲子双方能够直接表达出自己的感受和看法，打破沟通障碍，增进相互理解，有利于去除不良的教育方式，形成合理有效的教育态度。

(3) 案例分析，是指向参与者呈现一些具有代表性的亲子关系不良事件，然后让所有团体成员发表自己的看法，探讨相应的解决对策。该方式也是利用焦点团体访谈的形式，由参与者各抒己见，研究者不妄加评论，通过这种自由讨论来促进亲子双方的成长。

(4) 亲子游戏，是指由亲子双方共同参与的合作式团体康乐活动，其目的主要是通过轻松愉快的游戏氛围使亲子共同体验相互配合、相互鼓励的乐趣，以此营造家庭和谐的动力。

(5) 激情演讲，是指老师将亲子交往的正确观念与方法用充满激情的演讲表达出来，给家长和孩子强烈的震撼与感染，激发他们行动的欲望与动机，从而使其去除以往不良的行为方式，接受新观念，塑造新行为。

(6) 知识讲授，是指直接传达或在以上各种方式进行的过程中寻找合适的机会向参与者讲授构建良好亲子关系的重要性以及有关的心理学、教育学知识。该方式的主要目的是增强干预训练的科学性和说服力，强化上述方式带来的活动效果。

5. 进行个别辅导

对于有亲子关系问题的家庭和孩子，可以进行个别辅导。个别辅导的方法多种多样，其中绘画是心理咨询中的一种投射技术，它能把抽象的东西具体化。人们对图画的防御心理较低，因此在个案咨询中，对一些求助动机不强，特别是对那些被要求来咨询的学生，心理辅导老师经常会让其先画一幅画。咨询就由分析图画开始，这样更易让学生解除心理防御，引出的话题也更有针对性和说服力。以下案例可以供读者参考。

一天，一位妈妈带着孩子来到了心理咨询室，孩子一脸的不情愿。还未坐定，妈妈就急着说："我这个孩子，每天吃饭、洗澡、写作业、上学等都要人督促，对自己没有一点责任心。老师，请您帮帮他吧。"在简单了解了家庭情况后，我拿出一张白纸对孩子说："请你画一幅画，可以吗？把心静下来，画什么都行。"孩子乖巧地答应了，几分钟后，孩子把画好的画交给了我。

一幅画，不可能反映出一个人思维的全貌，但是它犹如浮出海面的冰山一角，似乎在向我们暗示着什么。作者已经15岁了，可是画面（见图画一）上的孩子看上去像个几岁的孩子——一个发育不良、身体比例失调的大头娃娃摆着一个幼稚的V姿势，还有一只刚孵出的小鸡和一些变形了的玩具，整幅画透露着与实际年龄不相称的幼稚。

我和孩子一起探讨这幅画的时候，母亲表现得非常惊讶。

图画一　一个发育不良的孩子

在反思中，母亲向我讲述了在生活中对待孩子的一些例子。妈妈无奈地说："他是家里的独生子，从小到大，我们该给他的都给他了，能做的都做了。可是，突然觉得自己的付出似乎没有什么回报，孩子生活上懒散拖拉，学习上漫不经心，做什么事都让人不放心呀。"

从心理学的视角看，妈妈的爱实际是一种潜在的控制欲望，什么都替孩子做，害怕孩子有新的行为，新的选择，剥夺了孩子对社会探索的愿望和机会，使孩子产生了对父母的依赖心理。这位慈爱的母亲啊，您一定要放手了，不然孩子永远长不大。

一个人就像一粒种子，天生就有发芽的欲望，哪怕被冰雪覆盖，只要那宝贵的胚芽还在，只要时机成熟，它就会探出头来，绽放勃勃生机。多给孩子创造这样的成长时机吧。

一个16岁的男孩，家长反映其脾气暴躁，动辄对父母发火。图画二是他被父母带来时，我让他画的一幅画。绘画中，孩子的情感在流动，内心的真实从一笔一画中缓缓涌现。画面上那个凶巴巴的太阳就像男孩生活中的重要他人——父母或者老师。设想一下，终日被硕大无比、无处不在的"太阳"监控着，长久下来，那是怎样的一种无助、寂寞和煎熬啊！

看看代表家的那间房子，除了一扇窗户，没有门，也没有路通向哪里。孩子站在离家不远的地方，牵着一个女孩的手，也没有回家的意思。亲子双方都把自己封闭起来，连沟通的愿望都没有，还谈什么有效沟通？孩子的自我保护能力弱，如果家长经常挫伤他，以沟通的名义强行和孩子谈话，就等于在灵魂上伤害他。

灵魂就像杯子，里面本来盛满了爱，盛满了关心，盛满了信赖，家长如果总是以自认为正确的方式挫伤孩子，就等于给孩子的心灵杯子上戳了一个洞，杯子

永远也盛不满。孩子的心在饥渴中没有满足，于是，男孩有可能选择找个女孩来补偿。类似男性生殖器的屋顶，也透露出孩子性意识的萌发。

图画二　一间没有门的房子

两棵郁郁葱葱有些歪斜的小树，显示出孩子渴望成长的强烈愿望。叛逆何尝不是一种成长？和家长争吵何尝不是成长的呐喊？起码显示了孩子没有放弃要成长的努力。关键是父母如何引导并帮助孩子恰当地处理愤怒，以求建立良好的亲子关系。青春期的孩子有时会提出一些不合理的、过分的要求，其实，真正的目的不是实现要求，而是要看爸爸妈妈的反应——是不是真的在意他，尊重他。

关系即教育，没有好的关系，教育将无从谈起，我想父母该做的是停止教育举措，专心修复亲子关系，此时无为胜有为。比如，与孩子一起给这幅画里的房子修条路，开一个门，这样才能在需要沟通的时候有通道。在亲子关系中，父母和孩子各占百分之五十的份额，但在改变上却都有百分之百的责任，互相埋怨不能解决问题。

绘画真的会有意想不到的魔力，它是思维流星划出的宝贵、真实的轨迹。沿着这轨迹，我们能探索到孩子更多的心灵秘密。

本章结语

同伴关系、亲子关系与师生关系是青少年最重要的三对人际关系，这些人际关系一方面构成了青少年最重要的情感支持系统；另一方面，也使得青少年从中体验到自尊感、信任感与自豪感等，学会友爱、关心与合作等。简言之，在与人和谐相处之中可以增进自己内心的和谐。当然，在人际交往中也会有冲突、挫折，心理辅导就是要帮助青少年在人际冲突与矛盾中学会谦让、协商和宽容。在当今多元化的社会，尤其需要这样一些品质与为人处世之道。帮助青少年积累这些积极的人生经验，能让他们终身受用。

本章参考文献

1. 卢家楣．青少年心理与辅导——理论与实践［M］．上海：上海教育出版社，2011.
2. 王春英、邹泓．初中生人际关系能力的发展及其与人格的关系［J］．中国健康心理学，2009（1）．
3. 王春英，邹泓．青少年人际交往能力的类型及其与友谊质量的关系［J］．中国特殊教育，2009（2）．
4. 吴晓玮，等．初中生同伴交往现状的调查研究［J］．内蒙古师范大学学报（教育科学版），2011（10）．
5. 潘佳雁．中学生同伴交往接受和拒绝的归因研究［J］．心理科学，2002（1）．
6. 时蓉华．教育社会心理学［M］．北京：世界图书出版公司，1993.
7. 陆震宇．合作工作坊——促进高中生同伴交往的有效探索［J］．广西教育，2012年（4）．
8. 姚计海，唐丹．中学生师生关系的结构、类型及其发展特点［J］．心理与行为研究，2005（4）．
9. 吴玉琦，马和民．教师的管理意识［M］．长春：东北师范大学出版社，2002.
10. 叶郁．初中生亲子关系问题的探讨——内观疗法的思考［J］．中小学心理健康教育，2011（8）．
11. 魏永娟．青春期亲子关系：紧张的原因及其解决策略［J］．中小学心理健康教育，2011年（20）．
12. 陈虹，吴九君．建立和维持积极的亲子关系——父母与孩子维护“爱的关系”的十二个技巧［J］．中小学心理健康教育，2010（17）．
13. 刘海鹰，刘昕．改善青少年亲子关系的团体实验研究．山东师范大学学报（人文社会科学版），2008（3）．
14. 陈辉．心灵图画助我解读亲子关系．中小学心理健康教育，2011（4）．

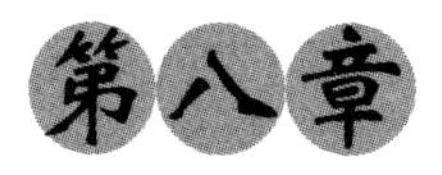

第八章 生涯规划与辅导

长期以来，人类社会强调职业对人的生存需求的满足，而今发现职业的意义扩展了，它不但能够满足个人的生存需要，也能满足生存以外的需要；不但具有个人意义，也具有社会意义。因此，“职业”（Vocation）这个词逐渐为“生涯”（Career）所取代，职业发展成为生涯发展，职业辅导的概念也逐渐拓展为生涯辅导。当然，职业辅导的内容也是生涯辅导的主要部分。

生涯辅导就是旨在使学生具备较强的生存能力，进而创造成功的人生、拥有成功的人生。在以社会分工不同为特点的现代社会，每个人都有发挥自己才能的舞台，都能找到属于自己的应有位置。从这个意义上说，生涯辅导是学校心理辅导的重要任务，是为人谋求终生幸福而服务的。

第一节　学习人生规划第一步

什么是生涯辅导

要讨论生涯辅导的概念，首先要了解什么是职业辅导。职业辅导是帮助学生选择职业、准备职业、安置职业，并在职业上取得成功的过程。它以帮助个人决定并选择适合自己的职业为条件。由于各国的职业辅导侧重点不同，职业辅导有不同的名称：美国和英国称之为“职业辅导”，前苏联称之为“职业定向教育”，日本称之为“出路指导”。在我国普通中学内，职业辅导同时包括升学指导和就业指导。职业辅导在国外有着悠久的历史，20世纪初就在各国兴起，至今已成为学校教育中极为重要的一部分。各国也普遍认为职业辅导是充分利用人力资源、发挥人的才能的一种有效的手段。

传统的职业辅导以帮助个人选择职业、准备就业、工作安排和就业后的适应为主。国外学校的职业辅导主要是从以下三方面着手进行的。

1. 测验和鉴定

学校采用各种心理测验的手段，了解中学生的学习能力、职业兴趣、能力倾向和个性特征，然后汇总资料作出鉴定。教师还对学生的健康状况、学习成绩、家庭历史、社会背景、家庭经济状况、行为习惯等进行记录，设立学生个人资料档案，以便在学生毕业时，分析毕业生的材料与招生条件、招工条件的符合程度。

2. 信息服务

学校逐年收集本地区各类职业的信息，并且及时提供给毕业生和家长。职业信息包括四个方面：

（1）各职业的性质特点、工资待遇、工作条件等。

（2）招工的最低条件，包括学历、健康状况和个性特征等。

（3）为准备就业而设置的教育课程计划，以及提供这种训练的教育机构、学习期限、入学资格与费用等。

（4）就业机会，包括本地区的招生情况、毕业后的流向等。

3. 咨询

一般中学均设有专职的职业辅导教师和职业安置员。在咨询阶段，他们主要帮助学生根据心理测验的结果和已获得的职业信息选择将要从事的职业。教

师先将生理、心理测验结果告诉学生，使学生了解自身的特点，同时向学生提供有关的职业信息，分析各种职业对人的要求，在使学生了解自身特征和职业因素的基础上分析比较，帮助学生选定一项符合自己特点又有可能获得的职业。咨询一般是个别进行的，由指导教师和学生谈话；也有小组咨询的形式，一个小组在指导教师的领导下共同研究职业，相互交流资料，讨论各人的职业选择。

从20世纪70年代起，职业辅导工作发生了比较大的变化，它从以职业选择、准备、就业和适应为重心的职业辅导，转变为以自我了解、自我接受和自我发展为主的生涯辅导。

所谓生涯辅导是指，通过对学生的生涯认知、生涯导向、生涯试探、生涯选择、生涯安置、生涯进展等一系列有步骤、有阶段的活动，实现学生生涯成熟的目标的辅导活动。

不同年龄段学生所处的生涯发展阶段不同，实施生涯辅导的重点也就要有所不同。以下是不同年龄段学生的生涯发展任务。

（1）幼儿园到小学六年级，为生涯认知阶段。这个阶段的主要任务：个体对自我、职业角色、工作的社会角色、社会行为及自身应负的责任等方面有初步的认知，对生涯的意识初步觉醒。

（2）小学六年级到初中三年级，为生涯探索阶段。这个阶段的主要任务：个体发展有关自我和职业世界的知识与基本技能；探索生涯方面的知识和其他有关生涯选择的重要因素；掌握一定的决策技能。

（3）初中三年级到高中一年级，为生涯定向阶段。这个阶段的主要任务：个体进一步掌握有关的职业知识，能评价工作角色；进一步澄清自我概念、探索自我；了解社会的需求及个体自身的需求，发展社会可接受的行为；了解生涯计划与社会需求、自身需求的关系。

（4）高中一年级到高中三年级，为生涯准备阶段。这个阶段的主要任务：个体进一步掌握进入某一个行业所需要的知识、相关的职业道德；进一步了解社会的需求和个体自身的需求，澄清自身能力倾向、对职业的兴趣和价值倾向；拟定接受高中教育或其他的教育或训练计划。

（5）高中以后，为生涯安置阶段。这个阶段的主要任务：个体进一步探索对职业的兴趣及能力倾向，或重新认定职业选择；发展生涯的专业知识和技能；建立人际关系；正式跨入选定的教育或职业旅途。

学校生涯辅导的目标、任务和内容

1. 学校生涯辅导的目标

（1）教育学生热爱劳动，培养劳动习惯，懂得平凡劳动的社会价值，帮助学生树立正确的劳动观、职业观、择业观。

（2）帮助学生从身边的职业开始，逐步深入社会，了解本地区各类学校和各类职业的情况。

（3）帮助学生了解自己（包括兴趣、能力、个性），引导学生扬长避短，提高学生的各种素质，发掘学生的潜能。

（4）帮助学生正确协调个人志愿和国家需要之间的关系，根据国家需要和自己的特点确立初步的职业意向，提高升学和就业的决策能力。

2. 学校生涯辅导的任务

（1）从起始年级开始，有计划、有步骤地对学生进行职业观和职业理想教育，并向他们讲解社会主要职业和专业的有关知识，使他们逐步形成正确的职业意识和职业理想。

（2）收集和积累学生的个人资料，包括每个学生的学习成绩、能力、智力、兴趣、志向、思想品格和家庭经济状况；同时调查和了解企事业用人单位、各级各类职业技术学校和高一级普通学校的专业内容，招工和招生的条件，以及有关工种的劳动强度和报酬待遇等。

（3）对毕业生进行个别指导和咨询，帮助他们根据社会需要和个人特点来确定就业或升学的方向，选择合适的职业或专业；同时学校也可向用人单位和高一级学校推荐合适的人才。

3. 学校生涯辅导的内容

（1）了解职业辅导包括了解职业、了解专业和了解社会。主要介绍职业的分类，介绍高一级学校的专业内容及与未来职业的关系。帮助学生研究职业内容和收集职业资料。

（2）了解自己辅导。帮助学生了解自己的职业能力、职业兴趣、职业个性等心理特点和自身的生理特点。

（3）人生探索辅导。帮助学生树立正确的职业观和择业观，了解职业的内涵和职业在人生中的重要意义，懂得学习与未来所从事的职业的关系。同时要教育学生正确对待社会分工和职业差别，树立正确的职业理想，能根据社会需要和自

身条件选择专业或职业。

（4）合理选择辅导。帮助学生根据自己的身心特点和职业要求，发现自己的长处，找出不足，在选择职业时选择最适合自身特点的职业或专业。同时鼓励学生积极地面对自己未来的路，通过自身的努力，达到自己的职业理想。最后辅导学生掌握填报升学志愿和求职择业的技巧。

第二节 生涯探索

职业意识与生涯发展

如果认为开展生涯辅导仅仅是运用一些方法、手段来测定和了解学生的个性特征，帮助他们确定相应的职业或专业方向，是片面的。必须认识到，职业指导的对象主要是那些身心还未成熟的、可塑性极大的学生。他们的职业意识有一个形成、发展的过程。而且，个人有效的职业活动，不仅需要相关的兴趣爱好、知识技巧，还需要其他各种优良品质来保证。因此，生涯辅导的一个重要任务就是通过一系列辅导活动，帮助青少年逐渐形成正确的职业意识，培育良好的个性品质，以适应未来的工作世界。

1. 职业生涯发展阶段

职业生涯发展理论是研究人的职业心理和职业行为成熟过程的理论。这个理论认为，职业发展在个人生活中是一个连续的、长期的发展过程。职业选择不是个人生活中面临择业时的单一事件，而是一个过程。人的职业态度和要求也不是面临就业时才有的，而是在童年时期就开始孕育职业选择的萌芽。随着年龄、经历和教育等因素的变化，人们的职业心理也会发生变化。职业发展如同人的身心发展一样，可以分成几个既相互有区别又相互有联系的阶段，每个阶段都有其不同的特点和特定的职业发展任务。如果前一阶段的职业发展任务尚未很好完成，就会影响后一阶段的职业意识和职业行为的成熟，最后导致职业选择时发生障碍。对学生进行职业辅导时，要注意考察学生的职业发展阶段和职业意识与行为的成熟水平，辅导学生通过各种途径增进对职业的认识和实现职业目标的途径与方法的了解。这一理论的主要代表人物之一是美国的心理学家萨帕（Super）。

以下是萨帕提出的职业发展的五个阶段，对处于不同职业阶段的人们有着重要的指导作用。

（1）成长阶段（1~14岁）。这个阶段的个体是通过在家庭与学校中的游戏、想象和模仿来发展自我概念、认识社会的。其中4~10岁为幻想期，个体常常扮演幻想中的角色。11~12岁为兴趣期，兴趣为影响个体活动的主要因素。13~14岁为能力期，这时更多地考虑任职条件和自身的基本能力训练。

（2）探索阶段（15~24岁）。这一阶段的个体开始尝试职业角色，认识不同的职业，并不断改变对职业的期望。其中15~17岁为实验期，个体对自身的需要、能力、价值、就业机会都有所考虑，并据此进行实验性的尝试。18~21岁为过渡期，是个体进入劳动力市场或专门训练机构进一步完善自己的时期。22~24岁为尝试期，个人选择一种适合自己特点的职业，并试图把它作为终生职业。

（3）确立阶段（25~44岁）。这一阶段的个体已找到适合的工作领域，并努力在其中确立永久的地位。在这一阶段的早期（25~30岁），个体有时会对自己从事的职业领域不满意，也可能变换一两次工作岗位，直到31~44岁才完成职业选择的探索进入稳定期。

（4）维持阶段（45~60岁）。这时人们在工作中已取得了一定地位，一般不再寻求新的工作领域，而是朝着既定的目标前进。

（5）衰退阶段（60岁以上）。这一阶段的特点是个体的生理与心理能力逐渐衰退，职业活动范围开始缩小，活动兴趣开始发生变化，并由此引起职业转换，直到最后退出职业岗位。

不同的人，由于个体条件和外界环境不同，其职业阶段可能呈现出不同的特点。从事不同职业的个体其职业阶段也往往不同。

“生命彩虹图”是由萨帕提出的，它是用自然界中的彩虹的轮廓形象地反映了人一生的角色在时间上的透视。图8-1是一幅生命彩虹图。

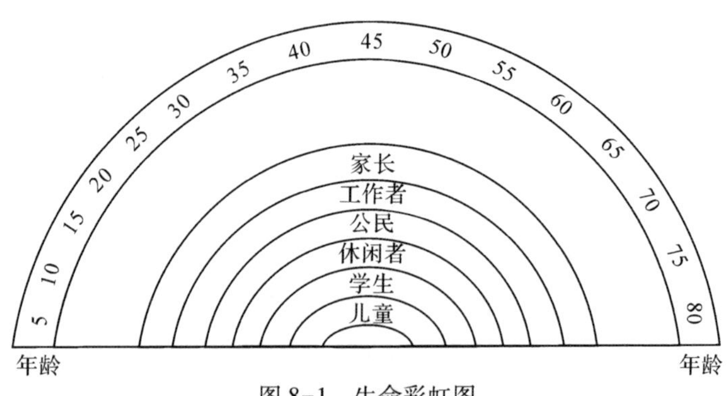

图8-1　生命彩虹图

图中最上面的数字代表了年龄，六个环代表每个人正在承担或将要承担的六

个角色，其中工作者角色即人的职业角色。

生命彩虹图形象地表明了人生中的职业角色在时间和空间上与其他生活角色的联系和相互之间的影响：一是对过去成长痕迹的反省；二是对目前发展状况的审视；三是对未来可能的角色的展望。这三者是同样重要的：过去是现在的成因，现在又是未来的基础。人只有把握住生命活动的每个阶段，才能画出绚丽的彩虹。

2. 职业观教育

职业价值观，是指一个人对职业的看法。人的价值观，在哲学上属于世界观、人生观范畴；在心理学上，则可以看作一个人的社会态度的重要组成部分。一个人的价值观，主要受制于他所处的社会文化背景，特别是家庭传统和教育，同时又受制于一个人的个性、能力、情绪等心理因素。

通常人们在选择职业时，最看重的方面主要以下几项：工资高；福利好；工作容易找；工作环境好；工作稳定；能提供好的受教育的机会；有较高的社会地位；工作轻松；能充分发挥自己的才能；工作符合自己的兴趣；工作的社会意义大。

下面的“职业价值大拍卖”活动，有助于学生澄清自己的价值观念，陶冶学生的职业价值。

（1）事先准备。

①足够的道具钱和拍卖槌。

②将拍卖的东西事先写在硬板纸上，最好是颜色不同，以增加拍卖的趣味性及方便拍卖进行。

③宣布游戏规则：每个学生有5000元（道具钱），他们可以随意拍东西。每样东西都有底价（见下表），每次出价以500元为单位，价高者得到东西，有出价5000元的，立即成交。

底价表

1. 爱情	500元	6. 威望	500元	11. 长命百岁	500元
2. 友情	500元	7. 自由	500元	12. 诚实	500元
3. 健康	1000元	8. 爱心	500元	13. 享受一次美餐	500元
4. 美貌	500元	9. 财富	1000元	14. 分辨是非的能力	1000元
5. 礼貌	1000元	10. 欢乐	500元	15. 大学毕业证书	1000元

（2）教师引发动机。

①教师问：“有谁不喜欢金钱？”（预设学生会一致说没有，而且反应是热

烈的。)

②教师继续问："若你有5000元，你希望得到什么?"（让几个学生回答。)

③给每个学生每人5000元（道具钱)，介绍拍卖游戏的方法和拍卖的东西。

（3）拍卖会。

①由教师主持拍卖。

②按游戏方法进行，到所有拍卖的东西卖出为止，然后请同学认真考虑买回来的东西。

（3）组织学生讨论。

①你是否后悔得到你所买的东西？为什么？

②在拍卖过程中，你的心情如何？

③有没有同学什么都没有买？为什么不买？

（4）总结与分享。

①教师总结拍卖活动，引发学生对其生活价值的思考。

②让学生再次回味拍卖会的过程和感受，并及时地写下自己的感受，并将这些感受在班上交流与分享。

职业意识的陶冶不能靠空洞的说教，而要应用多种的、生动活泼的辅导方式使学生体验职业的内涵、辨析自己的职业观，对全体学生的职业意识进行熏陶和培育。其主要方法有以下几种。

（1）调查。对学生和家庭的基本情况、学生本人的期望和家长对子女的职业期望、学生的职业意向等进行调查。

（2）专题讨论。通过班级或小组讨论，让学生围绕每个问题或专题自由发表意见和看法，以达到相互交流和引起思考的目的。如对"人人要有工作"、"人人皆平等"等对职业内涵和职业意义进行讨论。

（3）报告会、故事会、演讲会。通过请专家、名人、劳模作报告，或让学生自己演讲等，加深学生对职业理想和职业道德的认识，鼓励其探索成功人生之路。

（4）辩论会和价值辨析。通过讨论、思考和价值辨析等活动，使学生了解自己的价值观和职业的价值。如对"发挥才能和贡献社会哪个更重要"进行辩论。

（5）角色扮演或小品表演。通过职业角色的表演，让学生体验职业活动。

（6）读书会。通过收集和分享名人名言或职业成功者的故事等，帮助学生探索人生和进行职业选择。

（7）社会考察实践活动。通过参观工厂、企业、学校，调查社会的职业状况，让学生深入了解职业、了解社会。

（8）图片展览。如举办“职业信息角”、职业信息交流会等。

上海市天山中学进行了多年的生涯辅导实践。学校从自我认知、职业认知、生涯探索和生涯抉择几方面对学生进行生涯辅导，取得了明显成效。以下是一则怎么帮助学生认识职业世界的辅导案例。

多数的学生已意识到信息社会价值多元的现象，他们开始关心社会发生了什么事，并在学习过程中逐渐培养出判断的能力。同时，他们也对外面的世界充满好奇，对相关信息十分渴求，但是缺乏获得信息的方法，往往不得其门而入，容易有事倍功半的情形。除此之外，学生在对职业认识清楚之前，往往存在许多既有的迷思，如读社会科系无法赚钱、读理工科系相对比较好赚钱等。孩子们其实对职业世界的认知是不够清楚、正确的。因此，有必要让学生了解职业世界和更多的职业信息。

（1）他迷上了网游。

Y，高二男生，原先成绩优秀，位列年级前茅，但是最近迷上了网游，成绩直线下降。班主任担心其沉迷其中，因而寻求咨询室的帮助。

（2）咨询过程。

①印象形成：一个网游帝国的梦想。

在一堂名为“我的高中企划书”的心理课堂中，心理咨询师特地邀请了Y来谈谈他的梦想。Y侃侃而谈，说起了关于网游的梦想，他觉得现在中国网游的大半壁江山都被韩国、日本、欧美的游戏占据，中国自己的游戏却少得可怜。

“我希望能够成立像暴风雪一样的网游开发公司，而不是盛大这样的代理商！”

当他说出这句话的时候，许多男生都为之鼓掌叫好。

②问题诊断。

在网游中，青少年扮演了他们真实生活中不能体验的角色，如救世的英雄、时代的霸主、无所不能的魔术师。

网游帝国，是一个有着明显时代特征的梦想，它属于成长于网络时代的“90后”。高二的男生处于自我能力的成长期，但同时成长目标又不够清晰，缺乏对网游行业的深入了解，仅凭自己的主观体验便规划了一条从普通玩家到职业游戏开发者的生涯发展道路，存在一定的盲目性。同时，这样简单的方式显然还有让自己陷入网瘾的危险。

③干预。

干预一：家庭作业。

咨询师及时和班主任沟通了个案情况，共同商讨后决定采用生涯梦想单以及生涯人物访谈的方法促进其对自己的生涯发展进行具体而又详细的规划。

班主任运用班级随笔的平台，给Y同学推荐了几位从事游戏开发的大学同学（班主任是男性，并且本身也对游戏比较感兴趣），让其去了解一名游戏开发者的成长历程。

干预二：空白的梦想单—网游开发者—软件学院……

一周后班主任收到了Y的生涯梦想单。但奇怪的是，交上来的梦想单是空白的。班主任心生疑惑之际不禁担忧，看来这次的辅导是要失败了。忐忑不安中，Y却主动来找班主任交流了。

Y：老师，我知道你让我写这个生涯梦想单的意图，但是我想我没有写的必要了。

班主任：哦？你这么说一定有你的理由吧，能告诉我吗？

Y：我知道你是想让我别沉迷网络，认真思考自己的理想是不是现实的。一开始我挺反感你的，觉得这种方法太土了。不过在和你的大学同学QQ聊过后，我的确有了些新的想法。

班主任：哦？能说来听听吗？

Y：我现在其实也能做一个职业网游测试者，可以帮着网游公司测试新游戏。不过要是想做开发，我就要去学一些程序设计方面的知识，这种知识自学肯定难度太大，只有去专门的软件学院学习，学成后才有机会去大公司工作，了解游戏制作的流程。但是现在我的成绩好像离心仪的软件学院还有点距离。唉，目标好远啊。

班主任：嗯，看来你对网游开发有了更多的认识呀，在选择一个职业之前了解它是很有必要的。不过你也不用灰心丧气，其实现在你的基础还是不错的，只要把精力合理分配，应该能迎头赶上。

Y：那我不是暂时要放弃我的网游开发梦了吗？

班主任：可能不是马上实现，但也不完全放弃。我推荐你看一下《头脑风暴》这个节目，有一集是专门访谈九城（国内著名游戏代理和服务网站）的CEO的。她原来并不是网游领域的专业人士，但是在其他行业的从业经验同样给她以丰富的积累。在为自己未来的梦想准备的时候，我们需要储备的不仅仅是专业知识，更重要的是一些能力和品质，比如坚持的毅力、创新的思维、合作的精神等。期待你未来成为一名成功的网游开发者。

本案例中的Y是一个聪慧、敏捷的男生。在完成生涯作业的过程中，他一眼就看出了班主任的用意，其实这种情况在辅导中常有发生。这并不是坏事，反而有利于学生更明确地完成生涯作业。虽然最终书面的文字并没有落实，但是通过对生涯人物的访谈，学生了解了网游开发这个行业的知识，并且对如何成长为一名开发者有了更为具体的认识。这种职业意识的萌芽使得他对目前的生涯任务——学习，有了新的动力。

本次案例中使用了生涯梦想单和生涯人物访谈两种方式来促进学生对网游开发这个职业的认识。梦想单能够使得生涯梦想逐步具体化和现实化；而生涯人物访谈则是通过对相关从业人员的访谈掌握某种职业的具体经验，这些经验都是来自于个体的真实体验，更具感染力和参考价值。

但值得肯定的是，在案例中班主任运用了心理辅导中的技术，以平等、尊重、中立的态度和学生探讨他的职业生涯规划，使得学生能够敞开心扉，坦诚相待。

中学生合理分流

对中学生来说，只有很小一部分是直接就业的，大多数将面临着高一级学校和专业的选择以及通过培训再走上就业之路。图 8-2 是中学生面临的就业途径。

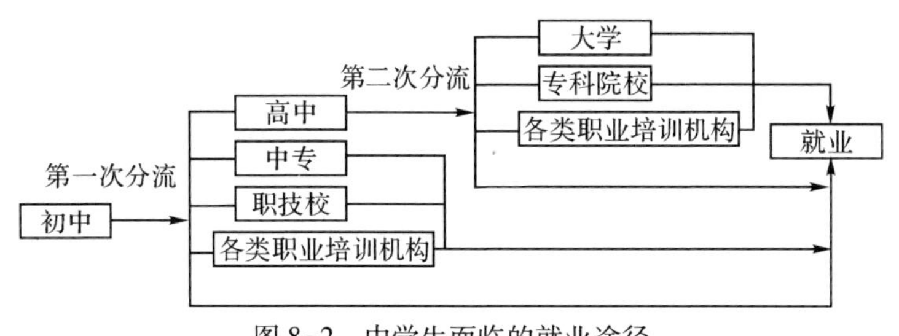

图 8-2　中学生面临的就业途径

第一次分流开始于初中毕业。中等普通教育在整个学校教育体系结构中起着承上启下的作用，担负着培养国家建设及国民经济各部门中等技术人才和劳动后备力量的责任，以及为高一级学校输送合格新生的任务。对初级中学来说，已经完成了劳动者所必须具备的文化素质的基础教育，为定向职业技术教育打下基础。初中毕业后可能的出路有：普通高中、中等专业学校、技工学校、职业学校、各类职业培训机构和直接就业。分流的目的是培养不同类型、不同层次的劳动者，使劳动者的技术适应专业化要求，以满足社会经济发展和各个部门的不同

需要。

第二次分流是指高中毕业时的分流。高中毕业后部分学生要进入高等学校。随着高等学校招生和毕业生分配制度的改革，考生的志愿将得到进一步的尊重，考生的高考志愿与以后所从事的职业密切相关。

帮助学生合理分流，也是对学生职业辅导的重要任务。分流时要注意以下几点。

（1）以潜能为依据。以前职业决策的主要依据往往是分数，考分高就能进高一级的学校，考分低就只能进职校、技校。这并不完全正确。很多学生，尽管学习成绩很好，但这一成绩如果是靠超负荷才获得的，一旦进入高一级，遭遇比较繁忙的、要求更高的学习，就会感到很吃力，成为“陪读生”，不利于个人发展。而有一些潜力强，但由于调皮好玩而使学习成绩不佳的学生，在以后的学习中可能成为拔尖学生。所以科学地选择职业，最主要的是依据学生的学习潜力，平时的学习成绩只是起参考作用。

（2）以心理测验为手段。现在决定学生特点的标志是各门学科的成绩，而这个成绩的关键是考试。科学选择志愿的方法是通过心理测试，了解自己的兴趣、能力、个性等特点，了解自己适宜的发展方向。

（3）以学生为主体。现在很多学生的志愿是家长决定的，也有教师包办代替的，学生放弃了自己的权利。因此，是要让学生自己了解自己的特点，通过各种途径向学生提供各种学校、专业的情况介绍，分析各种选择的利弊，最终要学生自己作出明智的选择。教师的意见只是建议，而不是命令。

进行职业决策

1. 有关职业决策的理论依据

目前，有关职业决策的理论依据是人职匹配理论和职业发展理论。

（1）人职匹配理论。这是用于职业选择的经典性理论，最早是由职业辅导的首创人美国波士顿大学教授帕森斯（Parsons）提出来的。在《选择职业》中，他把自己从事职业辅导的实践经验总结为三个步骤。

①自我分析。就是帮助个人对自己的体力、能力、智力和性格特征进行适当的评价。

②职业分析。就是对职业的性质、特点、要求和就业的可能性作出适当的

评价。

③合理匹配。就是将个人条件和职业因素联系起来，加以合理的组合。

霍兰的人格类型与职业类型的分类和匹配也是一种人职匹配理论。

人职匹配理论仍是当今职业辅导中应用较广泛的理论，特别是对学生的职业决策有实用价值，是职业决策的重要理论依据之一。

（2）职业发展理论。这是有关职业选择的发展性理论。职业发展理论有以下要点。

①职业选择不是某一时刻完成的一次性决定，而是从幼儿期就开始的包含一系列决定的长期过程。

②人的职业发展是分年龄阶段的。

③个人的职业发展过程是“自我概念”，即对自己的认识的形成、发展和完成的过程，也是主客观的一种折中调和过程。

④人的职业偏好与从业资格、生活和工作情况及其自己的认识，都随着时间、经历和经验的变化而改变，因此职业选择行为和心理调适也是一个不断变化的过程。

⑤职业辅导有利于实现更好的人生发展。

依据职业发展理论，学生在作职业决策时要做到以下两点。

第一，考虑个人的发展和社会的需要，不以被动者的身份来选择职业，而是以主动者的姿态来选择自己的未来。

第二，清楚职业决策不是一次选择就定终生的，而是要适时地调整个人与外界环境的关系，使个人与社会处于一种和谐状态，在不断调整中充实和完善自己。

职业发展理论是职业辅导的重要理论依据，可以帮助学生进行职业决策。

2. 职业决策的过程

职业选择过程也是个人的决策过程。一个人对决策越是认真考虑，这一决策成功的把握就越大。职业决策的一般过程如下。

（1）明确要决策的问题，即为什么要进行专业或职业的选择，需要作什么样的选择，这种选择是由什么原因引起的，需要解决什么问题。

（2）收集有关信息。作决策时需要大量的信息。进行职业选择时要收集三方面的信息：一是个人的情况，主要包括个人所受的教育程度、意愿、个人能力、个性、身体健康情况和渴望做成这件事的动力等；二是职业情况，主要包括职业类型、职业报酬、职业要求等；三是社会的信息，主要有社会对某种职业的需求量、求职的竞争程度、社会职业的发展趋势等。

（3）列出各种备选方案。通过综合有关信息，可以确定两种或两种以上的选择方案，排出所有的可能性，以便找出理想的选择方案。在作职业决策时，要考虑避免与自己身心状况不符合的专业和职业。

（4）决策利弊。这一步骤，需要对所有可能选择的方案进行平衡比较，分析各方案的优点和缺点，将各种方案按优劣排序。

（5）作出抉择。一旦权衡了全部利弊，即可作出合理的选择。

（6）采取行动。采取一些积极的行动，努力实现自己的选择。

（7）检查已作出的决策及其后果。这是对自己选择的方案进行反思和检验，验证它是否解决了在步骤（1）中提出的问题。如果答案是肯定的，则可以维持原决策不变。如果决策的实施没有解决所确定的问题，就需要按上述步骤从头开始，以便作出新的决策。这时学生可能要收集更详细的信息资料或不同的信息，以寻找新的选择方案。

上海市天山中学的老师是怎么帮助学生进行生涯抉择的？请看以下案例。

在生涯发展过程中，学生会面临许许多多的抉择。生涯的不确定性使得抉择的过程变得像一场赌局，充满着未知与凶险。教师有权利、有义务帮助学生作出合理的生涯抉择，但在这一过程中一定要注意技巧，万不能逼迫学生作出选择。

（1）小志的来信——“我喜欢轻松学习”。

心理辅导老师登录自己的SNS账户，发现收到一封一名高二学生写的信件。

信件是使用淡蓝色的字体输入的，给人一种天真浪漫而又活泼生动的感觉。在信中他提到了自己的种种选择——+1学科除去物理和化学外，似乎都成了他的备选。

老师：

您好！

我最近遇到了一个问题，就是选科问题。

前段时间选科的时候，因为对生物比较感兴趣，所以就坚定不移地选了生物。但结果也是意料之中的——开不出班。而化学我平时都是刚刚及格的分数，物理是70来分的中等成绩，所以选文科。

第二个选择是政治或历史。因为没想到历史班会开出来，所以当时就犹豫了一下，选了政治。

现在，历史班人数越来越多。

我其实是比较偏向政治的，因为觉得这种新时代的东西我会学得好一点。至

于历史这门课，我认为自己是比较难将其弄明白的那种。

上次政治拓展班测验，几个同学都是70~80分的成绩，我的分数却极低，41分。我感觉我对政治完全没感觉。自高一以来，我的政治分数就没好过。

所以我开始犹豫了，要不要选历史呢？我一直都自认为自己是个历史白痴，不知道能不能学好这个科目。因为以前上课不大认真听讲，所以对概念也比较混乱。我不知道如果我认真的话，能不能学好历史。而且我在最近一段时间内开始对历史感兴趣了。

还有个原因就是在政治班压力大。每当我们奋笔疾书地做笔记、紧张地背概念时，对面教室的历史班的同学却悠悠地听着故事。学习气氛完全两样。

政治老师说，选政治要特别能吃苦，因为政治又枯又苦。我吃不起苦——我一直认为学习就应该轻松地学，所以对政治有点怕。

另一方面，竞争很激烈。政治班里那么多女生，你擅长的科目大家都擅长。对于别人来说，有竞争是好事，但我不喜欢竞争气氛很强烈的环境，那样我会感觉很累。

还有一个主观的原因，我好多的初中同学和朋友都在历史班，我也想过去……（看似有点荒谬。）

还有，现在拓展班开出已经有一段时间了，如果我要换班的话，总觉得有点……貌似我还有好多话想说，就是不知道怎么说了，思路比较混乱。希望老师给点建议，或随便说点什么。谢谢！

我的思想斗争得真的是越来越厉害了（貌似现在有点偏于历史）。

另外，我的语、数、英三门主科成绩还算可以，在年级50名左右。

最主要的，我的个性乐观，我喜欢轻松学习。

（不知道这对您有没有参考价值。）

真诚地期待回复。

小志

（2）分析：趋避冲突。

当面对决策时，人们就会产生“趋避冲突”。在本次咨询的生涯抉择中，这种冲突就表现得特别明显。从三门主课的成绩看出，小志的学习情况是比较良好的，这种冲突的产生源自其内心对高三生活的非理性观点。

小志想要选择一门可以“轻松学习”的+1学科，但是很显然，选择任何一门+1学科，对他而言都存在一定的困难。他期盼的是“悠悠地听着故事”的高

三生活，最好还能够和“初中同学和朋友”在一起，但唯一符合他想象中要求的历史却又存在“概念混乱、需要转班”的问题。从其选择行为来看，存在一个非常明显的非理性观点——高三，我想轻松度过，我害怕吃苦。这显然是与实际不符合的，如何帮助其正确认识到自己的非理性信念，成为第一封回信的重点。

(3) 干预：生涯角色辨析。

在第一封回信中，教师采用了心理咨询中的同感、解释、聚焦和澄清的基本技术，同时还采用了生涯辅导中的生涯角色辨析技术，通过对当事人目前主要生涯角色的辨析，使其明确角色的任务和使命，接纳生涯角色所带来的挑战。

小志：

你好，首先非常感谢你对我的信任，愿意把你的想法来信告诉我。（建立良好的咨询关系）但是读着读着，我却有点儿为你担心了。

我很了解你的心情，眼看着自己选择的科目成绩不理想，而周围的同学却表现出色，开始担心、疑问：自己是不是不太适合这个科目？高三会不会念好？能不能顺利考上自己理想的大学？（同感，点出其心中困惑）在作出选择以前，我们先分析一下现状。

首先是你的基础。三门主课成绩在年级50名左右，说明你的主科基础相当不错，文理发展比较平均，无明显偏科，这也是为什么你能从生物直接跳到政治的原因。正确地选择一门课程无疑对于你有着非常重要的意义，选好了就能更上一层楼。(分析现状)

其次我们来说说你的政治。看起来你的“‘政治’处境”似乎不太妙，自己成绩考得不理想，但是周围的同学却表现得不错，这点让你开始担心……那究竟是你念不好还是没有好好念呢？这里就要说到你对于历史的“遐想”了。（开始澄清非理性观念）

在你的描述中，历史班似乎是一个没有压力的“净土”，大家都悠闲地听老师讲故事。那高三的历史是不是真是如此呢？我作为一个高三选择历史的过来人可以很负责任地告诉你：没有那么轻松的事情。历史的内容是固定的，但是也需要经过背诵和理解，上课也要抄笔记、记考试要点。而且根据你自己的描述，高一时对于历史不上心，那么恐怕你从头学起得花上比别人更多的精力吧？至少你的那些初中同学已经比你多听了近半年的“故事”了。

其实，最终就是一个问题，那就是你还没有进入准高三状态。（生涯角色的辨析）的确，也许因为你天资不错，以前可以不费多大工夫就考进年级前50名，但也只是如此而已，要高三了，你有你的理想学校了吗？它的门槛是什么样的？

无论你选择哪个学校，无论你选择什么科目，高三都是一场硬仗，都会辛苦。如果没有作好吃苦的准备，恐怕你无论选择哪一门科目都会觉得越学越害怕。

最后再唠叨一些（不要嫌我说教哦），如果要改变选择也应该是为了更好的未来而作出，这样才是智慧的选择。如果仅仅是为了逃避而选择，恐怕这样的选择最终后悔的可能更大些。你是个聪明的孩子，不知道我的回答你满意吗？如果中间有些话语是你不能接受的，那么我道歉，也许我的表述过于直接了一些。

希望能够对你有所帮助，要是还有疑问，欢迎再次来信。

（4）第二封信——“我真是个爱偷懒的孩子”。

谢谢老师!

貌似这个问题从生物开不出班来就一直困扰我了。我昨天又听了以前老师的建议，意思都跟您讲的差不多。不管选什么，都是要打硬仗的，都是要吃苦的。没有一门科目是不付出汗水就能取得好成绩的。这点我当初真的没仔细考虑到。我真是个爱偷懒的孩子。

我从初中开始就有理想的学校了——上海外国语学校。分数好高的，而且对英语要求很高。所以我也一直在担心自己的成绩怎么样才能更进一步提高，也因此对高三的一些东西有点不知所措。

你们说得对。我比别人晚起一步，就要比别人多付出一些。不能再摇摆不定了，选择好一门就要坚定不移地接受它，不能逃避它的苦。这样会更早、更好的进入状态吧!

我知道该怎么做啦，开始充满信心咯，天空蓝蓝，阳光好好!

谢谢老师咯！以后有事还会找你哟~

充满信心的小志

这是一个比较成功的网络咨询案例，由于在第一次回信中帮助其澄清了非理性的观念，使其认识到自己“真是个爱偷懒的孩子”。在回信中，咨询师并没有像在传统教育中一样直接点出其存在的问题，而是通过心理咨询的相关技术，使得其通过思考而意识到存在的不恰当想法。同时之后的生涯角色辨析更加促进其认识到“不管选什么，都是要打硬仗的，都是要吃苦的”。一旦个体认清自身担任的生涯使命，那么就会产生相应的动力，鼓起勇气接受即将到来的挑战。

第三节　升学择业指导

填报升学志愿

学生想要按自己理想的志愿被录取，还有一个志愿填写技巧的问题。对学生填写志愿技巧的指导，也使学生减少选择志愿的盲目性和随意性，避免学生因志愿填写不当而丧失机会。辅导学生填写志愿的技巧，主要是帮助学生做好以下几件事。

第一，按自己的特点选择专业类别。在填报志愿前，首先要了解各类学校的专业分类，确定适合自己特点的各种专业类型。

第二，收集学校和专业的信息。尽可能准确地了解自己准备报考的学校和专业的情况。这可以通过多种途径来获得，诸如阅读专业介绍资料，包括招生简章、招生通讯、学校介绍等；参观学校和专业，请已进入专业学习的学生介绍专业，请有关专家介绍专业的要求等。尽可能广泛地收集学校专业和职业信息，防止因缺乏了解而造成对专业的误解和偏见。

第三，检查自身的生理状况。结合自己的生理状况，如是否近视、有无遗传病等，避免填报因自身疾病和生理缺陷而不能被录取的专业。

第四，参考自身的学业成绩。充分了解学校各专业的招生人数、限考条件、历年录取新生的分数线等，大致确定自己的学业成绩等情况处于哪一档次，可能进入哪一类学校或哪几类专业，从而按照自己毕业考或升学考的成绩较正确地把握自己，防止志愿偏高或偏低。

第五，了解招生工作的政策和方法。在填志愿前，学生要细致地了解本地当年的招生情况，在志愿填写的次序上要参考招生次序，防止失误。

以下是一些填报高考志愿的具体指导。

1. 专业与院校，在选择时究竟哪个更为重要

这是困扰考生的一大难题。专家认为，在一般情况下，相对来说专业对考生更为重要。对考生而言，在大学里学到真才实学至关重要。因此，在填报志愿时必须重视所选专业的课程设置、师资力量、就业方向、学籍管理等，先对此作一番细致的了解，结合个人的性格、兴趣，作出抉择。

一些在校大学生告诫考生，填报志愿时只考虑自己青睐的院校，但由于专业的不对口而退学重考或半途转专业的现象并不鲜见，这样的代价太大，考生在填报志愿时要慎重。如广东一考生原来顺利入读广州某高校，但由于所读的计算机专业并非其兴趣所在，第一年理工科目考试几乎全部不及格，而该校又不能提供重新选择专业的机会，最后被迫退学重新参加高考后报考文科类专业。

据了解，现在全国高校招生的专业目录多达几百个，并划分出上千个专业，而很多考生对这些专业并不熟悉，如一些学生竟错误地认为应用数学专业的就业方向是当中学数学老师。

院校的因素也不应忽视，例如，同样是会计专业，就会因学校不同而使得专业方向和就业前景差异很大。很多专家由此认为，学校和专业对考生来说，都很重要，应该结合个人的志趣爱好，全面深入了解专业的详细信息，在填报时兼顾该专业在该院校乃至在全国高校中的地位、前景等，全面衡量院校与专业的选择。

2. 填好第一志愿的“标尺”是什么

（1）误区扫描：优势科目不是惟一标准。

绝大部分考生都知道第一志愿的重要性，但在填报时由于缺乏科学的引导，就出现了盲目填报的现象。主要存在以下误区。

一是对自身实力估量不准，不经细细推敲就盲目填报。如过高估计自己的成绩，好高骛远，守住心慕已久的院校不放，报考风险必然陡增；也有定位过低的，为了稳保考上，填报志愿时十分保守，没有“斗勇”的决心，从而丧失了就读更好层次院校的机会。

二是在填报第一志愿时只根据自己的某一个优势科目来确定报考专业，这样很可能导致第一志愿的误报，最好的机会被荒废掉了。

如一位姓黄的学生，她的数学成绩在各科中是最好的，但她在专业选择评估中的结果却是人文社科类，这位学生按照数学成绩来填报第一志愿，风险就很大。

（2）策略技巧：不妨给志愿院校排排队。

据统计，重点大学第一志愿的录取比例占被录取考生的95%以上，一般院校第一志愿的录取比例占80%左右，第一志愿的重要性可见一斑。

考试机构有关人士提醒考生，现在招生院校录取新生的自主权进一步扩大，当第一志愿生源比较充裕时，一般就不再考虑第二、第三志愿的考生。而且，一般来说，招生院校为了巩固学生的专业思想，也总是乐意录取第一志愿的考生。因此，考生在填报志愿时，对自己不能估计过高或过低，要特别注意恰当、慎重地选择每一批录取院校的第一志愿。

那么，如何报好第一志愿呢？怎样才能避免“一落千丈”？专家认为，关键是依据考生自身的实力，即平时成绩以及在考生群体中的位置。

成绩稳定、心理素质过硬、临场发挥出色的考生，第一志愿可以适度超前，以免留下遗憾；但对于平时成绩起伏较大、估分时不稳定因素较多的考生，报考第一志愿时应保守一些。

高三老师普遍认为，鉴于第一志愿的重要性，考生、家长有必要对拟报的院校列出一个候选名单，再根据收集掌握的各个院校往年的录取分数线、投档线、上线生录取比例、专业录取的走向，对照考生可能实现的程度，逐一筛选、排除，得出各批次的第一志愿院校。

3. 什么才是合理的梯度

（1）误区扫描：录取时“一落千丈”为哪般？

部分考生没有在第一志愿被录取，而第二、三志愿等又没有与第一志愿拉开适当的梯度，结果从第一批重点线上滑入第二批录取的普通院校，或者落入第三批志愿院校中，造成“一落千丈”的局面。

（2）策略技巧：“降幂式”排列避免“撞车”。

所谓梯度，是指同批志愿中高低不同的院校层次。

据考试中心有关负责人介绍，高校招生录取时，虽然优先录取第一志愿的考生，但总是有一些院校和专业由于第一志愿生源不足，还要从第二、第三志愿的考生中补充录取。因此，建议考生在填报同批志愿时，为了增加录取的机会，要用心处理好志愿之间的院校梯度和层次。

高考竞争异常激烈，为了避免发挥失常而落榜，考生在确保填报的第一志愿是与自己的实际相符的录取层次较高的院校外，为了不失掉中间阶层院校和出于保底的需要，其他志愿的填报应由高到低，呈“降幂式”排列，同一层次院校不能填写成“并列式”或“波浪式”，更不能填成“升幂式”，这样可以避免同一层次的志愿之间的“撞车”现象。

除了填报的院校之间要有梯度，填报的同一高校中的几个专业间也应适当形成梯度，不要同时填报该校的热门专业。

一些高中老师感慨地说，考生往往忽视了专业的梯度和层次。很多考生的成绩高于他所填报院校志愿的最低分数线，但由于所填的专业要求都比较高，从而造成全部专业都没有达到录取线的后果。这就是常见的“填报志愿偏高而且没有梯度”现象。但只要考生在填报时注意，还是可以避免的。

如何求职

求职是选择职业的一项基本技巧。一封文字漂亮、内容简洁明了的求职信将会对学生的求职成功大有裨益。所以求职信的撰写是求职技巧的重要部分。可以通过求职信的知识介绍、情景模拟训练等方法，让学生尝试写求职信，以训练学生此方面的技巧。学生在写求职信时应拿捏以下要点。

1. 求职信的作用

（1）有助于求职人规范地概括自己的职业目标和能力。

（2）有助于求职人简单明了地向招聘单位作自我介绍，使招聘者对求职人发生兴趣，以达到面试的目的。

2. 求职信的内容

（1）姓名、地址、电话。

（2）职业目标。尽量不超过两句话，使用专业化的语言来阐述自己的工作理想。

（3）学历。学校名称、所在省市、在校时间。

（4）工作经历。如果学生没有参加过正式工作，可尽量介绍在社会活动或在企业实习过程中获得的职业经验。学生所接受过的职业培训和工作经历对求职的成功有很大的帮助。

（5）专业知识。除了学生所学的与职业有关的课程之外，外语知识和电脑基础是很重要的，在这两方面要详细说明自己的能力。有关职业知识的介绍最好附有证书。

（6）特长。包括个人兴趣和能力，重要的是有效地突出自己的优势。

3. 求职信的一般要求

（1）从积极的角度推销自己，但不能夸大其辞，因为夸张会给人造成虚假的印象。

（2）概括地反映个人的基本情况。求职信一般不要超过两面。因为审阅者很难有耐心看完一封洋洋万言、平铺直叙的求职信。

（3）将求职信打印在较厚的 A4 标准纸上。

（4）把求职信和其他材料，如标准照、证件复印件等装在一个信封里一起寄出。

如何面试

面试是谋求职业的重要环节，也是求职技巧的重要部分，必须让学生对面试有所了解和准备。通过角色扮演、情景模拟等方法训练学生，使其具有一定的面试技巧，这将有助于学生的职业选择。

面试一般由面试前的准备和面试过程两个环节组成，这两个方面是同等重要的。

1. 面试前的准备

面试时主考官的意图是要判断应试者的资格，而应试者则要力图推销自己。所以，应试者面试前要清楚以下几项。

（1）所谋求职业的要求。

（2）自己具备的条件，包括自己的学历、能力。

（3）主考官可能提出的问题。

（4）是否携带了文凭、证书、自我介绍信、推荐信等资料。

（5）对自己未来的发展目标有什么设想。

2. 面试过程

面试过程是直接的人与人交流的过程，应试者需注意以下几项。

（1）第一印象。面试的第一印象非常重要，它常常关系到试用或录取与否。面试时，衣着的合时、整洁和行为举止的轻松自如、富有个性是关键。

（2）回答问题时，态度要坦率、明朗，要直截了当，言简意赅。

（3）要有诚意，要说出自己对职业的渴望、自己的观点见解和自己的发展目标，要充分自信地表明自己能胜任职务。

本章结语

生涯辅导旨在帮助学生树立正确的劳动观、职业观、择业观；帮助学生逐步深入社会，了解本地区各类学校和各类职业的情况；帮助学生了解自己，引导学生扬长避短，提高学生的各种素质，发掘学生的潜能；帮助学生正确协调个人志愿和国家需要之间的关系，根据国家需要和自己的特点确立初步的职业意向，提

高升学和就业的决策能力。生涯辅导不能靠空洞的说教，而要应用多种的、生动活泼的辅导方式使学生体验职业的内涵、辨析自己的职业观，对全体学生的职业意识进行熏陶和培育。虽然目前生涯辅导在学校教育领域尚未得到广泛开展，但是随着人们对生涯辅导对青少年成长的意义的认识的不断加深，它将成为青少年心理辅导不可或缺的主题。

本章参考文献

1. 吴武典．生涯发展能力的培养［J］．中小学心理健康教育，2006（1）．
2. 沈之菲．生涯心理辅导［M］．上海：上海教育出版社，2000.
3. 闻友信，刘签农．职业指导的理论研究与实验［M］．杭州：浙江教育出版社，1992.
4. 朱启臻．职业指导理论与方法［M］．北京：人民教育出版社，1996.
5. 金树人．生计发展与辅导［M］．台北：天马文化事业有限公司，1988.
6. 冯观富．教育心理辅导精解［M］．台北：心理出版社有限公司，1993.
7. 邱美华，董华欣．生涯发展与辅导［M］．台北：心理出版社，1997.

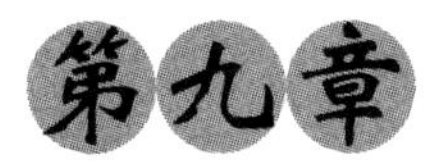

第九章 休闲生活辅导

青少年的休闲生活往往不为学校教育所重视。其实，休闲生活辅导对于培养青少年健康丰富的生活情趣、乐观向上的生活态度和生活方式具有重要影响。青少年喜欢流行与时尚、喜欢追星、喜欢网络、喜欢体育运动、喜欢阅读等，表明他们热爱生活，向往生活的丰富多彩。但是，社会环境的变化，常常使得青少年在生活世界变得迷离与困惑。多元化的、海量的网络信息使得青少年无从选择。有的青少年沉迷于网络游戏，无心学习，甚至自我封闭脱离社会；有的青少年过于追求物质生活，超前消费；有的青少年过度偶像崇拜，丧失自我；等等。因此，休闲生活辅导是青少年心理辅导的一项不可或缺的主题。

第一节　青少年流行与消费辅导

流行时尚是青少年亚文化的重要部分。青少年亚文化有广义和狭义之分。从广义上说，青少年所表现出的一切文化特征，如青少年所特有的思想观念、思维方式、行为特征、语言风格、衣着打扮等，都属于青少年亚文化范畴。从狭义上说，它指青少年的价值观念及其行为特征。流行时尚属于广义青少年亚文化，它对于青少年成长既有积极作用，也有消极作用。

关于"酷"

时尚属于人类行为的文化模式的范畴。何谓时尚？它是指"一种外表行为模式的流传现象"。如服饰、语言、文艺、宗教等方面的新奇事物往往很快吸引多数人采用及模仿，流传很广，这表明了人们对美的爱好和欣赏。追求时尚也许是青少年亚文化的鲜明特征之一。

"酷"是青少年追求时尚的代名词。让我们来看看青少年是如何理解"酷"的。北京零点调查公司对我国沿海地区 1589 名中学生的社会文化特征进行过调查，其中有一项就是对"酷"的理解：

酷就是一种冷漠的形象；

酷是另类，异于常人的表现；

酷是装扮出来的；

酷是很有个性，但又能为其他人接受的东西；

自我感觉与别人不同，那就是酷；

靓仔就是酷；

在某些方面比别人好，又有些自傲，就是酷。

对于"酷"的标志，青少年也有自己的独特看法（见表 9-1）。

表 9-1 “酷”的标志　　单位（%）

酷的标志	占比	酷的标志	占比
极限运动（蹦极、攀岩、滑板等）玩得特好	34.6	拍照时，我有一个经典动作	7.7
能力很强，不经意就把事情办好	28.1	有不少男生/女生追求	7.0
气质冷漠，不轻易说话	25.8	一身紧身衣	6.1
中学留学海外	24.2	戴耳环或戴鼻环	5.7
上网	24.0	蹦迪，跳迪斯科	4.4
开跑车出去兜风	23.0	泡酒吧	4.0
明星	14.8	能用英语骂脏话	4.0
球星或其他明星的签字	14.5	女孩吃、穿洋化，吸烟	3.9
电脑黑客	13.9	露脐装	2.2
电子游戏玩得特别好的人	13.6	穿小衣服	1.8
帅哥配靓妹	13.2	既爱玩，又爱学习	1.2
戴很酷的墨镜	10.5	名牌产品的代言人	9.2
女人剃光头	10.2	头发染成另类的颜色或剪成另类的发式	8.4

从中可以发现，“酷”在青少年心目中是一种追求前卫风格的标志，在社会的主流文化中，力图突显青少年亚文化的特色。当然，有一些过分偏离主流文化的时尚，也没有得到更多青少年的认同。诸如，染发、戴耳环、用英语骂脏话、女孩抽烟和穿露脐装等。这反映了青少年对“酷”文化的基本态度是积极向上的。

也有学者对青少年的“酷”持不同意见，如王彬认为，“酷”的本质内涵是现代竞争下产生的孤独感、挫折感和焦虑感等痛苦心情的“克隆”，是一种具有传染性的病态，是人类心理危机的外在表现形式。青少年一代不应该是冷酷的一代，病态的一代，更不应该将“酷”作为一种前卫风格。对“酷”的争论恰恰说明“酷”的含义的多元性，每个人都可以从不同的角度来理解、解释。即使是青少年之间，对“酷”的理解也可能不尽相同，更何况成年人。我们需要关注的是，对于“酷”的消极成分应该予以摒弃，而对于“酷”的积极成分，应该予以认同。

流行音乐

音乐是最能反映人们心态的文化形式之一，尤其是流行歌曲。青少年是欣赏

流行音乐的最大群体，他们最善于用自己所喜爱的歌来表达喜怒哀乐。从柔情蜜意的情歌，一派清纯的校园民谣，到充满激情的摇滚，可以说，每一类歌曲的流行都折射了青少年的形形色色的社会心态。路得等人对 20 世纪 90 年代中国青少年流行音乐的时尚文化变迁，作了生动的概述，对我们了解青少年的音乐时尚很有启发。

“港台文化在 90 年代初已在相当程度上成为内地青少年流行文化的主体，甚至影响着一代人的生活方式。‘让我一次爱个够’、‘跟着感觉走’、‘潇洒走一回’等，已经成了许多青少年的生活‘座右铭’。一些学者将港台文化的传播视为‘从领袖崇拜到明星崇拜’、‘从政治崇拜到物质崇拜’的过程，认为这虽然不是什么理想境界，却反映了社会观念的变迁。……也有不少学者对港台流行文化成为内地青少年的时尚热点而深表忧虑，认为港台文化毕竟是商业文化，缺少力度和深度，不利于青少年的人格建构；同时，个别青少年狂热追星带来的一些不良后果（如出走、自杀），更使‘追星族’现象成为 90 年代初最具争议的青年文化问题之一，舆论对此大都持反对意见。而青少年则对社会的群起而攻之甚感委屈……在他们看来，最打动他们的不是明星形式上的吸引力，而是那些他们认为更贴近自己生活和内心感受的歌词。”

“1994 年初夏，一盘词曲优美、贴近生活、演唱深情悠远而又轻松自如的《校园民谣 I》悄然上市，很快便传唱开来，从而揭开 20 世纪 90 年代‘校园民谣运动’的序幕。……《同桌的你》、《睡在我上铺的兄弟》、《白衣飘飘的年代》等歌曲，很容易使人回忆起那共有的校园生活，那带有一点儿青涩、一点儿纯真、一点儿傻气的学生时代。”

“‘校园民谣运动’的兴起，源于大学生们在经历了‘出国热’、‘经商热’和‘港台流行歌曲热’的冲击后，开始对社会与人生进行冷静思考之后较平静的心态。校园民谣以其纯朴的感情和表达，唱出现代人所珍视的诚挚与坦率，而大学生们日渐开阔的视野、本身具有的理想主义热情以及青春朝气，也不能不给人以心灵上的强烈震撼。”

“摇滚乐在一定程度上表达了现代年轻人的另一种追求与人生状态。摇滚乐的本质是自由的象征，它激发了年轻人内心深处渴望自由、向往幸福、追求理想的意识。正如一位学生所言：‘摇滚乐真实，毫不虚伪，宣泄了我们心中的真实生活感受，我们无法不喜欢。’”

青少年之所以喜欢流行音乐，是因为它用通俗的、自然的风格表达人类真实的、丰富的思想和情感。从这个意义上讲，流行音乐的文化内涵与青少年亚文化的内涵有许多共同之处。

服饰与名牌

服饰是一种社会文化符号，也是时尚的一种标志。它的社会文化表征意义有以下几点。

1. **职业象征**

现代服饰不是阶级特权的象征，社会各阶层都有自由选择服饰的权利。随着成衣业的发展，高档时装遍及各个阶层，社会大众成为主导时装潮流的主力。不同行业、部门、企事业单位有不同的职业服装。人们依据场合和角色的变化而改变着穿着。服装的职业标志代替了阶层标志，是现代服装的一大特点。

2. **自我表现象征**

现代服装表达了社会和个人的价值观念与审美观念。以牛仔裤为例，牛仔裤舒适耐磨，不需要经常熨烫，可以为社会上任何一个阶层接受，男女老少皆可，穿牛仔裤于是便成为一个自由的符号，即可以自由地展现自身。流行服饰大胆奇异，强调个性，不仅仅是为了表达性感，而更多的是追求回归自然的朴实和纯真。现代服饰潮流趋向时尚和年轻、新奇和多样。年轻、时尚和个性化成为服装市场的主流。

3. **大众文化象征**

传统的观点认为，上流社会创造并领导服饰潮流，大众模仿，服装流行是自上而下的，大众是被动的消费者。随着时代的发展，这种观念逐渐被淘汰，取而代之的是美国社会学家布卢默（Blumer）的“大众选择论”。这个理论认为，是服装设计师审时度势，分析大众心理而设计出服装，并领导着时装的新潮流。实际上真正领导时装潮流的还是大众的选择，大众的口味决定着服装的发展方向。

青少年的服饰文化主要表现为追求名牌。对北京、上海 13~19 岁青少年的调查显示，喜欢名牌的占 49%，喜欢名牌专卖店的占 35%。北京的一项抽样调查表明，中学生的运动装拥有较多的名牌，53%的中学生穿“阿迪达斯”、“耐克”、和“李宁”。在文具类中，仅书包一项，有“阿迪达斯”、“米奇”、“力派”、“彪马”等名牌的人数占 40%。

面对青少年的品牌消费，笔者以为应该给予适度满足，合理引导。适度满足，即成年人应该认识到，孩子追求名牌和时尚并无过错，这是他们的正当需要，应该给予满足，但不能过度。合理引导，即对于青少年的奢侈消费、赤字消费等状况必须进行引导，因为青少年在生活上还未自立，经济能力极其有限，过

度消费会增加家庭经济负担，同时也导致盲目攀比。

第二节　走出“追星族”误区

中学生是追星族中最为积极的群体。青少年时期是最富有想象和浪漫的阶段，每个学生的心目中都会有自己的偶像，并通过偶像崇拜表达自己内心的理想和愿望。偶像崇拜的积极意义在于激励学生对美好生活、人生境界的追求，但是偶像崇拜过头、进入痴迷状态，也会使学生迷失自我、误入歧途。

青少年偶像崇拜的状况

1. 青少年崇拜的偶像类型分布

不少研究表明，青少年崇拜的偶像以明星居多。例如，李强等人对天津200多名中学生的调查发现，中学生崇拜的偶像大体上可归为八类：影视歌明星、著名人士、体育明星、父母、同学、教师、自己、其他。其中，著名人士指对社会历史发展有重大历史贡献的人。按照崇拜比例排序依次为：影视歌明星(48.1%)、著名人士（23.6%)、体育明星（16.3%)、父母（6%)、同学(2.1%)、教师（1.3%)、自己（1.3%）其他（1.3%)。在这些崇拜类型中，影视歌明星占了近二分之一。

又如，章洁等对浙江4000多名中学生的调查发现，中学生崇拜的偶像，明星人物占77.5%，杰出人物和政治人物分别为3.35%、2.76%，形成截然反差。

再如，陈峰对广州600多名高中生的调查发现，娱乐、体育明星对青少年的吸引力最大，超过50%。相比之下，劳动模范、历史人物的比例低于虚幻的卡通人物。

2. 青少年偶像崇拜的特点

郝玉章等对200多封“赵薇迷”的信件的社会学分析发现，青少年偶像崇拜有以下特点。

（1）感性的成分多，理性的成分少

具体表现为，一方面偶像不固定，这一时期喜欢这个人，那一时期又崇拜那个人，甚至同一时期可以喜欢好几个人。像赵薇的影迷中就有不少人同时也喜欢

苏有朋及《还珠格格》中的其他演员。他们崇拜偶像没有明确的目的和动机，带有很强的感情色彩，有时纯粹是从众。另一方面，一些崇拜者对偶像达到了狂热的“痴迷”程度。比如：“我买了很多你的明信片，每天都痴痴地看，傻傻地看。有两次错过在电视上看你的机会，气得我差点撞墙。现在只要哪里有一点点你的消息，我都用笔记下来，你的画像我都剪贴下来。”“我已经被你迷得神魂颠倒了，我几乎天天都在想你，在课堂上我是一个无心听讲的坏学生，你真的不能使我忘怀。”一些崇拜者对于一段时间内电视里没有出现赵薇的形象而感到很失落，“前不见格格，后不见吉祥，念脑子之空空，独怆然而涕下”（“格格”、“吉祥”都是赵薇饰演的角色）。

（2）认同式依恋多，浪漫式依恋少

一些研究者曾专门提出过两种偶像依恋类型：一是认同式依恋，即希望成为像偶像那样的人物；二是浪漫式依恋，即希望成为偶像的恋人。香港和国外的一些调查表明，对异性名人的浪漫性依恋是青少年偶像崇拜的一个基本特征。但是这一点我们从赵薇影迷的来信中没有得到证实。首先，异性崇拜者的比例本来就少，只有5.4%。这说明对于大多数男性青少年而言，追求名人的浪漫情怀并不构成其崇拜偶像的真正动力。其次，除了极个别的人有这种朦胧的表示外，比如“听说你要结婚了，不知道是不是真的，如果是真的，我的愿望永远消失；如果是假的，我会安慰我自己，怪报社胡编乱造”，“我的心永远会属于你，就让我成为你遥远的伴侣吧”，大多数崇拜者都只是欣赏赵薇的演技，希望与她交朋友，向她倾诉烦恼，或向她讨教成功的秘诀，希望能取得她那样的成绩。相反地，在崇拜者当中，认同式的依恋较多，而且女性的比例较大。比如“上周我没有哭过，我学会了坚强”、“我的性格也从内向变成了外向”等。从来信中我们还发现，相当多的崇拜者都表达了“希望长大以后，能成为像赵薇那样的人”的愿望。

青少年偶像崇拜的动因分析

1. 追求理想自我

在青少年自我同一感形成的过程中，他们常常在问自己“我是谁”。他们对自己的认知和评价常常是飘忽不定的，内心里非常需要寻找理想的自我，帮助自己建立自我认同感。而他们心中的偶像就是理想自我的化身，因此，青少年偶像崇拜是理想自我的心理投射。有的“赵薇迷”在信里这样写道：“你的天真活泼，

深深地让我着迷，你是我崇拜的偶像，我多么希望我也能像你那样，成为电视上让观众喜欢的影星。”“你的演技太棒、太精彩了，天真、活泼、可爱。长大以后也想和你一样能够成为大明星。”“出色的影星。”在这里，偶像是崇拜者的理想自我，是崇拜者心目中的未来。偶像还可以是崇拜者的代言人，正如一位影迷在信中写的：“我好想和你一样叛逆，一样疯狂，你做了我想做而不敢做的事，过了我渴望而没有的生活。”这种对偶像的认同成为青少年自我认同的重要手段。尽管类似的梦想看似有一些幼稚，但是“像我们这样的年龄，就算梦想超载也没有关系，因为我们拥有阳光一样的活力”，它可以成为一种促动，让青少年去追寻他们的理想自我。

2. **情感寄托**

青少年偶像崇拜是一种情感归属的需要。青少年在寻求独立，渴望摆脱父母束缚的同时，又希望得到新的情感归属，即寻求一种遥亲感（遥远的亲密感），以补偿脱离对父母的依赖产生的情感真空。在这个过程中，青少年往往会在其他人群中寻找父母的“替代品”，比如同龄伙伴。但是对于自己的一些“隐私”和自认为比较重要的问题，他们仍然常常缺乏诉说的对象。有的学生写信给赵薇说，“赵薇姐姐，我写信给你的主要目的是想与你说说心里话。事实上我的伙伴也不少，但不知怎么的，我总不能与她们说心里话”，“不知我给你写信，你会不会嫌我烦，但我心中的悲伤不知道向谁诉说”。这主要是因为青少年时期心理的封闭倾向使他们难以与父母、老师建立亲密无间的深层沟通，而身边与自己平起平坐的同学又难以具备足够的权威感和吸引力，况且“在学校里，成绩是能不能交到朋友的关键，成绩好，别人就和你好，成绩不好，即使认识你这个人，他也不会坦诚待你”。

3. **释放压力**

青少年学习压力大，需要寻找精神寄托。从“赵薇迷”的来信的统计情况来看，有80%以上的是学生，而这其中又有80%是初、高中生。这些学生，面临着中考或高考，各方面的压力都很大。有了这种超负荷的压力，自然要寻求宣泄、解脱和释放。从来信中可以看出，压力越大，越容易崇拜偶像，寻找精神寄托。有的学生写信给赵薇：“我现在正在上初中二年级，学习很紧张，每天的作业都快把我压死了。”“我是一个即将毕业的中学生，我非常担心明年的中考。”“当我得知你要边演戏边上课，而且还要拍广告，这么辛苦你都挺过来了，我为什么连学也学不好呢？我非常想成为你的知己。”有不少学生向赵薇求教，比如一位中考落榜现在复读初三的学生说：“赵薇姐姐，你是那样乐观，我想你在生活中一定遇到过困难，我希望你教教我该如何面对这次挫折。”一位初一的学生说：“最

近我心情总是不太好，英语只考了 74 分，数学不及格，这是我考试成绩中从来没有过的成绩，我好痛苦，就连比较好的语文，原来考前三名，可现在却退步到第十五名，我好害怕。赵薇姐姐，你能不能教我一些好的学习方法，让我重新振作起来，做一个老师喜欢的好孩子?”这些崇拜者把偶像当成了救星，希望她能拯救自己，帮自己理解脱困境。更有一些崇拜者将赵薇视作精神支柱、精神动力——“从你的笑容中我找到了快乐和自信”。

4. 从众心理

青少年由于对同伴群体的归属感，常常害怕自己与众不同而被同伴孤立，被视为“另类”，因此希望与群体保持一致。在偶像崇拜的问题上也是如此，他们趋向于采取从众行为。比如一位影迷在信中说：“以前，我并不知道什么是《还珠格格》，可我们班的同学天天聊，于是我也成了他们中的一员了。”“你看我们班的同学，哪个的歌本上没贴《还珠格格》的照片？哪个没有买上几张明信片？有的同学是看准了衣服上的‘还珠格格’才买的，还有圆珠笔、钢笔等。反正都是一个个十足的‘格格迷’。”“你知道吗，赵薇姐姐，你已经在我们班上非常出名了，我和同学们一起交流的时候，总会提到你，说你这样好，那样也好。”“每天在寝室里，我们谈论的都是你，每个人都看关于你的书籍，都很关心你在做什么，准备拍什么电视剧或电影。”可以想象，在这样的氛围里，如果有人不喜欢赵薇，不崇拜赵薇，不只是会失去同学、朋友，可能连说话的机会都少了。由此可见，群体的力量之强大。

化偶像崇拜为榜样学习

化偶像崇拜为榜样学习，是对青少年偶像崇拜心理辅导的基本策略。青少年偶像崇拜是其内心的需求，老师应该予以理解，要因势利导，而不是一味压制和说教。

一是尊重学生偶像多元化，其实学生心中的偶像并非只有明星。调查结果显示，中学生崇拜的偶像类型广泛，具有多样性的特征。当然，比起科学家、文学家等专家学者和历史人物，中学生对明星偶像更加青睐，因为明星偶像大都能够从外形上引起别人的注意，能够满足学生娱乐、休闲的需要。

二是加大对人类社会作出贡献的著名人士和历史人物的宣传力度，让广大的学生知晓。青少年偶像崇拜偏差的现象在某种程度上也与社会传媒的宣传导向

有关。可以说，许多急功近利的大众传媒起了推波助澜的作用。明星们每到一个地方，总会举行大型的欢迎活动，而那些为祖国、为人类事业作出贡献的科学家或为公益事业奉献的有志者却很少有聚光灯对准他们。所以，一提到章子怡、刘翔等，没有不知道的。而像我国的杂交水稻专家袁隆平等，他们对世界的贡献是巨大的，但是他们的知名度却远比不上这些演艺明星等。还有“中国芯”的发明者邓中翰，好多中小学生也不知道。因此，有专家建议：学校要做的就是平衡学生的偶像追求，让单一的偶像崇拜变成群星灿烂。学校可以向学生介绍很多其他领域的优秀人物，比如科学家、发明家等，让学生有机会了解中国的神舟飞船、中国的宇航员，知道各个领域的专家、学者等。学校也完全有能力组织学生去访问一些科学家、学者。

三是发掘偶像身上的榜样精神。要引导学生多多了解偶像成功背后的艰辛之路。俗话说“台上一分钟，台下十年功”，不能只看到偶像在舞台上的光鲜夺目、鲜花掌声，还要看到偶像怎么从平凡到成功的曲折与努力。邓亚萍是大家喜爱的著名运动员，她原来做运动员的时候，文化水平不是很高，而她现在却可以用英文宣读自己的博士论文，成为国际奥委会的一名官员，她为国家作出那么多贡献，为中国赢得那么多荣誉，她是怎样提高自己的素质的呢？挖掘她身上那种时代所提倡的勇于拼搏、不断求知的精神，使之成为学生学习的榜样，便是变偶像为榜样了。周杰伦是青少年喜爱的歌星，但他并不像一些学生父母或老师误解的那样一无是处：在小学时就开始尝试自己作曲，在中学时就在舞台上崭露头角，并逐步形成自己的风格。这些都是他身上的榜样因素。有个中学生这样写道：

我自始至终崇拜着一个偶像——周杰伦。有人说他长得不帅，却喜欢耍帅，很做作；有人说他口齿不清，唱得根本听不懂。是的，他长得的确不算很帅，唱歌口齿也不清。但他很真实，他的音乐拥有自己独特的个性……他是个不折不扣的才子。周杰伦从当初以每天一首歌的速度为别人写歌，到现在为自己和朋友创作歌曲，自始至终不变的是他的曲风，每首歌都打上了他的烙印……出道至今，他始终坚持着自己的风格，有人劝他改变曲风，否则，会被听者厌倦以至遗忘，但是，他却说：“我只唱属于我自己的歌。”事实证明，一如既往的对音乐的热爱和执着，使他成为华语歌坛的天王。

四是增强偶像崇拜的理性力量。引导学生对偶像欣赏而不迷恋，热烈而不狂躁，偶像崇拜或者欣赏要有个度的把握。调查表明，绝大多数学生是能够把握好

分寸的，但是也有个别痴迷到近乎病态崇拜的案例，应该引以为鉴。

有一兰州女子杨丽娟，1994年梦见香港艺人刘德华拉着她的手在草坪上说话，醒来后就向父母表态“非刘德华不嫁”，并开始痴迷刘德华，长达13年。在这13年里，杨丽娟不上学、不工作，全职“狂追”刘德华，花费十万元，最终导致老父自杀。这件事情既荒谬又让人感到震惊。无独有偶，一名何炅的粉丝竟主动找到媒体称要“效仿杨丽娟”，而女生李瑶通过整容变成李湘的模样，来争演电影角色。这些病态追星个案是由于个体过度爱慕、追求和崇拜明星而产生的对明星的特殊依恋。毫无节制地终日沉溺于对明星的关注和幻想之中，将严重影响个体的身心健康和社会功能，需要对其进行专业的心理治疗。

第三节　亲近经典阅读

青少年阅读世界

人们传统的阅读方式是纸面阅读，诸如书、报纸和杂志，等等。随着信息技术的发展，传统的阅读方式日益受到挑战，图像阅读悄然兴起。以山东画报社的《老照片》为先，之后出现了一系列《黑镜头》、《红镜头》等各类“镜头”。接下去推出的是“老漫画系列”，其中有中华书局出的《儿童杂事诗图笺释》等。这些图书装帧考究，用纸或简朴古旧或堂皇超标。泛黄的照片、怀旧的风潮、新颖的方式、简捷的语言，使这类图书迅速而轻易地打动读者，其中青少年是主要的读者群。以《老照片》的热销为起点，开启了出版界以至影响到整个传媒界的读书浪潮，中国的“读图时代”闪亮登场。此后，为反映当下中国的现实生活，出现了包括《游戏城市》、《时髦辞典》和《器具的进化》等图书，这些书籍，一方面倡导阅读的快感及图文的相互传证，另一方面在选题上紧贴城市生活，使人们读起来轻松而不轻浮，莞尔一笑而又陷入沉思。

在读图时代，电视扮演着重要的角色。看电视是一种连续性的读图，在轻松随意的气氛中，可以获得阅读的快感和乐趣。以文字为主体的报纸如今又情况大变，随其不断的扩版，图片已占据大量的版面。有许多爆炸性的时事新闻，都以图片的方式迅速地见之于报端，图片已成为读报者乐见之闻。

连环画重新受到广大读者的青睐，尤其是得到青少年的喜爱。正如《文汇读书周报》刊文所说：“有一种书，曾经是那样亲密地陪伴着我们度过了整个少年

人生。细腻的画面、简短而生动的文字，深深地嵌入我们的心田，那就是64开本的连环画‘小人书’。”当在书店消失了十年之久的连环画再次出现在号称图书品种有10万的上海图书节上的时候，它成为了10万种的唯一。由人民美术出版社出版的“小人书”，一周之内被一抢而空。

读图时代的另一个宠儿是卡通漫画，它几乎征服了绝大多数儿童、青少年的心。卡通漫画大量地运用电影蒙太奇的表现手段，使其叙述在时间、空间上获得极大的自由。卡通漫画可以根据作家对生活的分析，只画出最能阐明生活实质、最能说明人物性格和人物关系，或最能展示故事进程的画面来。卡通基本上没有成段的语言叙述，它以画连接故事，无论是旁白还是主人公的自述都很简单，句子很短；卡通中的人物个性鲜明、形象逼真。而且，富于童话式想象的情节，形形色色的英雄人物，以及充斥全篇的滑稽和幽默，都能满足儿童青少年的阅读兴趣和精神需求。

经典阅读还需要吗

图像阅读的兴起，对青少年阅读文化提出了一种挑战。尽管图像阅读可以使人轻松、消遣和娱乐，它的存在有其必然性和合理性，我们无法拒绝，但这类读物毕竟感性多于理性，读物内容思想的深刻性、丰富性和哲理性不及文字读物。目前，青少年的人文素养不容乐观。有记者报道了上海的一些中学生“作文高手”，竟然不知庄子是道家还是儒家。文章这样写道：

“不知道庄子是道家还是儒家，四大名著只看过《西游记》，这样的文化积淀怎么得了！”来自复旦大学、华东师范大学、复旦附中、师大二附中和交大附中的教师把上海市第十五届中学生作文竞赛的获奖者召集到华东师范大学，举行了一次答辩会，原本是想从这些初三和高三的优秀学生中为自己的学校挑选一些“好苗子”，可交流之下，中学生的文化积淀却让这些资深教师担心了。

袁晓薇等人指出，文学经典传承着人类最深刻、最美好、最丰富的情感，是人文价值的重要载体。对文学的态度，反映着一个民族对文化的态度、对优秀文明成果的态度，以及对人类历史经验传承的态度。与经典的疏离，必然导致人文精神的失落。而人文意义的消解恰恰成为大众文化的一种特性。在这样一个文化消费时代，大众文化的商品性消解着各种形象的精神内蕴，背离着意义的崇高与

敬畏。各种流行文化产品崇尚“娱乐至上”、“娱乐至死”，只给人提供感官的刺激与快乐，而不给人提供人生意义的引导。

袁晓薇等人进一步分析了中国古代文学经典对大学生人文素养的影响力，这同样适用于青少年的经典阅读指导。文章认为，作为民族传统文化载体的中国古代文学经典包含着丰富的人文内涵，如积极向上的进取精神、豁达大度的人格修养、居安思危的忧患意识、识礼重义的道德准则、对生命自由的积极向往等。深入阅读古代文学经典能够弘扬以仁善、忠义、宽容、廉洁、勤俭、守信等为核心的传统伦理道德和价值体系，对我国的社会主义精神文明建设和中华民族精神的塑造起到至关重要的作用。其次，文学经典是民族语言艺术的典范，对文学经典的阅读是对汉语言精妙境界的至高体验。大众文化的类像化特征造就了审美趣味的感性化，当代大学生往往以读图代替阅读，其后果是在放逐了思辨的同时，也导致了语言能力的普遍下降，经典阅读显得尤为必要。最后，文学经典中所蕴含的丰富情感因素和美学特质更能够提升大学生的审美情趣。

高尔基说过，“书是人类进步的阶梯”，经典作品里积淀的人类文化精粹与成果，可以丰富青少年的人文素养，提升他们的精神境界。因此，在当下这种浮躁的社会风气之下，我们仍然应该大力倡导青少年多多阅读名家经典之作。笔者非常赞成当前不少学校提出的“书香校园”的主张，应让学校成为青少年的精神家园。

第四节　学会健康上网

因特网的诞生，把人类带入了数字化时代。《数字化生存》的作者尼葛洛庞帝把人类进入数字化时代比作“奔向临界点”。他这样描述今天社会的变化：

变革是呈指数发展的——昨天的小小差异，可能会导致明日突发的剧变。

孩提时，你有没有解过这样一道算术题——假设你工作一个月，第一天挣一分钱，此后每天挣的钱都比前一天增加一倍，最后能挣多少钱？假如你从新年的第一天起开始实施这个美妙的挣钱方案，到了1月份的最后一天，你在这一天挣得的钱会超过1000万元。算术题的这一部分大多数人都还记得，但大家没有认识到的是，采取这种工资结构以后，假如1个月少了3天（就好像2月的情况），那么到了月底的那一天，你只能挣到130万元。换句话说，你在整个2月的累积收入大约是260万元，远远不如有31天的1月所赚到的2100万元。也就是说，当

事物呈指数增长的时候，最后3天的意义非比寻常。

而在电脑和数字通信的发展上，我们正在逐步接近这最后的3天！

在数字化社会里，人们的学习方式、生活方式和工作方式正在发生深刻的变化，这种变化也鲜明地反映在青少年的成长历程之中。

网络时代的特征

网络时代与现代工业化时代相比，具有以下不同特征。

1. 数字化高度浓缩时空

尼葛洛庞帝形象地用比特和原子来区别信息社会和工业社会。他认为，之前的大多数信息是以原子的形式散发的，比如报纸、杂志和书籍。把书送到读者的手上，必须经过运输和存储等多个环节，教科书成本中的45%用在这些环节上，更糟糕的是，印刷的纸质书籍可能会绝版。而数字化的电子书却永远不会这样，它们始终存在，因为数字化信息的基本单位是比特，比特是没有重量的，可以永久保存。信息高速公路的含义就是以光速在全球传输比特，这大大浓缩了信息传输的时间，从而使地球各个角落的人们之间的空间距离变小了。

网络时代，时间和空间高度浓缩，使得人们之间的信息交流更加高效、省时和快捷。例如，我们要参加一个国际会议，过去通过邮件方式寄论文和注册申请，往返要花去几周时间，现在通过电子邮件只需短短的几分钟，就可以收到对方的答复。

数字化的两个最明显的功能就是数据压缩和纠正错误。如果在非常昂贵或杂音充斥的信道上传递信息，这两个功能就显得更加重要了。例如，它可以使电视广播业节省一大笔钱，而观众可以收到高品质的画面和声音。在传送信号时，纠正错误的功能可以排除各种干扰信息（如电话杂音、无线电干扰或电视雪花等）。在一张CD光盘上，1/3的比特是用来纠正错误的。

2. 网络内容的丰富性与资源共享

互联网曾经一度作为学者查阅文献和学术交流的方式。在短短的几年里，它已经迅速渗透到我们生活的各个角落。人们只要用鼠标轻轻点击一下，就可以从网页上知道今天世界上刚刚发生的事件；研究者可以很方便地查询到国内外相关领域的文献资料，了解相关领域的最新进展；人们可以通过电子邮件相互通信交流，可以在网上聊天室讨论问题；可以进行网上娱乐、网上采购、网上求职、网上

征婚等，它使人们的社会交往功能大大地增强，活动方式极大地发生改变。在经济领域，它可以广泛、迅速地传递商贸信息，使生产厂家能及时生产出满足顾客需要的产品；在政治领域，它用于政府与民众之间的沟通，提高政府机构的办公效率和管理决策水平；在军事领域，它可以使军事指挥者全面迅速地掌握敌情，加强全局的协调、控制和快速反应能力；在教育领域，它可以用于远程教育，即使在偏僻地区也可以听到世界上最著名的教授讲课；等等。可见，丰富的网络内容可以供每个人或机构共同享用，这种功能是迄今为止其他媒体所无法企及的。

3. 虚拟世界

尼葛洛庞帝用“虚拟现实”这个词来表述网络的虚拟性。他说，虚拟现实能使人造事物像真实事物一样逼真，甚至比真实事物还要逼真。虚拟现实让人有身临其境之感。比如，进行汽车驾驶训练时，在一条湿滑的路上，突然有个小孩冲到两辆汽车中间，如果从未经历过这种情况，谁也不知道自己会作何反应。虚拟现实容许我们“亲身”体验各种可能发生的情况。尼葛洛庞帝预测下一个1000年的某个时候，我们的子孙将以一种新的方式观看足球比赛：他们会在咖啡桌旁来回移动，让8英寸高的球员在起居室中任意驰骋，把一个直径半英寸的足球踢来踢去。无论你朝什么地方看，你看到的都是在空间浮动的三维像素。

在虚拟的情境中，每个人都可以以虚拟的身份进行交往。网络聊天室里，聊天者们来自四面八方，一般互相不认识。他们可以在交谈中隐藏自己的性别、年龄、身份，当然也不易获知别人的真实信息。这就使网上聊天带有虚拟色彩和游戏色彩。有位姑娘这样形容自己上网聊天的感受：

一开始，我喜欢上网和素未谋面的人聊天，有一种神秘感和兴奋感，有点刺激。后来通过聊天结识了许多朋友，我们有时约好一块儿上聊天室，有时谁好久不来，大家都会关心地问起。我现在有喜欢这种温暖的大家庭的感觉，网络把我们联在一起了。

虚拟世界给了人们极大的自由空间，可以使人扔掉面具和伪装，以一个真实的自我出现。同时，由于身份虚拟，也给了人极大的自由想象空间，满足各自的幻想。你可以在游戏中或者聊天室里编造一个假身份，从而尝试不同的生活，比如生活中一个善良的女孩可以在网上扮演一个江洋大盗，一个中学生可以扮演一名老教授。

4. 平等对话

现实的社会结构呈宝塔形状，而网络把社会结构从“塔形”变成了“平面”。

网民没有贵贱之分，社会上各个阶层的人，在网上交流至少在形式上是平等的。网络文化对权威提出了挑战，对年长者提出了挑战。互联网是一项新兴的技术，青年人比成年人更容易学习和接受新技术、新知识和新观念。因此社会学家认为，网络文化是一种后喻文化，即老一辈向年轻后生学习的文化。如今，孩子在电脑面前如鱼得水、游刃有余，而很多父母还对电脑、网络一窍不通。网络时代，年轻人比年长者学得更快，学得更多，也就是说，反向社会化在网络时代能够得到充分的体现。

青少年为什么喜欢上网

许多资料表明青少年对互联网是持欢迎态度的，绝大多数青少年已经把网络看作影响个人发展的重要因素。一项预测互联网发展前景的调查报告显示，47.9%的青年认为，网络的发展前景广阔，并将改变人类的生活方式；63.9%的青年认为，网络已经对他们的生活、学习方式产生了重大影响。在没有上网的青年中，有 81.4%的人明确表示要在最近时间里开始接触网络，因为他们认为互联网将会对他们今后的生活、学习和就业产生重大影响。

表 9-2 是对高中生的上网动机进行调查的结果。通过分析，我们发现男女生的上网动机差异明显，男孩的上网动机比女孩的趋于理性化，而女孩的上网动机比男孩的趋于感性化。

表 9-2　男女高中生上网动机比较　　单位（%）

项目	男生	女生
满足求知欲	31.32	18.69
情绪调节	33.42	34.34
广交朋友	15.38	26.77
扮演虚拟角色	19.88	20.20

青少年的网络动机和情结大致可以从以下几个方面分析。

1. 学习和求知的需要

青少年处于长知识、长见识时期，好学求知、追求真理、丰富经验是他们成长的内在需要。互联网汇集了全球各个领域的知识，是青少年获取知识的理想平台。某电视台青年体育节目的主持人，网龄已有 4 年，主要去国内外足球站点查找第一手资料。他说："网络是我开展工作的帮手，获取信息的桥梁，让我足不

出户也可知天下事。当我体会到网络的魅力时，我就再也离不开它了。”

某大学生物系研究生把上网作为了解国外学术动态、收集资料的手段，他说道：“我们专业国内研究相对美国总是滞后的，依靠文字传媒获取学术信息太慢，有了互联网，我写论文不用在图书馆大海捞针，上网用搜索引擎一查，有关网页的目录尽收眼底。选中需要的内容下载，一切简单多了。”

2. 社会交往的需要

青少年运用网络进行社会交往的主要形式是电子邮件、QQ、微信等。电子邮件快捷、省时省钱，倍受人们的喜欢，不论是国内还是国外，几分钟就可以收到信息，明显优于纸媒通信。一位男青年说：“以前跟在法国的朋友通一次信，邮票贵不说，信寄出去起码要半个月才收到，圣诞节寄张卡，邮局要收十几块钱。E-mail 就方便多了，贺卡网站有的是电子卡，挑一张发给朋友，方便又快捷。”某女青年自男友去北京工作后，便一直每天与他聊 QQ、微信，这已成了她生活必不可少的一部分。她说：“要是以前，写信一来一去少说也得一星期才能收到，太慢了。现在我们可以天天联系，想到什么就说两句，随发随收，又轻松又迅速，网上交流方便又实惠。”

网上交友更是许多青少年上网的动机和乐趣所在。网上交流的匿名性和虚拟性，更加激发了他们的好奇和参与动机。在 BBS 或聊天室里，参与者们发明了一套特有的网络语言系统，如“MM”（音“美眉”）指女孩，“东东”指东西，“大虾”指“大侠”即聊天者，“灌水”指在网上发表观点等，这些网络语言透射了一种谐谑的心态。一位大二学生已是校园网论坛上的风云人物，他说：“我每天都要到网上找人聊 1~2 个小时，不然就浑身不自在。在网上想怎么说就怎么说，胡吹海侃得很痛快。我们寝室的兄弟都去聊天，大家各取别名，网上遇见谁也不认识谁，然后凭感觉猜，一一辩论，特别带劲。”

3. 展示自我的需要

随着个人网络技术的逐步提高，许多青少年不但将上网作为了解外部世界的窗口，而且还把它当作张扬自己个性的舞台。不少青少年以制作个人网页的形式，在网络上展现自我。某大学生是张学友的超级歌迷，他收集了张学友的许多照片和资料，办了一个介绍张学友的主页，也很红火。一位喜欢武侠小说的青年说自己上网的很多时间是用来维护和更新网页：“平时在网上看到好的内容，就把它链接到自己的主页中，我的主页里可以找到金庸和古龙的全套著作，我最近又下载在了新的版本。有个人主页，感觉自己也可以在网上向别人发布信息。看到计数器显示有那么多人次访问过，真开心。”

4. **娱乐休闲的需要**

由表9-2可知，高中生上网动机居第一位的是“调节情绪”；上网娱乐休闲的成分很高。尤其是目前中学生升学压力大、课业负担重，他们常常会在网上娱乐，松弛一下紧张的情绪和神经。

网络道德与网络安全

1. **网络道德**

网络对于青少年发展的积极影响已在上面论及，任何一项科学技术都是一把双刃剑，它发挥积极作用的同时，也会带来消极影响，互联网也不例外。网络对青少年的负面影响，也是近年来人们十分关注的问题。特别是网络上各种色情、暴力信息向青少年扑面而来，更是令人担忧。

据统计，“性”是搜索网站中使用最频繁的关键词。此外，“裸体”、“裸露”及“色情”等字眼是搜索网站十大关键词排行榜中的入围者。在十大关键词排行榜中，与“性”有关的字就占了八个。中国社会科学院的一项调查表明，在调查样本中，约有30.33%青年上网者访问过不健康网站（见表9-3）。由表9-3我们还可以发现，沿海开放的青少年城市访问不健康网站的比例较高，而内地城市的比例较低。

表9-3　青少年访问过不健康网站的地区比较　　单位（%）

	北京	沈阳	呼和浩特	苏州	深圳	临沂	平均
百分比	32.66	19.23	14.29	34.62	37.50	7.69	30.33

各种信息垃圾会弱化青少年的道德意识。传统媒体的信息传播方式是单向的，即传播者将信息推给大众，大众处于被动地位，政府容易控制青少年与不良媒体内容的接触。而网络传播则将这种单向传播改为双向传播，大众可以主动地从网上获取自己需要的信息。这对于青少年来说，更会产生不利的影响，自制力较弱的青少年往往会出于好奇或冲动心理刻意去寻找一些色情暴力信息。

耿文秀撰文指出了色情网站对青少年的危害。

性在现实生活中多少总是个禁忌，网络的虚拟空间则提供了一个堂而皇之的宣泄渠道。现实生活中有许多无奈，有些人便把对理想爱情的追寻延伸到网络世界，或借这虚拟空间宣泄被压抑的性爱情欲，或借以弥补生活中夫妻关系的冷

漠。正人君子、贤淑女士偶尔点击以满足好奇，放松身心，可视为一种个人空间的私生活行为，属自律范畴。但如果一味沉溺于此，会对现实生活中真正的情爱产生隔膜。如果色情网站提供的性刺激对成人而言不过是快感和轻松，对青少年而言，则可能形成大脑皮质最强、最大的兴奋点，会淹没其他一切理智的思考或道德的约束。所以，色情网站对不谙世事的青少年，肯定是有弊而无利。

青少年本是性活动最活跃的人群，然而，教育期的不断延长及人生发展的多重目标，使当代青少年在性上受到相当的约束。求新求异的青少年对无限拓展的网络世界本就有着天然的亲和力，因而借助于网络空间驰骋自己的爱情幻想，倾泻那无穷的情欲烦恼或困惑，甚至满足性好奇，对于他们无疑具有强大的吸引力。正因为尚未确立正确的性价值观，一旦陷入色情网站，青少年也许以为这就是人类性行为的真面目，由此而习得肮脏下流、病态加暴力的性取向，害人害己。所以，这类网站对青少年的毒害远远大于健全的成人。

网络不良信息对青少年的污染受到各国政府的高度重视。美国的《儿童在线保护法案》规定任何出于商业目的故意向青少年传递色情内容的行为均被视为是对青少年的侵害，且处罚力度很大，从提起民事诉讼到坐牢判刑。

2. **网络安全**

青少年喜欢上网的一个重要动机是通过网络与网友交流思想、沟通情感。但由于网络上身份的匿名性和虚拟性，网上人物可以说是形形色色，鱼龙混杂。不少社会不良分子利用网上交友进行欺骗、偷窃、强奸等犯罪活动，使得青少年的身心健康和生命安全受到严重威胁。请看下面两则案例。

2000年9月，一名通过上网交友的宝鸡市民，遭到一外地来访网友的“偷袭”，家中价值近3万元的贵重物品被洗劫一空。家住宝鸡市金台区永兴巷的王小燕，系一名忠实的网民。2000年8月，她以“红尘女子”的名义在网上相识了一位网名为“狼”的“西安”网友。两人频繁上网接触后，便约在宝鸡见面。9月17日，此人来到宝鸡后，王小燕对其盛情接待，并安排其住在家中。谁料第二天中午，王外出买东西回来后发现家中的金耳环、手链、项链、手机、现金等总值近3万元的财物被洗劫，网友“狼”也不见了踪影。吓坏了的王小燕赶紧向金台公安分局报案。民警经分析，认为“狼”还会在网上出现，便让王小燕以“爱你一万年”的网名与“狼”联系，约其9月26日下午在西安钟楼广场“世纪金花”门口见面，当日下午1时左右，“狼”刚一露面，便被金台守候的民警生擒。经查此人真名叫李亮，系铜川市无业人员，常混迹于西安的一些网吧。所幸，王

小燕丢失的物品已被警方从铜川追回，李亮也已被刑事拘留。

2000年9月广东省韶关市一名涉世未深的妙龄少女，在网上交友不慎受骗，被一无业男子骗财劫色，欲哭无泪。

受害少女阿珍，17岁，是韶关市区某中学初二学生。阿珍向来读书勤奋，努力进取，在校是个尊师守纪、成绩优秀的好学生；在家是个知书识礼、父母疼爱的好孩子。2000年暑假期间，阿珍和一些同学追时尚、赶时髦，加入了“网虫”行列。每天吃过晚饭，阿珍就到家附近的网吧去上网聊天。很快，阿珍便沉迷于色彩斑斓的网络世界中。在网上，阿珍为自己取了个名字——“世纪靓妹”。没多久，“世纪靓妹”在网上结识了一名同在韶关市的“浪漫帅哥”。经过多次在网上“推心置腹”的交谈之后，“世纪靓妹”与“浪漫帅哥”大有相见恨晚之意，于是两人约定了见面时间。事发当天，阿珍借故离家，独自一人来到韶关市某宾馆附近，与“浪漫帅哥”约会。直到当天深夜，阿珍仍未回家，其父母心急如焚，找遍了阿珍的亲朋学友，却杳无音信，担心得彻夜未眠。

第二天一大早，失魂落魄的阿珍敲开了自己家门，声泪俱下地向父母讲述了那悔恨的一夜。原来，那“浪漫帅哥”是个心存不轨的浪荡仔。当晚，阿珍被他花言巧语地骗到旅店过了一夜。被骗失身后，那“浪漫帅哥”还乘阿珍不备，把她身上仅有的25元偷去，借口上卫生间溜走了。

类似的报道经常会出现，青少年的网络安全应该受到高度的重视。在儿童上网安全方面，美国某刊物有一份“给聪明孩子的提示”值得推荐。它给儿童的上网提示有以下几条。

（1）千万要记住，你在网上遇到的每一个人都是陌生人，对他们既要有礼貌，又要提高警惕。

（2）你的姓名、年龄、E-mail地址、家庭地址、电话号码、学校、班级名称，父母的姓名、身份，以及你自己和家人的照片都是比较重要的个人资料，向任何人提供这些资料都应该事先征得父母的同意。

（3）在网上使用E-mail、进入聊天室或者参加其他的网上活动，往往是需要用户名和密码的，把它们藏好了，除了你的父母外不要告诉任何人。

（4）最好邀请父母陪你一起上网，如果他们忙不过来，你可以给他们多讲讲网上好玩的东西，引起他们的兴趣。

（5）在一些公共的留言簿和聊天室内，你有时会收到一些让你感觉怪怪的、

让你讨厌的东西，千万不要自己去回应它们，离开这个地方，最好把这件事告诉你的父母或者其他年长的好朋友。

（6）要警惕某些人向你无条件的提供礼物或者金钱的行为，特别警惕向你发出参加聚会的邀请，或者到你家拜访的事情，一定要将这类事情告诉自己的父母，征求他们的意见。

（7）和在网上认识的“小朋友”相约见面可能是件很开心的事情，也可能是件很危险的事情，一定要请父母来帮你安排。第一次见面最好在公众场所，而且一定要有父母的陪同。

（8）千万要记住，在网上要想伪装自己的身份真是太容易不过的事情！一个自称“12岁小女孩”的人实际上可能是个没安好心的成年男子。

（9）在公共场所上网，应当避免输入自己的个人信息。在离开之前一定要记住将打开的浏览器等软件关闭。

（10）在网上交朋友，一定要像在生活中结交其他朋友那样去了解他们。

（11）上网虽然很有趣，但沉迷其中未必是好事情。合理安排上网时间，不要影响了正常的学习和生活。在这方面，应该多听听父母的意见。

上述提示，对于青少年上网安全是非常有价值的，应该让青少年记住。

网络综合征与辅导

人们把上网沉迷以及由此而产生的心理和行为问题，称之为网络综合征。英国某调查机构对几十个国家的1000多名公司职员进行调查，发现竟有超过半数的人承认自己有不同程度的网瘾。网络综合征的具体表现有：成天沉湎于聊天、网络游戏、BBS中不能自拔；在网络上痴迷于自己幻想的浪漫和胜利中；不愿与网络之外的人交流，对现实生活失去兴趣，也不关心自己的家人和朋友；当一段时间不能上网时，就会感到无精打采，心慌、心跳加剧，全身打战、痉挛、烦躁不安，摔东西，带有攻击性，乃至无法正常学习、工作与生活等。

上网成瘾对人的负面影响是一个值得关注的问题。克劳特（Kraut）等人对169名上网1~2年的对象进行追踪研究，结果显示：上网时间过多会使人的社会交往减少，尤其是与家庭成员的沟通明显减少，而且人的孤独感、沮丧情绪日益增加。研究者认为，网络是一项影响人的社会参与和心理健康的社会技术，这种负面效应主要可以从两方面进行分析。

一是社会活动时间的剥夺。人们专心用于上网的时间可能替代了原来用于参加社会活动的时间。上网时间过多，就会侵占了参加社会活动的时间，容易引起社会退缩和心理健康水平的下降。

二是紧密联系的削弱。互联网是用于个人与群体沟通的社会技术，但它却影响人的社会交往和心理健康，这是一个矛盾的现象。使用互联网的人想把上网作为联系的手段，以改善自己原有的低质量的社会联系。很多被调查者是利用电子邮件，同远在异地的父母、兄弟姐妹联系，与过去的朋友和同学通信。然而，许多上网者更多的是与陌生的网友建立联系，这是一种松散的联系，网上的虚拟关系可能比实际生活中接触到的友谊更为局限。网上的朋友给予个人的切实支持，远不如家庭、同事和邻居来得实在，诸如借钱、借车、相互照顾小孩，或者其他需要别人帮助的事。甚至还有受到网上欺诈、网上受骗上当的可能，女孩被网友欺骗，甚至遭到凌辱、强奸的报道屡见不鲜。

1. 网络综合征的识别

美国心理学家阿瑟·杨格（Arthur Young）提出诊断网络综合征的十条标准。

（1）下网后总念念不忘网事。

（2）总嫌上网的时间少而不满足。

（3）无法控制用网时间。

（4）一旦减少用网的时间就会焦躁不安。

（5）一上网就能消散种种不愉快。

（6）上网比上学做功课更重要。

（7）为上网宁愿失去重要的人际交往和工作。

（8）不惜支付巨额上网费。

（9）对亲友掩盖频频上网的作为。

（10）下网后有疏离、失落感。

只要有4种以上的上述症状，便可以判断有网络综合征。网络综合征有不同种类，电子邮件综合征是其中之一。有关调查表明，越来越多的美国人感染了电子邮件综合征。它的症状是，由于焦虑、担忧，常常在不必要的时候，打开自己的信箱，或者频繁地通过手机查询是否有新邮件，即使在休息时间也不例外。调查统计数据表明，全美使用电子邮件的人，近50%在节假日里依然记挂着要查询办公室里的电子邮件。有专家分析，上述征兆与现代社会竞争日益激烈、工作压力增大密切相关，因为人们感觉不安全，不得不越来越依附于所在公司，逐步成为工作狂，最终染上了电子邮件综合征。

一位母亲在网上向心理专家求助，她诉说道：“我的孩子目前正在读中学。

为了孩子的学习，我们节衣缩食，为其买了台电脑。然而结果却让我们心痛。孩子不但不利用电脑学习，却用来上网聊天、交异性朋友、上黄色网站、玩不健康的游戏。如果我们禁止孩子用电脑，他就跑到网吧去上，并且经常逃课，像着了魔一样没日没夜地泡网吧。现在不但荒废了学业，而且整天不与我们交流，举止异常。尽管我们采取了包括打骂在内的各种方法，但都无济于事。目前我们焦急万分，却收效甚微，恳请给我们以帮助。”

青少年沉溺于上网有其一定的内在原因。青少年有天生的、自发的探索外部世界的心理倾向，对于一些不健康的网站和游戏常常抱有好奇心，结果一发不可收拾，沉溺于其中。当然这还与青少年本身的自我控制能力有关。迷恋上网的另一个原因，是由于青少年在这一时期非常需要同伴交往，希望结交朋友，并与之沟通，求得同伴的理解和支持。这就是我们通常所说的青少年对自己的亚文化有一种归属感。有些学生在学校学习、社会交往与生活等方面不很成功，比如，学习失败、同学之间人缘不好、缺少亲人的温暖和关心等，他们在现实生活中实现不了的东西，可以在网络世界里得以实现。有的学生通过上网聊天、网上交友和网络游戏满足自己的这些心理需求。

2. 网络综合征的预防

从更为积极的意义上讲，青少年的网络成瘾倾向重在预防和合理引导。对于学校来说，要积极开展网络素养教育。学校是学生最主要的学习和生活场所，因此，对于预防和减少青少年网络成瘾起着非常重要的作用。许多研究者认为，学校应通过网上论坛、网上谈心、辩论、演讲、座谈、讲座等形式对青少年进行网络教育，帮助他们树立健康的网络使用观念，引导其正确使用网络。

学校要重视和加强校园网络的建设，不断丰富和调整学校网站的内容与形式，融知识性、教育性、娱乐性与趣味性为一体。学校要通过网络建设，传播科学、健康的知识信息，缓解青少年的学习紧张情绪，陶冶青少年的情趣，并对青少年普遍关心的问题集中解答和指导。学校要利用校园网络开展心理疏导工作，积极发挥网络的教育功能，用校园网络建设抵御网吧不健康的内容对青少年的精神污染。例如，美国的中小学对学校的电脑实行联网管理，所有的电脑都安装有过滤软件，对影响青少年身心发展的不良网站进行屏蔽。

同时，学校也向学生提出建议，使学生形成自我保护意识，不随意发送个人或家庭信息，不轻信网上陌生人的聊天内容，在网上看到不健康的内容立即关闭等。在法国，学校为家长提供可操作的指导，要求家长与孩子制定家庭公约，经常了解孩子的喜好和上网的基本情况，与孩子探讨上网的技巧和经验。

3. **网络综合征的干预**

(1) 网络成瘾倾向学生。

对于网络成瘾倾向学生的干预，可以从以下几个方面进行。

①与学生建立良好的关系。由于网瘾者很少自己主动前来求治，大部分是被父母或老师等强制来辅导的，因此来访者往往对于辅导者有很强的抵触情绪，所以建立良好的关系，对网瘾者充满爱心，从而使他们相信、配合辅导者，是干预网络成瘾的前提和基础。不少来访者矫治网络成瘾获得了成功，究其原因，主要是辅导人员与来访者建立了良好的关系。

②评估学生网络的使用情况。在辅导者和来访者建立了良好关系、相互接纳的前提下，辅导者才可能了解来访者对于网络的使用情况，如喜欢什么时候上网、在什么场所上网、每次上网大概需要多少时间、上网时主要做些什么等，来访者也才可能认识自己的行为对自身、周围人等的危害程度。这一过程可以帮助辅导者发现一些与上网行为有关的关键信号，如上网行为的引发条件和维持条件。同时辅导者还要了解来访者的情绪状态、网络成瘾行为对其日常学习和生活的影响程度等。

③探讨学生网络成瘾行为的动机。探讨网瘾行为的深层次问题主要是分析、探讨来访者网瘾行为的产生原因，使来访者能真正认识自己的问题所在。在很多情况下，来访者之所以沉溺于网络，是为了逃避生活中所面临的问题和压力。比如，考试失败或学习上碰到困难，对学习提不起兴趣，失恋、与父母不和等情感上的挫折，被周围的人排挤、没有知心朋友等人际关系上的问题，父母离婚、父母失业等家庭变故，等等。通过对话让来访者真正面对自己的问题，并在辅导者的帮助下解决这些问题，才能消除网络成瘾行为的引发条件。为了达到以上目的，辅导者可与来访者一起探讨：究竟是什么使自己从日常生活逃离出来？近期是否遇到了什么麻烦或巨大的压力？是什么压力？应该怎样去解决它？生活中有谁可能会支持帮助自己解决这些问题？网络中什么吸引了自己，让自己沉溺其中不能自拔？……

④缓解学生的压力并调整其认知。根据上一阶段所探讨出的网络成瘾行为的产生原因，辅导者要帮助来访者去而对当前学习和生活压力并着手解决，而不是逃避。因为通过上网来逃避问题，并不会使问题真正消失，相反，往往会强化问题，使问题变得更加严重。这个环节主要是缓解网络成瘾倾向学生的内在压力，并初步调整其认知。例如，对于那些因为父母离婚，感觉自己受到了伤害，被父母抛弃，而成天通过上网聊天来寻求心理上的支持和安慰的来访者，可以通过家庭治疗以缓解家庭变故给来访者带来的压力，并鼓励其在现实生活中结交朋友以

获得支持和帮助。同样的，对于很多因为认知问题而导致的网络成瘾行为，辅导者首先应帮助来访者调整认知，改变其对网络以及其他问题的不正确看法，进而再纠正其网络成瘾行为。比如不少学生认为网络比现实生活更能满足自己的需要，在网络中更能获得成就感，只有在网络中才不会被人欺负、不会自卑，网友比周围的人更懂得关心人等。显然，这都是相当片面的看法，坚信这些看法会促使他们更加依恋网络。因此辅导者应该花精力与他们讨论、对质这些片面观点，指出其不合理所在，并示范应如何理性地分析看待，帮助来访者形成合理、正确的认知。

⑤协商制订具体的辅导方案。为保证网络成瘾行为矫治的顺利进行，辅导者与来访者协商制订克服网瘾行为的具体方案非常重要。它可以将一些空洞的说理转变为可操作的具体指标，让来访者清楚自己首先应该做什么，第一阶段应该做到什么，从而帮助来访者一步一步地克服网络成瘾行为。

具体方案中应该明确来访者的具体目标是什么，在什么时间做什么事情，怎么做好这些事情，做完以后又如何等。方案的制订必须与来访者共同探讨、协商完成，不能由辅导者单方面拟订，也不能完全依从当事人来拟订。同时还要考虑方案的有效性、可行性。应首先设想多种可能的方案，然后对这些方案的优劣进行权衡、评估，最后选择一个合适的、有效的、可行的方案作为行动计划。

⑥具体实施矫治网络成瘾计划。有了计划后还必须具体落实和实践，这是整个干预的最重要环节——克服网瘾行为。即根据拟订的计划，采取行动，达到矫治目标。这一阶段的关键是计划要得到来访者的认可，即它不是辅导者所强制要求的，而是与来访者共同探讨、协商的结果，是来访者自己选定的方法，他能够自己去实施并加以监控。来访者可以通过控制网瘾行为的引发和维持条件，来改变自己的网瘾行为。第一，实施时间管理，打破原来的上网习惯。第二，设置提醒卡，当又动了上网的念头时，不断提醒自己："不行，现在不是时候！现在应该学习！等周末再说！"第三，寻找支持群体，有意识地参加各种兴趣小组，通过恢复、扩大与现实生活的接触，逐步减少对网络的依赖。第四，积极的自我暗示，每当自己又抵御住了上网诱惑而认真学习，度过了一个充实的夜晚时，就进行自我鼓励："今天学得有收获，很投入！坚持就是胜利！"

同时，在实施矫治网瘾行为的过程中，辅导者要适时介入到当事人的行动之中，对其遇到的困难予以及时指导，并根据监控中发现的问题对矫治方案作必要的调整。

⑦效果评估与随访。这是对青少年网瘾倾向干预的最后环节，主要是根据矫

正目标和矫治方案对干预效果作一下评估：通过对辅导过程的总结，辅导员和来访者双方共同填写《网络成瘾干预效果评估表》，帮助来访者回顾整个矫治过程的要点，检查干预目标的实现情况，指出来访者的进步、成绩和需注意的问题，其中要突出对来访者的鼓励、赞赏和支持，如现在表现得越来越好了，能够控制自己的行为管理好自己了等。

此阶段要注意处理好结束关系和跟进巩固等问题。成功的辅导关系在结束时会使来访者感到依恋，因为他担心失去一位最知心的朋友，并要独自面对挑战。因此辅导者应及时说明，今后仍然会关心他的情况，还会有一些跟进辅导（随访），并随时提供一些必要的支持。

（2）网络成瘾学生。

对于网络成瘾学生，则应该将其转介到医院和专业机构进行治疗。一般有药物治疗、认知行为治疗、团体心理治疗、家庭治疗等。

①药物治疗。目前用于治疗网络成瘾的药物主要有抗抑郁药和心境稳定药。研究表明，这些药物对网络成瘾的治疗收到了比较明显的效果。但是，使用药物进行治疗仍然处在尝试阶段。

②认知行为疗法是心理治疗的常用方法。近来，认知行为方法已被用来治疗因特网成瘾障碍，并成为治疗网络成瘾的主要方法。戴维斯（Davis）和杨格（Young）分别提出了两种认知行为疗法。

（1）戴维斯的认知行为疗法是他根据“病态因特网使用的认知行为模型”提出的。他把治疗过程分为七个阶段，依次是：定向、规则、等级、认知重组、离线社会化、整合、通告。整个治疗过程需要十一周完成，从第五周开始给患者布置家庭作业。这种疗法强调弄清患者上网的认知成分，让他们暴露于最敏感的刺激面前，挑战他们的不适应性认知，逐步训练他们上网的正确思考方式和行为。

（2）杨格认为，考虑到因特网的社会性功能，很难对因特网成瘾采用传统的节制式干预模式。根据其他成瘾症的研究结果和他人对因特网成瘾的治疗，杨格提出了自己的治疗方法：反向实践、外部阻止物、制定目标、节制、提醒卡、个人目录、支持小组和家庭治疗。这是从时间控制、认知重组和集体帮助的角度提出的方法，强调治疗应该帮助患者建立有效的应付策略，通过适当的帮助体系改变患者上网成瘾的行为。

本章结语

我们务必要认识到休闲生活辅导对于青少年心智健康成长的重要意义。一个心智健康的人应该是富有生活情趣的，生活情趣既是对生活的热爱，也是对生活目标的追求，它反映了青少年的人生价值取向，同时也使人生气勃勃、积极向上、自得其乐，内心洋溢着幸福感。

本章参考文献

1. 鲁洁，等．青春的轨迹：教育社会学［M］．北京：人民教育出版社，1990.
2. 路得．零点调查：中学生的口头禅与“酷”［J］．中国青年研究，2001（4）．
3. 路得，等．青春的轨迹：90年代中国内地青少年时尚热点概述［J］．中国青年研究，2000（1）．
4. 王文静．现代服饰：一种社会的文化符号［J］．中国青年研究，2001（6）．
5. 黄志坚．五年预测：中国青年消费八大趋势［J］．中国青年研究，2001（4）．
6. 李强，等．中学生偶像崇拜现象调查［J］．中国青年研究，2004（3）．
7. 章洁，等．从偏执追星看青少年媒介素养教育——浙江青少年偶像崇拜的调查．当代传播，2007（5）．
8. 陈峰．当代青少年偶像崇拜现象研究——浙江青少年偶像崇拜的调查．思想理论教育，2006（10）．
9. 郝玉章，风笑天．青少年的偶像崇拜——207封“赵薇迷”信件的社会学分析[J]．青年研究，2000（4）．
10. 贾小娜．孙云晓：偶像崇拜也要做到“营养均衡”［J］．教育，2007（10）．
11. 高静绒．偶像崇拜，要悠着点［J］．校园歌声，2007（4）．
12. 郑丹娘．读图时代关于当今青少年阅读文化时尚的综述［J］．中国青年研究，2001（2）．
13. 袁晓薇，甘松．经典阅读与人文素养的培养——兼论中国古代文学教学对大众文化的积极引导［J］．合肥师范学院学报，2012（1）．
14. 尼葛洛庞帝．数字化生存［M］．胡泳，等译．海口：海南出版社，1997.
15. 郑开来．青年上网心态的文化研究［J］．青年研究，2001（7）．
16. 许兵．互联网与青少年发展［J］．中国青年研究，2001（4）．
17. 杨雄．网络对我国青年的影响评价［J］．青年研究，2000（4）．
18. 耿文秀．网络性行为：危险的游戏［J］．大众医学 2000（4）．

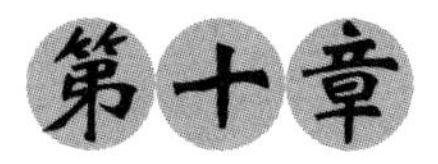

第十章

健康情绪辅导

何为健康？健康仅仅是身体没有疾病吗？长期以来，人们一直持有没有疾病就是健康的传统观念。然而，随着社会的不断进步与发展，心理、社会因素对于健康和疾病的影响越来越受到人们的关注。WHO 早在 1948 年就明确指出，健康不是仅指身体上没有残缺或疾病，而是指人的肉体、精神和社会适应方面的正常状态。这就是健康的“生物—心理—社会”医学模式。它包含了三个基本要素：躯体健康、心理健康、社会适应良好。1992 年 WHO 进一步指出，一个人只有在躯体健康、心理健康、社会适应良好和道德健康四方面都健全，才算是完全健康的人。可以说，躯体健康是健康的基础，而心理健康是整个健康概念的核心。可见，真正的健康应该是身体和心理的健康。

而事实上人们常常忽视了青少年的身体与心灵的和谐统一。把青少年的身心健康作为一个整合的概念，恰恰是把人看作一个完整生命体，体现了和谐的心理健康观和以人为本的理念。人们在探讨身心和谐发展时，越来越关注到情绪的作用，因为情绪是联结身心的中介因素。例如，焦虑情绪能够引起心跳加快、血压升高等躯体不适症状，而身患重病会使人心境低迷。因此，要以身心合一的理念，通过放松身体和调适情绪，使青少年情绪健康。

第一节　和谐健康观

如前所说，和谐健康观是身心合一的健康观。只有深刻认识身心合一，才能把握放松身心，进行心理调适的内涵。身体与心灵的关系，古今中外有不同的学说。在西方有一个从身心合一、分离、再融合的历史演变过程，而中国传统文化历来强调身心整合的系统观。

西方身心观的流变

1. 古希腊、古罗马的身心观

古希腊教育非常关注人的身体和心灵的成长。亚里士多德认为，灵魂与身体是不同的两个部分，灵魂自身又分为非理性与理性两个部分，它们有两种相应的状态，一是欲望，一是理智。正如身体的降生先于灵魂，非理性以同样方式先于理智。这从下列事实便可知道：孩童们与生俱来地具有愤怒、愿望以及欲望，而只有当他们长大后才逐渐具备推理和理解的能力。因此，应当首先关心孩童们的身体，其次才是其灵魂方面，再次是他们的欲望。当然，关心欲望是为了理智，关心身体是为了灵魂。

也就是说，亚里士多德把人的发展分为三个阶段：身体发展阶段，灵魂非理性阶段——欲望或情感处于显著地位的阶段，理性占支配地位阶段。与之相对应的教育是：身体训练、情感与品格教育、智力教育。

同时，古希腊教育强调对人的主体性的尊重。古希腊智者普罗泰戈拉认为“人是万物的尺度”。苏格拉底则以“认识你自己”作为哲学思考的目标，主张教师的作用就是帮助学生自己发现真理。苏格拉底通过对话论辩，以引导的方式，一步步地使谈话走向问题的本质。古希腊把教育过程看作身心自然运动的过程，认为对于青少年的教育，要适合其好动的天性，应该以游戏的方式进行。在教育目的上，古希腊学者们强调身心和谐发展，追求体格健壮而又思维敏捷。

古罗马有句名言：“健康的精神寓于健康的体魄”。这说明古罗马时代，已经认识到教育应当是身心的全面教育，教育要全面关注人的生命，关注人的身体与精神，使青少年体格的养育、情意教育、理性教育和谐并存。

2. **笛卡尔的身心二元论**

17世纪法国哲学家笛卡尔提出了身心二元论（被称为实体二元论）。笛卡尔把实体分为两类：一类是物质实体，一类是心灵实体。物质实体的本质是广延，而心灵实体的本质是意识或思维。物质实体和心灵实体具有不同的性质：物质实体是无限可分的，心灵实体是不可分割的；物质实体是可以毁灭的，心灵实体是不可毁灭的；物质实体要遵循物理学规律，是被决定的，而心灵实体具有自由意志，是自由的；物质实体只有通过人的感官形成感知经验才能被构建起来，是被间接地知道的，而个体具有直接通达心灵实体的优越通道，因而心灵实体是被直接地知道的。

笛卡尔强调了身体与心灵的区别，认为身体和心理是两个独立的实体。身心二元论一方面深化了人们对人类本质的认识，另一方面却轻视身体与心灵的相互联系，使得身体和心灵分别被不同的学科所专有：身体成了医学、生物学等自然科学的研究对象，心灵则成了哲学、社会学等人文社会科学的研究对象，这种分割构成了社会科学研究的一个重要特征。

3. **现代身心合一的健康范式**

现代医学受到爱因斯坦统一场论思想的影响，认识到世界上所有事物都是相互联系和影响的，人类的心灵、身体和精神也是相连的实体。医学界提出了身心医学的概念，广为人们所认同（见图10-1）。

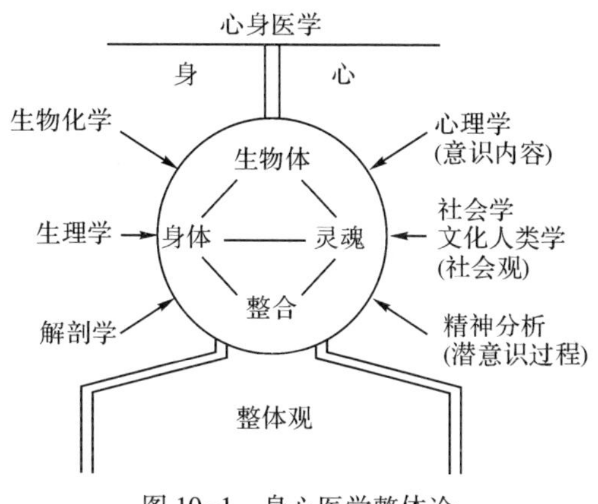

图10-1　身心医学整体论

从身心医学的思想出发，人们提出了整体健康的范式。健康的英文为“health”，意思是“恢复，成为整体，达到神圣”。多年来，整体性常以圆作为象征。健康哲学认为，整体总是大于部分之和，所有部分都必须看作一个系统。图10-2是健康范式的两种不同取向。模型A里，所有的部分都存在于人类机体中，

但每一个部分在个体成长的圆轮中分别占据一个位置。情绪方面是最先发展的，精神方面则在最后。模型 B 里，各个成分相互叠加，精神成分处于最外延，包含着其他方面。

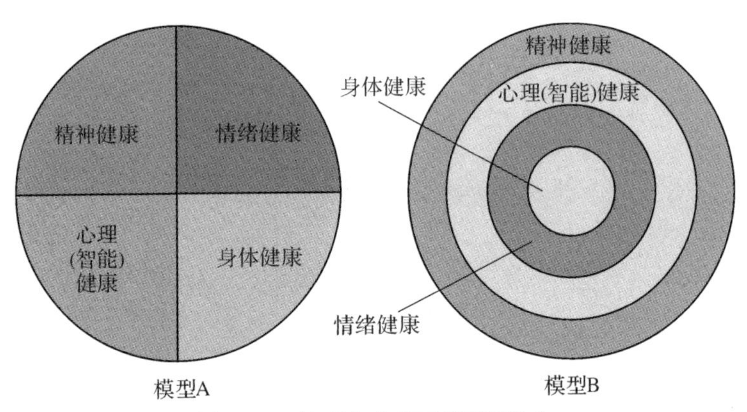

图 10-2　健康范式的两种不同取向

健康范式的四个部分简述如下：心理（智能）健康指收集、处理、回忆、交换信息的能力正常。人处于高压力之下，认知就会超负荷，决策和沟通时所必需的信息处理和记忆能力下降。身体健康则是指主要的生理系统（如心血管系统、消化系统等）功能良好。情绪健康是指充分感受和表达情绪的情感能力良好，并且能控制它们而非受制于它们。愤怒和恐惧这些负面情绪积累起来会超出负荷，导致焦虑、抑郁等。精神健康指在培养自我和他人关系时高级意识得以成熟、个人价值体系得以发展，以及有富于意义的生活目标。

中国传统的身心观

1. 道家的身心观

道家的身心观强调身心相连、形神兼养。它认为人和天地万物都由“元气”化生而成，所谓“气清成天，滓凝成地，中气为和，以成于人。”（《云笈七签》）。道家主张“气”是人类生命之本，人的各部分都由“气”而来，所谓“气聚成形、气能生神”。又因同为“气”之所化，所以人是身心相连、形神相合的生命体。用现代医学语言来解释，即人的心理、思想乃至身体形态都是相互联系、相互影响的。

2. 中医学的身心互动论

传统中医学认为人的精神活动有赖于血气的正常运行。《景岳全书 · 血证》

认为血为七窍之灵，可以安神魂。《灵枢·平人绝谷》生说“血脉和利，精神乃居”，指出如果人的血气充盛，血脉调和而通利，则能够精力旺盛，神志清明。中医理论认为人的五脏藏着人的精神气质。《素问·阴阳应象大论》中有云：“人有五脏化五气，以生喜怒悲忧恐。”

同样，人的情绪也会影响身体。中医里有“七情致病”之说。《灵枢·口问》中有云：“悲哀愁忧则心动，心动则五脏六腑皆摇。”《灵枢·百病始生》中也说：“喜怒不节则伤脏，脏伤则病起于阴也。”也就是说喜怒过度会损害身体。

近代中医学者认为，情志与内脏的联系，并非不同性质的精神刺激直接作用于某内脏的结果，而是通过“心神”（即自身的心理调节系统）的调节而产生互动作用的。假如心神健全，意志坚定，机体虽然受到相当程度的精神刺激，但因有良好的调节功能，亦不会引起强烈的情绪波动。即使有一时的波动，也能很快恢复，不至造成气血混乱、脏腑功能失调。

脑科学与健康

近一二十年来脑科学的研究成果表明，脑与健康关系密切相关。与人体其他器官一样，脑只有在身体健康的状态下才能保持最佳的工作状态。最近有研究考察了营养状态和身体活动对皮层功能尤其是学习的影响。结果发现，均衡的饮食可以促进脑发育和功能发展，同时也能避免出现不少行为和学习问题。同样，有规律的体育活动对脑的认知功能具有促进作用，它能改变脑特定区域的活动。

睡眠也是脑发育和功能发展的决定因素。缺乏睡眠时最受影响的就是认知功能。睡眠中会发生一些与可塑性和知识巩固相关的过程，它们对记忆和学习起着关键作用。

第二节　学会情绪调适

情绪健康是心理健康的重要标志

理论与实践都表明，情绪与心理健康关系密切，情绪是心理健康的重要标志之一。情绪不好，常常使人表现出紧张、抑郁、浮躁不安、沮丧，影响个人的生

活与学习，乃至身心健康。神经生理学的研究结果表明，激烈的情绪变化将会引起人体内一系列复杂的生理变化。积极的情绪状态对个体的身心健康有促进作用，能为人的神经系统的机能增添新的力量，能充分发挥机体的潜能。而消极的情绪活动则会对机体产生有害的影响。例如，在具有威胁的情境下，会产生焦虑和愤怒的情绪，造成肾上腺素和肾上腺皮质激素分泌的增加，因而使心率加快、血管收缩、血压升高、呼吸加深、胃肠蠕动减慢等。如果这种情绪反应是短暂的，情绪状态能很快恢复正常，体内的生理变化也会随之复原，身体不会受到影响。反之，如果这种情绪受到压抑，得不到必要的疏泄，或持续时间过长，就会使人的整个心理状态失去平衡，受到影响的体内生理变化不能恢复正常，结果就会造成神经系统功能失调，尤其是植物神经功能的失调。可见，积极的情绪状态是人心理健康的重要标志之一。

什么是积极、健康的情绪？我认为可用六个字来表述，即平和、稳定、愉悦。

平和是指心境宁静、安怡，不浮躁。处于一个快速发展的时代，要做到心态平和确实不容易。我们这个时代有很多激动人心、令人鼓舞的进步和变化，同时也存在种种危机。例如，功利主义、躁动不安、缺乏远见、及时满足等成了一种社会心态，造假、虚报和吹牛也屡见不鲜，而实事求是被束之高阁。在这种社会环境里，成年人都很难保持平和的心态，何况是青少年。但这是一个需要努力达到的精神状态。

稳定是指情绪平稳，不大起大落。情绪化的人往往使他人难以适应，也很难与人共处，当然也影响自我的判断力和学习、工作的效率。青少年时期是情绪两极性最为突出的时期，培养稳定情绪有益于他们的健康成长。

愉悦是指心情快乐。愉悦是一个人必不可少的精神养料，在当前这个物欲横流的社会里，真正的愉悦却是很难用钱买到的。有的人很有钱，有的人很有权，但并不快乐，因为他们成天想着要赚更多的钱，想拥有更多的权力，于是钩心斗角、尔虞我诈，费尽心机。快乐在人的内心，当人走进大自然，与之融为一体，有着心旷神怡的感觉时，是快乐的；当人像孩童般嬉玩时，是快乐的；当人不求回报地帮助了别人时，是快乐的；当人经过多年的努力，实现了奋斗目标时，是快乐的……

如果一个人的情绪经常能够体现出这“六字方针”，那么，他就是一个心理健康的人。

青少年情绪调适的一般方法

对青少年情绪的辅导，必须从培养积极的情绪和克服消极的情绪两方面进行。

1. 培养积极的情绪

培养积极的情绪，可以有以下几种辅导方法。

（1）对自己的期望目标适切，不过分苛求。有的学生对自己期望过高，因无能力达到目标而不断责备自己，于是终日垂头丧气，焦虑不安。有的学生做什么事都要求十全十美，往往因小的瑕疵而自责、懊丧。教师要引导学生对自己要正确估计，把目标和要求定在自己的能力范围之内，自然就不会产生不必要的烦恼了。当然，期望目标也不能低于自己的能力范围，过低的目标对人没有激励作用。

（2）对他人期望不要过高。有的学生对他人的期望很高，当别人不能达到要求时便会大失所望，心情烦躁，责怪他人，最终导致自己和他人的情绪都不佳。要让学生们认识到，每个人都有自己的特长、习惯和爱好，不必强求别人来迎合自己的要求。

（3）不要自找烦恼，而要自得其乐。人在生活道路上，有欢乐也有忧伤，有顺境也有逆境，关键在于如何对待。面对同样的情境，有人乐观有人悲观，这就与个人的情绪状态有关。一个平和、风趣、幽默的人总能发现生活中的欢乐。学会自得其乐是保持良好情绪的重要方法。

（4）要笑口常开。笑是保持愉快情绪的最佳方法，有位作家说过："世界上三位最好的医生就是饮食、休息和愉快的笑声。"笑是最有效的身体放松运动，它可以增强心肺功能，也可以消除精神疲劳和神经紧张。笑是自信的表现，笑给人以力量，使人的生活充满朝气，"笑一笑，十年少"。

2. 克服消极的情绪

对于青少年的消极情绪，可采用以下几种辅导方法。

（1）合理宣泄法。宣泄是人的情绪表露的一种方式。合理宣泄是指对不良情绪的一种宣泄方式。例如，大哭一场。哭不仅可以为学生解除情绪的紧张，还能让学生从中得到安慰；哭既可以解除内心的抑郁，又可洗去烦恼和忧虑。再如，进行剧烈的活动。当人盛怒时，可以干些体力活，也可以进行一些体育活动，把盛怒激发出来的能量释放出来。当人精疲力竭时，郁积的怒气也会消了一大半。另外，还可找人倾诉。俗话说："快乐与人分享，是双份的快乐；痛苦与人分担，

是一半的痛苦。”烦恼、委屈压抑在内心，会增加心理负担，造成不良心态的恶性循环，如将内心的苦恼告诉朋友、师长，心情就会感到轻松和舒畅。

（2）松弛训练法。学生在学习和生活中，有时会遇到一些引起紧张或过度焦虑的情况，如考试焦虑等。采用松弛训练法可以缓调学生过度紧张的情绪。松弛训练法有多种：呼吸松弛训练、肌肉松弛训练、自我暗示松弛训练等。

（3）目标转移法。当学生陷入焦虑和忧愁之中不能自拔时，教师可以引导学生从焦虑的事件转移视线，促使其心胸开阔些，压制焦急情绪，提升积极愉快的情绪。目标转移的方法有很多，如打球、游泳等体育活动，看电影、电视等娱乐活动。教师须从旁关心学生，引导他们积极参加喜欢的活动，以转移其注意目标，并使其在转移过程中不断理清思绪。

青少年情绪问题辅导

青少年常见的情绪问题有焦虑、抑郁、恐惧等。这些情绪问题如得不到解决，将会对他们一生的发展带来不利的影响。

1. 焦虑情绪

焦虑是由紧张、不安、忧虑、担心、恐惧等感受交织而成的复杂情绪状态。焦虑大多是因为遭遇威胁和内心冲突而引起的，不过这些威胁的想象成分一般多于真实成分，焦虑中的人往往夸大威胁的严重性。它可以是正常的，也可以是病态的；它可以是偶尔发生的，也可以是持续存在的。

（1）焦虑的分类。

①按照弗洛伊德的理论，焦虑可以分为三种：第一种是神经症性焦虑，这是一种无名的恐惧，即使没有外界压力也难以避免。这种焦虑实际上是个体对自身的欲望和冲动的恐惧，唯恐无法控制内在原始冲动，以致造成双重人格。第二种是现实性焦虑，这种焦虑是因现实中的困难和压力而引起的。当事人由于穷于应付日常生活中的难题，而没有心思享受生活，甚至影响睡眠和食欲。第三种是道德焦虑，这种焦虑来源于父母过分严厉的价值观念或要求，如对自己要求过高，要求过于完美，受良心的束缚过于苛刻，唯恐犯错而引起罪恶感等。

②受到更为广泛接受的是斯皮尔伯格（Spielberger）的两分法：一种叫特质性焦虑，是个体人格的一部分，比较稳定和持久，在个体的各种活动中都有所表现；另一种是状态性焦虑只存在于某些活动中，具有暂时性和波动性。这两种焦虑具有不同的特点。

特点一：状态性焦虑大多发生于成年，持续时间较短；特质性焦虑从小就开始有所表现，并且持续一生。

特点二：状态性焦虑程度较重，特质性焦虑程度较轻。

特点三：状态性焦虑有明显的植物性神经症状，特质性焦虑一般没有。

特点四：状态性焦虑以漂浮性焦虑为核心，而特质性焦虑的典型表现是处境性焦虑或期待性焦虑。

（2）焦虑与焦虑症。焦虑与焦虑症是不是一回事？这是一个容易混淆的问题。在临床心理学中，它们是两种不同性质的焦虑状态。

①焦虑称为正常焦虑情绪状态，它是一种预期即将面临威胁性处境时的紧张、恐惧和不愉快的情绪反应，具有警戒性的适应反应。几乎正常人在生活经验中都有过这种经历和体验。

②焦虑症称为病理性焦虑状态，与正常焦虑状态不同，常常会对未来并不存在的某种威胁或危险，作出无现实根据的过度紧张和恐惧反应，有时甚至有终日提心吊胆的痛苦体验。焦虑症持续时间很长，如果不积极治疗，几周几月甚至数年难以痊愈。根据临床症状可分为广泛性焦虑和惊恐发作。

广泛性焦虑又称为慢性焦虑症，是临床主要类型，约占焦虑症的60%~85%。常缺乏明确具体的对象和固定内容，但患者表现出恐惧、紧张、易怒、不安，注意力、记忆力降低，还包括躯体症状和植物神经性神经功能亢进，如头痛、肌肉紧张、震颤、睡眠不佳，有恶梦、心悸、面色潮红或苍白、尿急尿频、呼吸加快、月经不调等。

惊恐发作又称急性焦虑症，与广泛性焦虑相比，本症更多见于青年或中年男性。患者表现出强烈恐惧，犹如死亡降临，因而无法自控。同时还伴有植物性神经功能障碍，如心悸、心跳、出汗、发抖面色苍白、心闷心痛等，症状一般持续数10分钟到2个小时，可反复发作多次。

青少年的焦虑大多是非病理性焦虑，一般的考试焦虑、社交焦虑等都属于正常焦虑状态。刘贤臣等人应用Zung氏焦虑自评量表（SAS）对2462名13~22岁的青少年学生进行测查，结果发现16%的青少年有不同程度的焦虑状态，其中轻度和中重度分别是12.22%和3.78%。男性17岁年龄组发生率最高（21.89%），20岁组最低（3.8%），18岁开始呈下降趋势；女性16岁组最高（21.89%），21岁组最低（3.39%），17岁开始下降。可见，14~17岁之间的青少年焦虑状态的发生率较高。

目前，绝大多数青少年的焦虑情绪，不是由于个体内部深层的人格障碍造成的，而是他们受到外界的压力太大，越是到了初三、高三毕业年级，他们承受的

压力就越大。对于这些青少年的焦虑情绪，主要辅导策略是通过创设宽松环境、松弛训练、调整预期等方法，减轻他们过重的心理负担。实践表明，学校心理辅导老师能够做好这方面的工作。而对于极少数确诊为焦虑症的青少年，则应该转介到医院心理门诊，进行必要的药物治疗和心理治疗。

2. 抑郁情绪

抑郁是一种由持续的心境低落、悲伤、消沉、沮丧、不愉快等综合而成的情绪状态。抑郁状态发展到一定程度就会成为抑郁性神经症。它一般在认知上表现为自我评价比较低、自责愧疚、有罪恶感、感到无望和无力、对未来悲观失望等；情绪上表现为沮丧、悲伤、闷闷不乐，甚至绝望；行为上表现为萎靡不振、沉默寡言、兴趣减少、行动迟缓、不想活动等。如果说适当的焦虑有一定的积极意义，那么抑郁基本上没有什么积极作用。

不过，抑郁与焦虑是有一定联系的。严重焦虑者常常伴有抑郁的心境。有关研究表明，焦虑症患者中，34%~65%有抑郁症状。我国江开达的研究也发现，以焦虑症为主的患者，有52%伴有抑郁情绪，并且一般焦虑症发生在前，抑郁发生在后。

（1）抑郁的年龄段特征。

有证据表明3个月大的婴儿也有可能发生抑郁。患抑郁症的母亲生下的孩子会出现显著的抑郁行为（悲伤的面容、缓慢的运动、反应减少）。大部分研究者认为，青少年和成人的心境障碍在本质上是类似的，因此在《精神障碍诊断与统计手册》中没有特别的“青少年型”心境障碍的分类，这点与焦虑障碍不同。抑郁症的“外表”会随着年龄增长而发生变化。例如，三岁以下幼儿的抑郁症可能通过其面部表情以及饮食、睡眠和游戏的行为表现出来，与9~12岁儿童的表现显著不同。

一般认为，儿童抑郁障碍的发病率低于成人，但是青少年的发病率比成人要高。而青少年抑郁症的发生率，女孩明显高于男孩。9岁以下的青少年往往表现为易激怒和情绪波动，而不是典型的躁狂状态，因此往往被误认为是活动过度。这样的症状会一直延续到青少年时期，那时他们可能会表现出更加典型的躁狂发作。双向障碍在儿童中的发生率很少，但是在青少年中的发病率却大大增加。

与儿童以及成人的另外一个区别是，青少年尤其是男孩，当抑郁发作时，有攻击性甚至破坏性行为。因此，青少年的抑郁症容易被误诊为品行障碍，而品行障碍和抑郁症经常是伴发的。晋格-安蒂奇发现，青春期前产生抑郁的男孩中有三分之一符合品行障碍的诊断标准，而且品行障碍和抑郁障碍几乎同时发展，并且随着抑郁问题的解决而得到缓解。经德曼（Biederman）和他的同事发现，患有

注意缺陷多动障碍的青少年中有32%符合重度抑郁症的诊断标准，而患有躁狂症的青少年中有60%~90%同时有ADHD。

（2）抑郁与危险行为。

青少年抑郁与危险行为密切相关。

①抑郁与自杀。有资料显示，近几年青少年患抑郁症和自杀的明显增多。自杀是青少年死亡的第三位原因，成为青少年问题中突出的问题。

2004年3月，美国食品药品监督管理局（FDA）向医生和病人发出通告，指出某些抗抑郁药物的使用会增加患者自杀的风险。FDA咨询委员会通过元分析发现，青少年使用某些抗抑郁药物治疗组自杀行为发生的风险明显高于对照组。

②抑郁与物质滥用。物质滥用易使人体产生依赖性和成瘾性。青少年身心发育尚不成熟，往往出于好奇容易物质滥用。目前，青少年容易滥用的物质有酒精、烟草、大麻以及摇头丸等。

匈牙利学者杜大斯（Dudas）等对随机抽取的职业学校和高中学生进行调查，发现吸烟的学生比不吸烟的学生表现出更明显的抑郁和焦虑状态。

③抑郁与暴力。塞洛杰（Saluja）等对美国的六、八、十年级的9863名11~15岁的学生进行调查，结果发现，抑郁在青少年中普遍存在，那些涉及恐吓事件的学生报告的抑郁症状是没有涉及恐吓事件的学生的两倍。另外，有抑郁症状的青少年物质滥用的行为也比较多。

莱赫尔（Lehrer）等对美国80所高中和50所初中的1659名女生进行调查研究，发现有较高抑郁症状的青少年后来与同伴发生暴力的危险性增加了1.86倍。

（3）抑郁的发生原因。

一般认为，抑郁的发生与以下因素有关。一是社会心理因素，如人际关系紧张、学习困难、工作压力、家庭变故、意外事故、躯体疾病等不良生活事件等都有可能引发抑郁。刘贤臣的调查还发现，与青少年学生抑郁相关的因素有，睡眠没有规律、学习生活不满意、生活事件多、健康自评差、体育活动少等，且近一年的生活事件和抑郁情绪的发生成正比，依次为人际关系、学习压力、家庭事件等。二是个体内部因素，如性格内向、过于自卑或者不良的认知模式、非理性思维等，都会对抑郁发生作用。三是遗传的影响，家族史中患情感性障碍的，产生抑郁的比例比较高。

（4）抑郁的预防。

青少年抑郁的预防可以从以下几方面进行。

①建立良好的社会支持系统。亲子关系、同伴关系和师生关系是青少年主要的人际关系。良好的人际关系可以为面临压力事件时的青少年，提供不同的支

持、安慰，有效地避免抑郁情绪的发生。

②客观地评价事实。在相同的情境下，有的人可以保持平静，有的人却抑郁沮丧，这可能就是对情境的不同评价造成的结果。家长和教师要帮助青少年能够客观地评价自我、评价别人、评价生活中发生的事件，尤其要纠正非理性想法。

③调整个体的期望。过高的期望会引起较高的压力，由此容易使人产生抑郁情绪。这就不仅要求家长和教师对青少年抱有适当的、与之能力相适应的期望，而且也要求青少年本人对自己要有适当的期望。

④保持良好的心态。经常保持愉悦、平和、乐观的心态，会使人变得积极开朗，挫折承受力得到增强，这将减少青少年抑郁产生的机会。

（5）抑郁的治疗。青少年抑郁症的治疗，一般由临床心理学家和心理医生承担。主要治疗方法是认知行为治疗和药物治疗。

美国国家精神卫生研究所于2002年进行的一项规模最大的抑郁症心理治疗研究，采用随机对照的方法，比较了药物治疗、认知行为治疗、人际关系治疗的效果。结果表明，认知行为治疗、人际关系治疗和药物治疗均有效且疗效相当。

认知行为治疗是抑郁症治疗中应用和研究最多的心理治疗方法。人际关系治疗是近年来较受关注的疗法。这两种疗法已分别被证实能够有效缓解抑郁症急性期的症状。综合这两种疗法可治疗慢性抑郁症，再结合药物治疗，可以使有效率从48%提高到73%。

根据抑郁症发病机制的假说，抗抑郁药主要作用于5-羟色胺（5-HT）和去甲肾上腺素（NE）等神经递质。主要有：单胺氧化酶抑制剂（MAOI）、三环类抗抑郁药（TCA）、四环类抗抑郁药、选择性5-羟色胺再摄取抑制剂（SSRI）、去甲肾上腺素再摄取抑制剂（NRI）、5-HT/HE再摄取抑制剂（SNRI）、NE和特异性5-HT能抗抑郁药（NaSSA）等。

3. 恐惧情绪

恐惧是指针对某些特定对象（如人或物或场景）时产生的不合情理的强烈恐惧或紧张不安的体验，并伴有回避行为的一种情绪障碍。

（1）恐惧的临床表现。

恐惧的临床表现有三大类。

一是特殊情境恐惧，如青少年中常见的对黑暗、暗室、独处一室、高处、空旷地带的恐惧，学校恐惧也是属于此类恐惧。

二是特殊物体恐惧，如对动物（蚯蚓、蛇、毛毛虫等）、流血、尖锐物体的恐惧。

三是与人交往恐惧，也称为社交恐惧，如害怕与陌生人打交道，害怕与异性

接触。社交恐惧多见于青少年，女性发生率高于男性。

（2）恐惧与恐惧症的区别。

这里要注意恐惧与恐惧症的区别：恐惧症存在典型的回避行为（而一般常人的恐惧可以有回避行为，也可以没有回避行为），伴有强烈的情绪反应和植物神经系统症状（例如心悸、心慌、脸红、手抖、出汗等），明显影响正常生活和社会功能，导致人的生活质量下降。

（3）恐惧症的发生原因恐惧症的发生多与社会、心理因素有关。恐惧症患者在性格上，往往表现出胆小、害羞、被动、依赖、多愁善感等特征，与早期成长过程中的过度保护有关，或者与成长过程中缺乏足够的安全感有关。

（4）青少年最害怕的四类事物或事件。有人对895名小学生、初中生和高中生进行恐惧调查，结果发现青少年最害怕的四类事物或事件分别为：

①与学习和学校有关的恐惧（86.7%），如考试、写作文、背诵课文、考试成绩不好、让家长在成绩单上签字、复习备考、因在校表现不好而请家长到学校去等。

②与社会关系有关的恐惧（77.9%），如被老师批评、被父母批评、挨父母打或惩罚、被同学孤立、被同学嘲笑、被同学责备等。

③与危险或伤害有关的恐惧（75.8%），如凶恶的狗、狮子或老虎、蛇等动物，流血、受伤、摔倒或跌倒、疼痛、生病、地震、爆炸、火或被火烧、打针等。

④与未知或神秘事物有关的恐惧（60.9%），如鬼怪、死人、黑暗、迷路、在陌生的地方、一个人在家等。

一般来说，小学生比较容易产生学校恐惧，中学生比较容易产生社交恐惧。青少年的社交恐惧可以通过心理辅导的方法加以解决，尤其是采用系统脱敏方法效果较好。请看崔乐美老师是怎么帮助一位同学克服社交恐惧的。

一位叫晓敏的男生来到学校心理辅导室，告诉崔老师，他只要一接触陌生人便会莫名其妙地感到紧张，一开口就把原先准备好的话全忘了，脑子中一片空白，语无伦次、口齿不清。同学们反映，晓敏一讲话就非常害羞，声音极轻，平时也不大愿意与人交往，不愿意参加班级集体活动。老师反映，他学习成绩优良，作文也不错，但口头表达能力差，每次语文课上的一分钟演讲，他上去总是紧张得一句话也说不出。

崔老师针对晓敏的症状，进行系统脱敏。

第一部，让晓敏接受松弛训练。经过一个多月三个疗程的训练，晓敏学会了在紧张状况下快速放松，使全身肌肉处于松弛状态，同时使紧张的情绪得到缓解。

第二步，让晓敏在家里主动和家人讲话、交流，晓敏的父母和姐姐也积极配合，主动与他聊天。家里规定饭前饭后各拿出半个小时作为聊天时间，可以谈耳闻目睹的、报纸上的事等，让晓敏开口说话。话由少到多，渐渐地他在家里能主动发表自己的看法了。

第三步，让晓敏在学校里和同班同学交谈。开始时他听得多、说得少，于是同学主动地提问，让他在大家面前讲。起先两三句，以后七八句，慢慢地他讲的话就多起来了。

第四步，叫晓敏去小商店购买物品。以前他因为怕与陌生人说话，很少出去买东西。经过一段时间的训练，他与陌生人讲话，不再面红耳赤了。

第五步，安排晓敏与其他年级的陌生同学交谈。崔老师先请校学生会主席——一位高三学生主动找他聊天，而晓敏向崔老师提出要找一位低年级的同学交谈，他觉得交谈对象比自己小才会没有心理压力。

在崔老师的精心辅导下，晓敏的社交恐惧消失了，大家都说他变了，与从前判若两人：课余时间和同学有说有笑，上讲台演讲侃侃而谈，面对摄像机镜头也不紧张，表现自然。

崔老师的辅导方法，还不完全是严格意义上的系统脱敏方法。但其逐级安排情境，使当事人在特定情境中学会放松，克服恐惧，这种做法本身就体现了系统脱敏的思想。

第三节　学会放松身体

身体放松有许多方法，本节介绍腹式呼吸、冥想技术、心理意象放松、音乐放松等几种常用简便的技巧，供读者参考。

腹式呼吸

腹式呼吸是最基本的放松技术。通过将注意力放在个体胃的下部或者腹腔而不是胸部进行呼吸，是一种深呼吸，而平时我们都是胸腔呼吸。这两种呼吸方式的相同之处在于都能使你身体的血液吸收到足够的氧气；不同之处在于深呼吸能够让人

平静，达到自然减压、松弛，而快速的胸腔呼吸会加剧压力。

进行腹式呼吸时，要注意以下两点。

第一，采取一种舒适的姿势。腹式呼吸的优点在于简便易行，随时随地都可以进行。为了让姿势更舒服，解开束紧腰部和颈部的衣扣。第一次练习时，最好把手放在腹部，感觉每次呼吸时腹部的起伏。

第二，集中注意力。和所有的身心放松技术一样，腹式呼吸要求注意力集中。外界噪声和内部思维很容易干扰注意力。如果有可能，找一个安静舒适的环境逐步练习，以减少外界干扰。开始练习腹式呼吸时，你会发现自己偶尔走神，这种情况很普遍。如果你察觉到了杂念，要摒除它们，让这些杂念随呼气排出体外。在大多数情况下，正常呼吸是不自觉、无意识的行为。但是腹式呼吸却可以有意识地引导注意力集中在基本的生理功能之上，进入更深层次的意识状态，其途径之一是让精神随着气流进入身体，到达下肺叶，然后再返回。以下心理暗示可以有所帮助："感觉气流进入我的鼻子（或嘴巴），深入我的肺部，感觉我的胃部起伏；然后呼气，气流离开了我的肺部、喉咙和鼻腔。"每次呼吸时可以重复这一暗示。

注意呼吸的每个环节，有助于提高注意力。每次呼吸包括四个阶段。

阶段一：吸入，通过嘴或鼻腔将空气吸入肺部。

阶段二：呼气之前的暂停。

阶段三：呼出，通过嘴或鼻腔将空气从肺部释放出去。

阶段四：在下一个呼吸循环开始之前的暂停。

要通过缓慢深长的呼吸延长呼吸循环，并记住在每个阶段都不要憋气，而要学着通过控制呼吸循环的每个步骤调整呼吸。人们认为人体最放松的时刻是腹式呼吸的第三阶段——呼出。这个阶段胸部和腹部得到放松，放松的感觉进而传递到全身各处。

冥想技术

冥想是注意力高度集中以觉察自己内心的反省活动。人在任何年龄阶段，大脑都需要休息，而要从各种烦杂的事务和烦恼中解脱出来，冥想是最好的方法。在当今的西方国家，冥想已经被认为是很有效的放松技术。《时代周刊》刊登的文章提到，大约有3000万人把冥想作为正式的放松活动。《商业周刊》中也提到，财富500强公司的一些CEO把冥想作为经常性活动。冥想活动有着悠久的历

史，其根源可以追溯到古代东方的印度教、佛教、道教和儒家文化。它是一种净化心灵的工具，但本身并不是宗教信仰。

1. 冥想的效用

医学现在已经把冥想作为行为矫正技术，解决和压力有关的心脏疾病所导致的各种问题。美国心脏协会最初曾经怀疑冥想是否能够促进身体平静和内心平和，现在却建议把冥想和营养、有氧锻炼结合起来，以减少冠心病的威胁。美国国家健康研究所鼓励把冥想作为缓解癌症所造成的心理和情绪上的痛苦的做法。总之，随着东方文化与西方文化的融合，冥想活动逐渐为人们所接受，使其成为一种能够使人达到心理与生理动态平衡的放松技术。

放松反应研究表明，冥想活动能够通过中枢神经系统降低去甲肾上腺素的释放和响应性。当有规律地进行冥想活动时，通常会发生以下生理变化：氧消耗降低；血乳酸降低；皮肤电阻降低；心率降低；血压降低；肌肉紧张降低；阿尔法波增加。

可见冥想活动能够使大脑平静，能够减少与压力有关的很多因素。练习冥想活动可以提高人的自主性、内控性和睡眠质量，提高人们心理的健康水平。

2. 冥想的类型

冥想大致有两大类：排他性冥想（或限制性冥想）和开放性冥想（或包含性冥想）。尽管它们在风格和形式上存在很大差异，但是两者都要求集中注意和觉察，最终目的都是一致的：净化心灵，达到内心和平。

（1）排他性冥想。

如果把大脑比喻成一个布满云层的天空，这些云层是有层次的。每一云层都代表为得到注意而进行竞争的各种思想。排他性冥想就是把意识集中于某个思想，从而把其他思想从意识中排除掉。大脑所聚焦的这个思想就像微风一样把云层吹散，只留下清澈的蓝色天空。排他性冥想是可以重复进行的，它会持续地清扫注意的表层，直到排除所有的其他思想。排他性冥想要求闭上眼睛，防止视觉干扰。具体有五种方法：心理重复、视觉聚焦、声音重复、生理重复和触觉重复。

①心理重复。它是指一个思想一次次的产生。心理重复通常伴随着颂歌的使用。所谓颂歌是一个单音节的词（例如 on、one、prace、love 等），在诵读这些单音节词的时候伴随着呼气。颂歌也可以是一些积极性短句（例如“我感觉很好”、“我值得爱”、“我的身体平静而放松”），起到增强自信的作用。瑜珈的冥想也认为，特定的声音具有改善身心的力量。因此，借助柔软的耳语或者静静地重复诵读单音节的词，能够达到最高水平的专注。

②视觉聚焦。它是指把视觉集中于一个物体（或映象）。在瑜珈中，它又称为

稳定凝视，一般是在 1~1.5 米外凝视一个物体，不能眨眼睛，直到它印刻在大脑里，从而清除其他思想。如果心理意象减退，就张开眼睛，再重复这一过程。凝视物可以是蜡烛的火焰、花、海贝壳、美丽的图画或曼陀罗（见图 10-3）。

图 10-3　曼陀罗图案

③声音重复。在某些形式的冥想中，持续地重复一种声音能帮助人们集中注意力。例如，鼓声、教堂钟声、大自然中的瀑布声、海浪拍击岸边的声音等。

④生理重复。生理重复被认为可以使大脑转到一种“意识的变化状态”。一般认为呼吸和有氧运动可以产生冥想的状态。

⑤触觉重复。手握一个小的物体，如一个小石块或海贝壳，也能够使大脑集中注意力。

（2）包含性冥想。

冥想的第二个类型是包含性冥想。它与自由联想很相似，冥想时大脑自由地接受任何思想，不做任何控制。这时大脑变成了一个屏幕，各种思想投射在上面，个体只是进行客观观察。包含性冥想的目的是观察自己，即让你自己观察自己的思想。《当下的力量》的作者艾克哈德·托尔（Eckhart Tolle）说：“当你观察自己的时候，就会激发一个较高的意识水平。你会认识到存在着超越当前思想的智慧，当前的思想只是智慧的一个很小方面。你还可以认识到，美、爱、创造、愉悦、内心和平来自于大脑，又超越了大脑，这时你就开始觉醒了。”

心理意象放松

当你闭上眼睛，倾听大海的波涛声，想象清澈而又碧蓝的海水冲击着海岸，金色的沙子在闪烁，椰树轻轻摇晃，温暖的阳光照在你的脸上，和煦的海风拂

过，呼吸着带有大海气息的空气，你的身体会感觉到完全的放松。

（1）心理意象的效用。心理意象放松是指运用无意识地创造意象，使自己的身体放松的技术。精神分析学家将想象的成分引进了对病人的心理分析和治疗。精神分析大师荣格认为，潜意识领域的大量知识可以以意象的形式进入意识领域。荣格提出一个假设，认为许多意象都有一个“原型”，这些意象包括树、圆形的物体和飞行的生物等。荣格鼓励他的病人进行主动性想象，这种想象可以帮助人们对反复出现的梦产生一个终极的意义，努力找到一个心理问题的和平解决方式。在很多情况下，这种做法可以帮助人们治愈一些小病。随着时间的发展，心理意象在咨询心理学的实践中被广泛采用。约瑟夫沃尔帕（Joseph Wolpe）建议，在遇到紧张性刺激使用系统脱敏技术时，可以考虑一下应用想象。系统脱敏是通过用自己想象出来的比较舒服的意象代替紧张性刺激，从而提高对压力的耐受性的过程。

白日梦是心理意象用于放松时最常见的一种形式。在压力情况下，人们的想象总是比真实情况更糟糕。因此，为了改变这种心理状况，可以借助白日梦来阻止压力反应，给身体一个放松的机会。在白日梦中，可以用和平的意象代替负性的思想和知觉，从而达到放松的目的。就像真实的或者想象的思维可以引发压力反应一样，放松式的思维也能够提高放松反应。这也是心理意象的基本目标。当用想象进行放松时，人体五官的活动会减少，降低对压力刺激的感应。这时身体就会重新“充电”，能够反作用于外部环境，更加有效地处理对压力的知觉。

（2）心理意象的类别。

（1）安静的自然场景。选择安静的自然场景，是因为这是人们回避压力的典型场所，在这样的场景里可以使心态平和。西沃德（Seaward）为我们提供了以下几个有效的心理意象，供读者参考。

我躺在两树之间的吊床上，慢慢摇荡，微风轻轻拂面。除了周围的树木外，还有一片很大的草地。绿色的草地，点缀着各色的野花，延伸到视野的最远端。天空是蓝色的，空气清新，几片白云在空中慢慢飘游。

在夜晚的旷野，我凝视着清澈而又布满繁星的夜空。附近的篝火慢慢燃烧，火苗渐小。我躺在睡袋中，注视着前方。篝火偶尔发出劈啪声，火花四溅。当我凝视夜空时，一颗流星划过，其光芒就像在微笑。我偎依在睡袋中，进入梦乡。

我骑在马上，双腿会感觉到马奔跑时的呼吸。在一个空旷处，我们停了下来。接下来，我们穿过一个白雪铺地的森林。雪很厚，空气冰凉而又清爽。马的鼻子喷出的热气，可以让我们看到它的呼吸。我们停留下来，倾听其他动物发出

的声音。然后，我又用腿轻轻夹了下马，继续前行，穿越这冬天的仙境。

海水是蓝蓝的，甚至在深处依然清澈可见。我在水中畅游，阳光穿过水域，照在水底的沙滩上，好像变得柔和了。水底是各种各样、色彩斑斓的珊瑚，其美丽无法言表。不知名的小鱼成群结队地游荡在我的周围，瞬间又不知去向。每游一下，都会感到暖洋洋的海水的轻抚，水泡从我的脸庞滑过，逗笑着浮向水面。

我张开双臂在清澈的天空翱翔，深蓝色的天空里漂浮着白云。当我穿进白云中时，寂静无比，孤独的感觉油然而生。听着微风柔软的低鸣，拍动着我的双臂，感觉太阳就在前面，触手可及。

在所有用于提高放松水平的自然场景中，最常见的是水，如海岸、山中的湖水、瀑布和溪流。一般认为，水的感受是对在母体时的早期经验的回忆。所有让人放松的场景都具有相同的效果。听声音、呼吸清新的空气、感受空气的温度、对风和阳光的感受都有很好的效果。在这种想象中，你由一个被动的观察者变成一个意象场景的积极参与者，你会以“第一人称”的身份感受到平静和放松。

（2）行为变化。心理意象是认知重组的一种特定类型。沃尔帕（Wolpe）在帮助人们克服恐惧的过程中，曾经开创了系统脱敏这种心理意象过程。在这个过程中，恐惧者通过不断提高对压力源的容忍度，从而克服了特定情境下的焦虑。

系统脱敏的第一阶段，是让来访者在一个放松的情景下，讲出自己的想法。假如你害怕在公共场合演讲，而下一个月你要面对 300 人发表演讲。在系统脱敏过程中，你可以想象，你站在讲台上，台下空无一人，然后进行流畅的演讲。进行想象时，要注意用腹式呼吸（深呼吸）。在开始演讲之前，可以先想象一下寂静的自然场景。经过几次这样的练习以后，然后想象面对几个观众（自己亲密的朋友、同学等）进行演讲。重复几次这种想象，并感觉舒服以后，那么，你可以想象成功地面对 100 多人进行演讲，然后是对所有的观众进行演讲，并且受到极大的欢迎。通过这样的训练，平静的意象就会压倒压力源，压力反应就会减少。

系统脱敏的第二阶段，就是真实地站在讲台上进行演讲彩排，同时回忆以前的想象（放松和成功的感觉），这会帮助你找回以前平静的感受。这样，压力反应就会减到最小。演讲开始几秒以后，压力反应就会消失。

（3）心理意象放松的步骤。

①寻找一个舒服的地方。心理意象放松在任何地方都可以进行。这个地方应该能够使你很快闭上眼睛，能够使你在想象中的环境更加放松。当开始进行心理意象放松时，可以以舒服的方式躺着或坐着，同时要闭上眼睛。心理意象放松时衣着要宽松，有助于心理意象放松。

②集中注意力和态度。和其他放松技术一样，在心理意象中集中注意力很重要。应该找一个安静的地方，尽量减少干扰。集中注意力和想象一样，是一种技能，二者也是协调一致的。一个心理意象可以持续几秒到几分钟。最初进行心理意象时，首先是集中注意，利用所有的想象力关注于自己所创造的意象上，包括意象情景的颜色、形状、声音和气味等。

心理意象放松是否有效的另一个重要因素是态度。积极的态度就是要坚信你的想象是有用的。对意象力量的相信与意象本身一样重要。希望、信念、信心等都是意象产生的基础成分。

③想象的主题。要根据个人需要确定想象主题，是为了暂时的逃避，清理一下自己的思想，还是为了让自己的生活更加轻松快乐？或者为了身体康复？心理意象目的一旦确定，接下来就要寻找一个合适的意象以解决问题。想象是一种技能，使用的次数越多，它也就越有力量，越有利于压力管理。

一旦熟练掌握了心理意象技巧，我们就可以在日常压力情景中进行心理意象放松。例如，公共演讲以前、考试开始以前、在商店排队时、医院看病时等。总之，能够闭上眼睛，得到片刻安静的任何场合都可以进行心理意象放松。

音乐放松

“音乐是一把神奇的钥匙，任何紧锁的心门都能被它开启。”音乐治疗是一种非常流行的放松技术，美国的一项调查发现，超过75%的被调查者认为，听音乐是最常用的压力缓解方式。

音乐疗法是指，以能够使人们的身心障碍得以恢复，身体机能和行为得以改善，从而提高人们的生活质量为目标，通过音乐使被治疗者得到大脑皮层的刺激，弱化对外界的感觉，愉悦心理并良化情绪，以及通过音乐对中枢神经进行直接抑制，从而治疗目的的音乐活动过程。

东蒙大拿学院的马克·里德（Mark Rider）等对有音乐的放松与没有音乐的放松比较研究：让被试在3个星期时间内，聆听两段管弦乐曲，同时播放放松技术的录音。结果显示，和播放没有音乐的放松技术的录音相比，此条件下的皮质类胆固醇水平有更显著的下降。与之类似，音乐和生物反馈结合，对缓解肌肉紧张比单独使用生物反馈的效果更好。放松音乐作为止痛药，在分娩过程中也显示出减压缓解肌肉紧张的神奇效果，尤其当孕妇在分娩之前长时间沉浸在音乐中时，疼痛会相对减少。

脑科学研究表明，在边缘系统，尤其是视丘下部（称为“情绪的座位”）蕴藏着许多神经元，当有声音信号对它们进行刺激时，心境和情绪就会发生变化。人们一般认为，在意识层面上音乐对心境有影响，而事实上，听觉刺激可以渗透到无意识水平，改变意识和心境。有一项研究考察背景音乐对食品杂货店购物的影响。结果发现，在舒缓的背景音乐中，消费者停留在店内的时间越长，购买欲越强。同样，如果牙医和外科医生的诊疗室中也播放这样的音乐，可以缓解病人的焦虑情绪。

音乐以言语无法实现的方式，深入我们思维和情绪的最深层。音乐有神奇的力量，能够攻破人们的心理防御，让情绪自然流露。因此，治疗性的音乐被用来舒缓和引导人释放潜在的、被压抑的情绪。音乐治疗师利用快节奏、高音量帮助病人释放潜在的愤怒情绪。慢节奏、振奋的音乐用来稳定情绪，恢复身体组织的活力。

进行音乐放松，首先是乐曲的选择，乐曲要根据需要经常变换，以避免单调乏味。不同的器乐演奏或者乐曲效果不同。意大利的科学家发现：巴赫的乐曲能增进消化不良者的食欲；莫扎特的乐曲能减轻关节炎疼痛；舒伯特的乐曲能帮助失眠者入睡；亨德尔的曲子则可以消除失恋痛苦。音乐家林格曼思（Lingerman）认为，铜管乐器和打击乐器是提升身体状态的力量，木管乐器和弦乐器强化情绪上的祥和宁静，大提琴和钢琴放大心灵的幸福感等。

其次，根据不同的心理放松目的，选择不同的音乐放松方法，以下几种供大家参考。

情境想象法，即通过聆听音乐产生想象来进行放松。选择适合自己的聆听姿势，深呼吸，使大脑处于空灵状态，伴随音乐想象自己置身于美丽的大自然之中……可选择舒缓、轻柔、优雅、婉转的轻音乐。此法适合心绪不宁、易烦失眠者。

情绪释放法，即通过聆听音乐将心中压抑的情绪进行宣泄。可选择一些流行歌曲或者摇滚乐曲，全身心演唱，伴以身体的律动，使自己达到一种无拘无束的境界。然后再改听悠扬沉静的轻音乐，如《春江花月夜》、《月光奏鸣曲》等。此法适合情绪抑郁、心境低迷者。

振奋激励法，即通过聆听节奏明快、催人奋进的音乐，激发人的斗志，提高自我效能感。聆听音乐时，最好洗把脸清醒头脑，再搓热双手，用掌心按摩面部。在潜意识里想象自己成功的情景。可选择的曲目有：贝多芬第五交响曲《命运》，歌曲《从头再来》、《超越梦想》等。此法适合性格怯弱、自卑者。

养心怡情法，即通过聆听音乐养心益智，调节情绪。可以古典音乐为主，如

民乐《江南丝竹》、《百鸟朝凤》、《空山鸟语》等。此法适合压力过重、身心疲惫者。

本章结语

在本书的第一章，我们探讨了青少年成长的三种和谐关系，作为本书结束的章节，我们从身心和谐的视角讨论青少年的健康情绪辅导。身体健康与心理健康是相互依存、相互作用的，其中情绪是联结的纽带。因此，帮助青少年学会放松身体与情绪调适对其健康成长至关重要。它不仅是一种技能与方法，更是一种理念与生活态度。它既可以帮助青少年进行心理调节与压力管理，也可以让他们保持充沛的精力、增进身体健康。愿每个学生都能在身心和谐的状态下体验生命的快乐、生活的幸福。

本章参考文献

1. 亚里士多德．政治学［M］．北京：商务印书馆，2006.
2. 博伊德，等．西方教育史［M］．任宝祥，等译．北京：人民教育出版社，1985.
3. 王曼．笛卡尔身心二元论及其对英美心灵哲学的影响［J］．唯实，2010（12）．
4. 文军．身体意识的觉醒：西方身体社会学理论的发展及其反思［J］．华东师范大学学报（哲社版），2008（6）．
5. Brian Luke Seaward. 压力管理策略——健康和幸福之道（第五版）［M］．许燕，等译．北京：中国轻工出版社，2008.
6. 许又新．神经症［M］．北京：人民卫生出版社，1993.
7. 余展飞，等．现代心理卫生科学理论与实践［M］．北京：世界图书出版公司，2000.
8. 刘贤臣，等．2462 名青少年焦虑自评量表测查结果分析［J］．中国心理卫生杂志，1997（2）．
9. 李百珍．青少年心理卫生与心理咨询［M］．北京：北京师范大学出版社，1997.
10. 邢超，等．儿童青少年抑郁与健康危害行为的关联［J］．中国学校卫生，2008（1）．
11. 王瑛，等．抑郁症治疗进展［J］．世界临床药物，2005（3）．
12. 夏勇．学龄期儿童恐惧的内容与结构［J］．心理发展与教育，1997（2）．
13. 崔乐美．心海引航——青少年心理辅导［M］．上海：复旦大学出版社，1998.

图书在版编目（CIP）数据

青少年心理辅导：助人成长的艺术/吴增强著．—上海：华东师范大学出版社，2013.6

ISBN 978-7-5675-0915-3

Ⅰ.①青… Ⅱ.①吴… Ⅲ.①青少年—心理辅导—研究
Ⅳ.①B844.2

中国版本图书馆 CIP 数据核字（2013）第 140668 号

大夏书系·教育艺术

青少年心理辅导——助人成长的艺术

著　　者　吴增强
策划编辑　李永梅
审读编辑　周　莉
封面设计　戚开刚

出版发行　华东师范大学出版社
社　　址　上海市中山北路 3663 号　邮编　200062
网　　址　www.ecnupress.com.cn
电　　话　021-60821666　行政传真　021-62572105
客服电话　021-62865537
邮购电话　021-62869887　地址　上海市中山北路 3663 号华东师范大学校内先锋路口
网　　店　http://hdsdcbs.tmall.com/

印 刷 者　北京季蜂印刷有限公司
开　　本　700×1000　16 开
插　　页　1
印　　张　17
字　　数　280 千字
版　　次　2013 年 11 月第一版
印　　次　2022 年 10 月第六次
印　　数　17 101 - 19 100
书　　号　ISBN 978-7-5675-0915-3/G·6633
定　　价　35.00 元

出 版 人　王　焰